全国职业教育"十一五"规划教材

3ds Max 三维动画制作简明教程

北京金企鹅文化发展中心　策划

贾洪亮　姜鹏　关方　主编

航空工业出版社

北京

内 容 提 要

本书以 3ds Max 9.0 中文版为基础进行讲解，主要内容包括：3ds Max 入门、创建和编辑二维图形、创建三维模型、使用修改器、高级建模、材质和贴图、灯光、摄影机和渲染、动画制作、粒子系统和空间扭曲等。

本书具有如下特点：（1）满足社会实际就业需要。对传统教材的知识点进行增、删、改，让学生能真正学到满足就业要求的知识。（2）增强学生的学习兴趣。从传统的偏重知识的传授转为培养学生的实际操作技能，让学生有兴趣学习。（3）让学生能轻松学习。用实例讲解相关应用和知识点，边练边学，从而避开枯燥的讲解，让学生能轻松学习，教师也教得愉快。（4）包含大量实用技巧和练习，网上提供素材和课件下载。

本书可作为中、高等职业技术院校，以及各类计算机教育培训机构的专用教材，也可作为广大希望从事模型制作、室内外设计、三维动画制作或相关领域人员的自学参考书。

图书在版编目（CIP）数据

3ds Max 三维动画制作简明教程 / 贾洪亮，姜鹏，关方主编.
北京：航空工业出版社，2009.9
 ISBN 978-7-80243-367-0

Ⅰ.3… Ⅱ.①贾…②姜…③关… Ⅲ.三维—动画—图形软件，3DS MAX 9.0—教材 Ⅳ.TP391.41

中国版本图书馆 CIP 数据核字（2009）第 145027 号

3ds Max 三维动画制作简明教程
3ds Max Sanwei Donghua Zhizuo Jianming Jiaocheng

航空工业出版社出版发行
（北京市安定门外小关东里 14 号 100029）
发行部电话：010-64815615 010-64978486

北京忠信印刷有限责任公司印刷   全国各地新华书店经销
2009 年 9 月第 1 版   2009 年 9 月第 1 次印刷

开本：787×1092 1/16 印张：19.5 字数：462 千字

印数：1—5000   定价：28.00 元

前　言

3ds Max 是由美国 Autodesk 公司开发的、目前最流行的三维动画制作软件之一。它功能强大，建模、材质、动画等功能一应俱全，且操作方便，易于掌握，被广泛地应用于影视片头动画、游戏开发、工业造型设计、室内外设计等领域。正因如此，越来越多的三维设计人员加入到学习 3ds Max 的行列。他们一方面希望能够提高自己的设计水平和工作效率，另一方面希望在激烈的竞争环境中加重自己的就业砝码。

目前国内的 3ds Max 教材普遍存在两个问题：一是篇幅过长，不利于教学；二是没有与实际应用结合，无法满足实际工作的需要，因而教学效果较差。

本书特色

❖ 精心安排内容：本书通过合理安排内容，让读者循序渐进地学习 3ds Max 的各项功能，从而使学习者从对 3ds Max 一无所知，到可以轻松制作出三维动画。

❖ 模拟课堂：本书叙述方式就像教师在课堂上讲课，对基本知识的介绍言简意赅，不拖泥带水；对于一些难于理解的内容，及时给出了相关操作实例，从而帮助学生理解所学内容。

❖ 实例丰富、边学边练：书中大多数知识点都以实例形式进行讲解，或者先讲解基础知识，然后再给出相关实例，真正体现了计算机教学的特点。

❖ 学以致用、综合练习：各章都有课堂练习，这些练习代表了 3ds Max 的主要应用领域，从而使读者达到学以致用、活学活用、巩固所学、加深理解的目的。

❖ 课后总结和习题：通过课后总结，读者可了解每章的重点和难点；通过精心设计的课后习题，读者可检查自己的学习效果。

本书内容

❖ 第 1 章：介绍 3ds Max 的应用领域，使用 3ds Max 制作三维动画的流程，以及 3ds Max 的工作界面、文件操作、视图调整、坐标系和常用对象操作。

❖ 第 2 章：介绍基本二维图形（线、矩形、圆、星形、文本、螺旋线等）的创建方法，以及一些常用的图形编辑方法。

❖ 第 3 章：介绍基本三维模型的创建方法，包括标准基本体（长方体、球体、圆柱体、茶壶等）、扩展基本体（切角长方体、切角圆柱体、胶囊、软管等）和建筑对象（门、窗户、楼梯、墙壁、植物和栏杆等）。

❖ 第 4 章：介绍修改器的使用方法，以及一些常用的三维对象修改器（弯曲、锥化、拉伸、扭曲、网格平滑等）、二维图形修改器（车削、挤出、倒角、倒角剖面、修剪/延伸等）和动画修改器（路径变形、噪波、变形器、融化等）。

❖ 第 5 章：介绍一些常用的高级建模法，包括网格建模、多边形建模、面片建模、NURBS 建模和复合建模。

❖ 第 6 章：介绍材质和贴图方面的知识，包括材质的获取、分配、保存，以及一些常用材质、贴图的用途和使用方法。

- ❖ 第 7 章：介绍灯光、摄影机和渲染方面的知识。
- ❖ 第 8 章：介绍动画制作方面的知识，包括动画的基础知识、高级动画技巧、使用动画控制器和 Reactor 动画等。
- ❖ 第 9 章：介绍一些常用粒子系统和空间扭曲的用途和使用方法，以及如何使用粒子系统和空间扭曲模拟各种粒子现象。

本书适用范围

本书可作为中、高等职业技术院校，以及各类计算机教育培训机构的专用教材，也可作为广大希望从事模型制作、室内外设计、三维动画制作或相关领域人员的自学参考书。

本书课时安排建议

章节	课时	备注
第 1 章	2 课时	1.2、1.3、1.4、1,5、1.6 节重点讲解，最好上机操作
第 2 章	2 课时	全章都重点讲解，最好上机操作
第 3 章	3 课时	全章都重点讲解，最好上机操作
第 4 章	2 课时	全章都重点讲解，最好上机操作
第 5 章	5 课时	全章都重点讲解，最好上机操作
第 6 章	4 课时	全章都重点讲解，最好上机操作
第 7 章	4 课时	全章都重点讲解，最好上机操作
第 8 章	4 课时	全章都重点讲解，最好上机操作
第 9 章	4 课时	全章都重点讲解，最好上机操作
总课时		30 课时

课件、素材下载与售后服务

本书配有精心设计的教学课件，并且书中用到的全部素材和制作的全部实例都已整理和打包，读者可以登录我们的网站（http://www.bjjqe.com）下载。如果读者在学习中有什么疑问，也可登录我们的网站去寻求帮助，我们将会及时解答。

本书作者

本书由北京金企鹅文化发展中心策划，贾洪亮，姜鹏，关方主编，并邀请一线培训学校的老师参与编写。主要编写人员有：郭玲文、白冰、郭燕、朱丽静、常春英、丁永卫、孙志义、李秀娟、顾升路、单振华、侯盼盼等。

尽管我们在写作本书时已竭尽全力，但书中仍会存在这样或那样的问题，欢迎读者批评指正。

编 者
2009 年 7 月

目　录

第1章 3ds Max 入门

3ds Max 是目前最流行的三维动画制作软件，在电影、游戏、室内设计等众多领域得到广泛的应用。本章简要介绍 3ds Max 的特点、安装方法、工作界面、文件操作、视图调整方法、坐标系及对象操作等内容，这些是学习 3ds Max 的基础。

本章要点

1.1　3ds Max 简介

本节主要介绍 3ds Max 的应用领域、运行 3ds Max 的软硬件要求、安装 3ds Max 9 常见问题的解决办法，以及使用 3ds Max 9 创建动画的流程等知识。

1.1.1　3ds Max 的应用领域

概括起来，3ds Max 主要用在如下几个领域。

- **游戏造型设计**：据统计，目前有超过 80%的游戏使用 3ds Max 设计人物、场景及动作效果等。图 1-1 所示为使用 3ds Max 设计的游戏人物。
- **建筑设计**：很多建筑工程在施工前都是先通过 3ds Max 设计出建筑的室内外效果图，然后根据效果图指导施工。如图 1-2 所示为使用 3ds Max 设计的建筑模型效果图。

图 1-1　使用 3ds Max 制作的游戏人物

图 1-2　使用 3ds Max 设计的建筑模型效果图

📖 **影视制作：** 在影视作品中，一些现实中无法实现的场景、人物、特效等往往会借助 3ds Max 实现；另外，一些电影、电视作品的片头等也是用 3ds Max 制作的。图 1-3 所示为使用 3ds Max 制作的影视人物。

📖 **产品设计：** 3ds Max 在产品研发中也有很大的用途，研发人员可以直接使用 3ds Max 对产品进行造型设计，直观地模拟产品的材质，从而提高产品的研发速度，降低研发成本。图 1-4 所示为使用 3ds Max 制作的手机模型。

图 1-3 使用 3ds Max 制作的影视人物　　　　图 1-4 使用 3ds Max 制作的产品模型

1.1.2 运行 3ds Max 9 的软硬件要求

3ds Max 9.0 版需要较好的硬件设备和稳定的系统驱动才能正常运行，具体如下。

1. 硬件要求

📖 **CPU：** 推荐使用主频 3G 以上的 Intel 奔 4 处理器或相似配置的 AMD 处理器；

📖 **内存：** 内存容量≥512MB（推荐使用 2GB 内存）；

📖 **显卡：** 128MB 3D 加速显卡（推荐使用 512MB OpenGL 图形加速显卡）；

📖 **光驱：** CD/DVD-ROM 光驱；

📖 **鼠标：** 三键或滚轮鼠标；

📖 **显示器：** 最高分辨率≥1024×768（推荐分辨率为 1280×1024）；

📖 **硬盘空间：** ≥500M 的自由空间（推荐 2G 的自由空间）。

2. 软件要求

📖 **操作系统：** 推荐使用 Windows XP Service Pack 2 或更高版本；

📖 **浏览器：** Intenet Explorer 6.0 或更高版本；

📖 **其他软件：** DirectX 9.0、Microsoft.Net Framework 2.0。

目前家庭及办公使用的电脑一般都能达到 3ds Max 9 的基本要求，但内存往往不足。对于此情况，可以通过设置电脑的虚拟内存来解决。右击桌面的"我的电脑"图标💻，选择"属性"菜单，打开"系统属性"对话框，然后按照如图 1-5 所示操作进行设置就可以了。

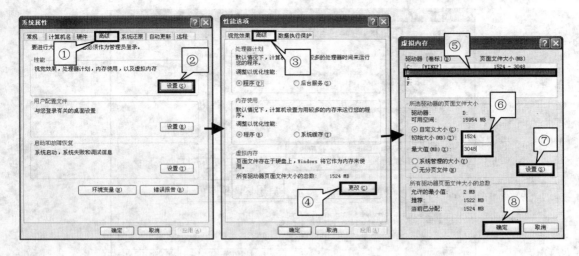

图 1-5　设置虚拟内存

1.1.3　3ds Max 9 安装常见问题的解决方法

安装完 3ds Max 9 并激活后，有时并不一定能够正常运行，比如会提示缺少某个文件，或显示不正常，或无法进行渲染等，下面是一些常见问题的解决方法。

 📖 运行 3ds Max 9 后弹出图 1-6 所示提示，连续单击"确定"按钮后可正常运行。此问题是由于没有安装"Microsoft.Net Framework 2.0"软件，导致运行 3ds Max 9 时，欢迎窗口的弹出出错，下载并安装该软件即可解决此问题。

图 1-6　弹出的错误提示

 📖 运行 3ds Max 9 后提示缺少文件"d3dx9_26.dll"。此问题是由于系统的 DirectX 9 软件没有正确安装，下载并安装 DirectX 9 软件（或下载"d3dx9_26.dll"文件，并复制粘贴到"C:\Windows\System32"目录下），即可实现 3ds Max 9 的正常运行。

 📖 运行 3ds Max 9 后视图无法正常显示。这是由于电脑的 Direct 加速功能没有启用。选择"开始" > "运行"菜单，打开"运行"对话框，在该对话框的"打开"编辑框中输入"dxdiag"。单击"确定"按钮，打开图 1-7 所示"DirectX 诊断工具"对话框，在此对话框中将 Direct 加速功能启用即可。

 📖 3ds Max 9 工具栏的工具按钮不全。这是由于 3ds Max 9 的主工具栏中只显示了常用工具按钮，要想显示其他工具按钮，可在工具栏空白处右击鼠标，在弹出的快捷菜单中选择想要显示的工具栏名称即可。

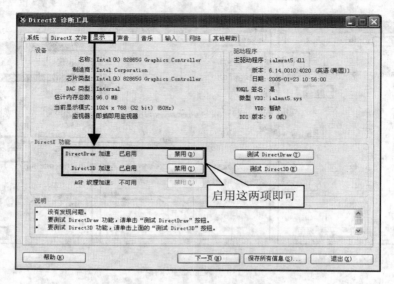

图 1-7　启用 Direct 加速

1.1.4　使用 3ds Max 9 创建动画的流程

　　总体而言，使用 3ds Max 制作三维动画的步骤大致包括创建模型、为模型赋材质、为场景打灯光、渲染场景和后期处理等。

1.　创建模型

　　创建模型简称"建模"，就是使用 3ds Max 软件提供的各种模型创建按钮和建模方法创建出动画中的三维对象（也就是三维物体），如图 1-8 所示为使用 3ds Max 9 的多种建模方法创建的汽车和地型。

2.　添加材质

　　模型建完后，要想使模型的效果更加逼真，还需要为模型添加材质。材质用于模拟现实世界中的材料。如图 1-9 所示为对模型添加材质后的效果（有关材质方面的知识将在第 6 章进行讲解）。

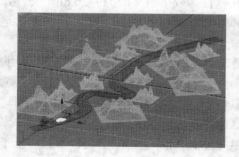

图 1-8　创建模型

图 1-9　为模型添加材质后的效果

3. 创建灯光

为了达到真实世界中的效果，在设计三维动画的过程中，我们还需要为动画场景添加灯光，以模拟真实世界的光照效果，图 1-10 所示即为在场景中添加聚光灯后的效果（有关灯光使用方面的知识将在第 7 章进行讲解）。

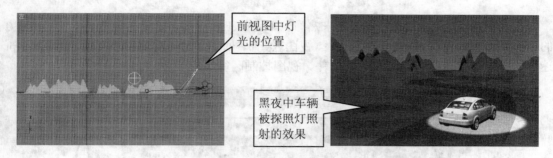

前视图中灯光的位置

黑夜中车辆被探照灯照射的效果

图 1-10　创建灯光后的效果

4. 设置动画

为场景中的模型添加材质后，就可以进行动画设置了。3ds Max 制作动画的原理与电影类似，也是将每个动画分为许多帧（帧就是对应于某一时间点，动画场景的画面状态）。在创建动画时，我们只需设置好关键时间点处动画场景的状态（即设置关键帧，系统就会自动计算出中间各帧的状态。设置完成后，将各帧连起来进行播放即可得到想要的动画。

如图 1-11 上部三个画面显示了一个简单的汽车动画，汽车沿着山间公路曲折前进，探照灯也随之跟进（3ds Max 9 工作界面下方的参数用于设置动画，如图 1-11 下图所示，其使用方法将在第 8 章进行讲解）。

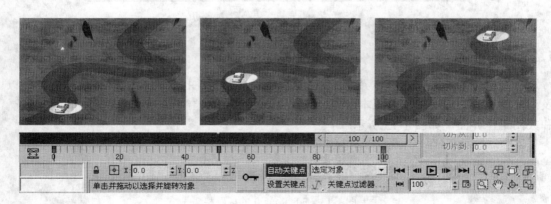

图 1-11　设置动画

5. 渲染输出

动画设置完成后，对其进行渲染输出，即可得到动画视频文件。渲染输出实际就是对场景着色，并将场景中的模型、材质、灯光、大气、渲染特效等进行处理，得到一段动画

或一些图片序列（需要进行后期处理的动画通常渲染成一幅幅有序的图片），并保存起来的
过程（有关渲染输出方面的知识将在第 8 章进行讲解）。

1.2　熟悉 3ds Max 9 工作界面

在使用 3ds Max 9 之前，我们先来熟悉一下它的工作界面，如图 1-12 所示，3ds Max 9
的工作界面由标题栏、菜单栏、工具栏、视图区、命令面板、时间滑块和时间轴、MAXScript
迷你侦听器、状态栏、动画和时间控件、视图控制区等组成。

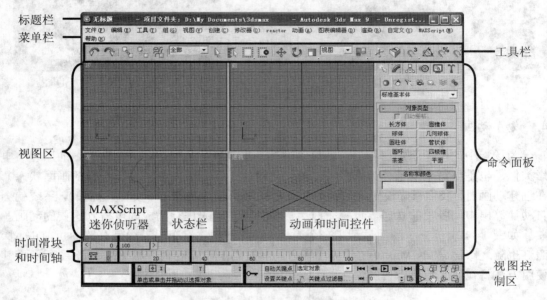

图 1-12　3ds Max 9 工作界面的组成

1. 标题栏和菜单栏

标题栏位于 3ds Max 工作界面的最上方，用于显示当前打开的 Max 文件名称和路径以
及当前使用的 3ds Max 软件版本信息。利用标题栏右侧的控制按钮还可以最小化、最大化、
和关闭工作界面，如图 1-13 所示。

图 1-13　3ds Max 9 的标题栏

菜单栏包含了 3ds Max 9 的大部分命令，并按类别分别组织到文件、编辑、工具、组、
视图、创建、修改器、reactor、动画、图表编辑器、渲染、自定义、MAXScript 和帮助 14
个菜单中。例如"文件"菜单提供了一组操作 3ds Max 文件的命令，"创建"菜单提供了一
组创建 3ds Max 对象的命令。

2. 工具栏

工具栏为用户列出了一些经常使用的命令图标按钮，如图 1-14 所示，通过这些图标按钮可以快速执行命令，从而提高设计效率。

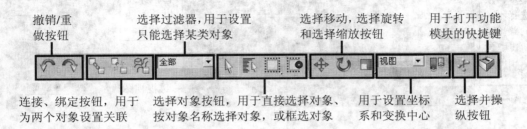

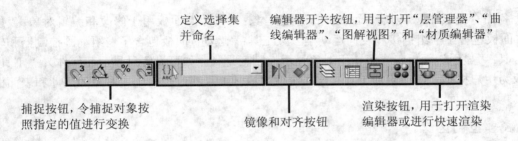

图 1-14　3ds Max 9 的工具栏

> **提示**
> 在使用某一工具按钮时，将鼠标放到工具按钮的图标上不动，就会弹出该按钮的名称。与此同时，在 3ds Max 9 工作界面下方的提示栏中也会出现该按钮的作用和用途的相关解释。

3. 视图区

视图区主要用来创建和编辑场景对象，以及从多个方向观察场景（对应了多种视图）。默认情况下，视图区由顶视图、前视图、左视图和透视视图四个视图构成，如图 1-15 所示。其中，顶视图是从场景上方俯视看到的画面；前视图是从场景前方看到的画面；左视图是从场景左侧看到的画面；透视视图是场景的立体效果图。

4. 命令面板

命令面板集成了用户创建、编辑对象和动画时所需要的绝大多数参数，其布局如图 1-16 所示，自左至右依次为"创建" 、"修改" 、"层次" 、"运动" 、"显示" 和"工具" 6 个命令面板。

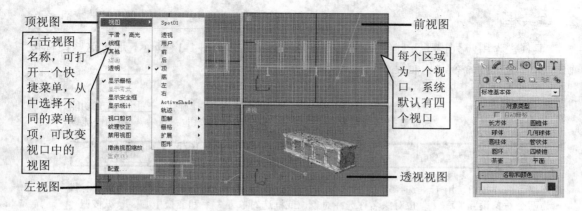

图 1-15　3ds Max 9 的视图区　　　　　　　　　　　　图 1-16　命令面板布局

各命令面板中，"创建"面板用于创建对象；"修改"面板用于修改和编辑对象；"层次"面板包含了一组链接和反向运动学参数工具；"运动"面板包含了一组动画控制器和轨迹工具；"显示"面板包含了一组对象显示控制工具（比如可设置只显示几何体）；"工具"面板为用户提供了一些附加工具（比如可使用测量工具测量当前选定对象的尺寸和表面面积）。

5．底部控制区

位于 3ds Max 工作界面底部的是时间滑块和时间轴、MAXScript 迷你侦听器、状态栏、动画和时间控件，以及视图控制区，它们统称为底部控制区，如图 1-17 所示。各组件的用途如下：

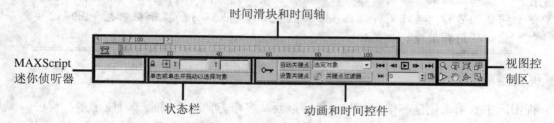

图 1-17　底部控制区

- **MAXScript 迷你侦听器**：MAXScript 迷你侦听器用于查看、输入和编辑 MAXScript 脚本。MAXScript 迷你侦听器有两个窗格，红色窗格为宏录制器，用于显示当前的宏录制内容；白色窗格为脚本窗口，用来创建脚本。
- **时间滑块和时间轴**：时间滑块和时间轴用于制作动画时定位关键帧。
- **状态栏**：状态栏用来显示当前选中的命令或工具按钮的操作方法，以及场景中对象的选择数目和坐标位置等状态信息。
- **动画和时间控件**：动画和时间控件用来控制动画的播放和设置动画。
- **视图控制区**：视图控制区用来对视图进行调整，如视图的缩放、平移、旋转等。

1.3　3ds Max 9 文件操作

下面我们看一下 3ds Max 9 的文件操作，包括文件的创建、保存和合并（如不做特别说明，本书中的文件均是指场景文件，其扩展名为".max"）。

1.3.1　新建场景文件

创建场景文件的方法有多种，启动 3ds Max 9 后，系统会自动为我们创建一个全新的、名为"无标题"的场景文件；我们也可通过选择"文件">"新建"菜单创建新的场景文件，如图 1-18 所示。通过此方法创建的场景文件会保留原场景的界面设置、视图配置等。

另外，我们也可以通过选择"文件">"重置"菜单创建文件，此时创建的场景文件与启动 3ds Max 9 时创建的场景文件完全相同。

 提示　　　新建场景文件时，需要注意场景创建方式的设置。选中"新建场景"对话框中的"保留对象和层次"单选钮时，表示在新建的场景文件中保留原场景中的对象以及对象之间的联系；选中"保留对象"单选钮时，表示只保留原场景中的对象；选中"新建全部"单选钮时，表示清除原场景中的所有对象。

1.3.2　保存场景文件

保存场景文件的操作非常简单，对于已做过保存的场景，只需选择"文件">"保存"菜单，系统就会将其保存到以前的文件中；如果场景未做过保存，则会弹出"文件另存为"对话框，如图 1-19 所示。从对话框的"保存在"下拉列表框中选择文件保存的位置，并在"文件名"编辑框中输入文件的名称，然后单击"保存"按钮就完成了场景的保存。

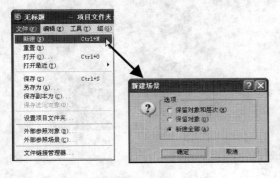

图 1-18　新建 3ds Max 文件

图 1-19　"文件另保为"对话框

另外，选择"文件">"另存为"菜单可以将场景换名保存；如果只想保存场景中的某些对象，可以先选中要保存的对象，然后选择"文件">"保存选定对象"菜单。此外，为了防止因意外事故导致大的损失，3ds Max 9 会每隔 5 分钟对当前设计的场景文件进行自动保存，该文件默认存放在"我的文档\3dsmax\ autoback"文件夹中。

1.3.3   调用其他文件中的模型

在进行三维设计时，经常会从其他场景文件中调用已创建好的模型到当前的场景中，以免除重新创建模型的麻烦，这时需要用到场景文件的"合并"功能，具体操作如下。

（1）选择"文件" > "合并"菜单，打开"合并文件"对话框，如图1-20所示。

（2）从"查找范围"下拉列表框中选择场景文件存放的文件夹，并选中要导入的模型所在的"*.max"文件，然后单击"打开"按钮，打开"合并"对话框。

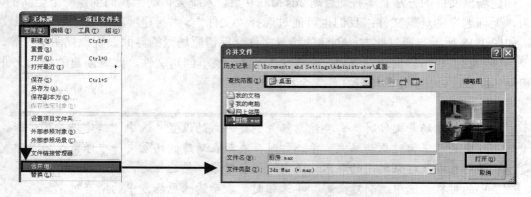

图1-20   "合并文件"对话框

（3）如图1-21所示，从"合并"对话框左侧的对象名列表中选中要合并到场景中的对象（按住【Ctrl】键可以选择多个），然后单击"确定"按钮就完成了场景的合并。

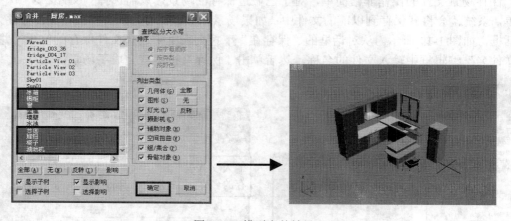

图1-21   模型合并效果

 提示   在选择要合并的对象时，如果对象过多，可通过"合并"对话框"列出类型"区中的复选框，设置对象名称列表中显示哪些类型的对象。另外，选中要导入对象的名称后，最好单击对话框中的"影响"按钮，这样可以使与选定对象相关联的对象全部被选中，以防止因某些关联的丢失导致模型产生变化。

1.4 3ds Max 9 视图调整

3ds Max 为用户提供了多种类型的视图，以适应不同的操作需求。下面介绍一下 3ds Max 视图的分类和视图的调整方式。

1.4.1 视图的类型

视图区是使用 3ds Max 进行三维动画设计的主操作区，根据各视图的特点和用途，3ds Max 9 的视图可以分为标准视图、摄影机视图、聚光灯视图、图解视图和实时渲染视图 5 种类型，各类视图的特点和用途如下。

- **标准视图：**在 3ds Max 9 中，标准视图包括顶、底、前、后、左、右、透视和用户 8 个视图。顶、底、前、后、左、右 6 个视图为正交视图，用于显示对应方向场景的观察情况，主要用于创建和修改对象；透视和用户视图用来观察对象的三维效果。

- **实时渲染（ActiveShade）视图：**如图 1-22 所示，右击视图的视图名称，从弹出的快捷菜单中选择"视图"＞"ActiveShade"菜单项，即可将当前视图切换为实时渲染视图。实时渲染视图显示了当前视图的实时渲染效果（右击实时渲染视图，从弹出的快捷菜单中选择"关闭"菜单项，可关闭实时渲染视图，并返回原来的视图）。

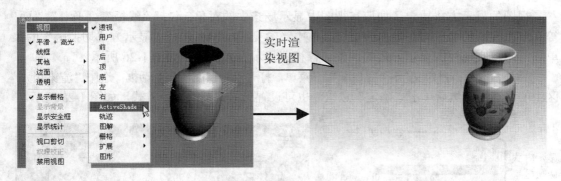

图 1-22 将视图切换为"实时渲染（ActiveShade）"视图

- **摄影机视图和聚光灯视图：**摄影机视图用于观察和调整摄影机的拍摄范围和拍摄视角；聚光灯视图用于观察和调整聚光灯的照射情况、并设置高光点。摄影机视图和聚光灯视图的打开方式同实时渲染视图类似，如图 1-23 所示即为将透视视图切换为摄影机视图和聚光灯视图后的效果（只有为场景添加了摄影机和聚光灯后才能打开摄影机视图和聚光灯视图）。

- **图解视图：**从视图名称的右键菜单中选择"视图"＞"图解"＞"新建"菜单，可以在当前视图的位置创建一个图解视图。在该视图中，所有对象都以节点方式显示，各对象之间的关系都用箭头做了标记，通过此视图可以非常方便地进行对象的选定、组织和链接等操作。

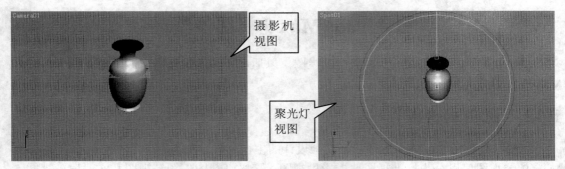

图 1-23　摄影机视图和聚光灯视图

1.4.2　视图类型的切换方法

切换视图类型的方法有两种，一种是前面介绍的，右击视图名称，从弹出的快捷菜单中选择"视图"菜单中的相关菜单项。

另一种是使用快捷键进行视图切换，例如，摄影机视图为【C】键，透视视图为【P】键，聚光灯视图为【S】键，用户视图为【U】键，前、后、左、右、顶、底视图的快捷键分别是【F】、【A】、【L】、【R】、【T】和【B】键。

1.4.3　视图显示方式的调整

视图的显示方式决定了如何在视图中显示场景中的对象，包括"线框"、"平滑"、"面"等。右击视图的名称，在弹出的快捷菜单中（参见图 1-24）选择"显示方式切换区"的菜单项，即可实现视图显示方式的调整。各视图显示方式的效果如图 1-26 所示。

另外，选择"自定义" > "视口配置"菜单，打开"视口配置"对话框；选中"渲染级别"区中的单选钮，然后单击"确定"按钮，也可设置当前视图的显示方式，如图 1-25 所示。

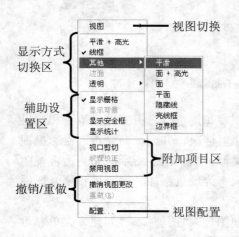

图 1-24　视图的右键快捷菜单

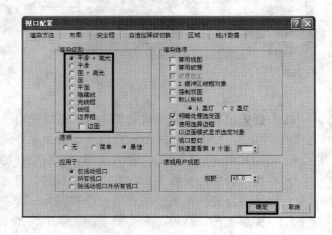

图 1-25　视口配置对话框

显示带有高光效果的平滑曲面，主要在透视视图、摄影机视图等用来观察场景效果的视图中使用

以网格线框方式显示对象，这种显示方式适合对象的创建、修改，常用于前、后、左、右、顶、底等视图

以平滑的曲面显示对象，但无高光效果

"平滑+高光"效果　　　　　　"线框"效果　　　　　　"平滑"效果

以带有高光效果的非平滑曲面显示对象

以无高光效果的非平滑曲面显示对象

以单一颜色显示对象的轮廓平面

"面+高光"效果　　　　　　"面"效果　　　　　　"平面"效果

以线框方式显示对象的正面部分，隐藏对象的背面部分

以带有照明效果的线框显示对象

只显示对象的边界

"隐藏线"效果　　　　　　"亮线框"效果　　　　　　"边界框"效果

图 1-26　不同显示方式下对象在透视视图中的显示效果

1.4.4　视图的操作和控制

通过视图控制区的工具，可以对视图进行操作和控制，像对视图进行平移、缩放和旋转等。不同类型的视图，视图控制区的工具按钮及作用也不相同。下面介绍一下标准视图模式下比较常用的视图控制按钮，具体如下：

📖　🔍**缩放**：选中此按钮后，鼠标指针将变为放大镜形状，如图 1-27 所示，此时在视图中按住鼠标左键并拖动即可缩放视图。

📖　**最大化显示选定对象**：选中对象后，单击此按钮，系统会在当前视图中最大化显示该对象，图 1-28 所示为将椅子在透视视图中最大化显示的效果。

图 1-27　缩放视图

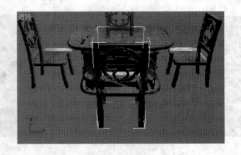

图 1-28　最大化显示选定对象

📖 　🔲 **所有视图最大化显示**：单击此按钮，系统会将场景中所有对象看做一个整体，并在所有视图中最大化显示，图 1-29 所示即为单击此按钮前后各视图的效果。

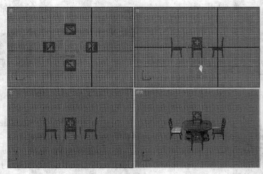

所有视图最大化前的效果　　　　　　　　所有视图最大化后的效果

图 1-29　所有视图最大化显示前后效果对比

📖 　🔍 **区域放大**：单击此按钮，然后在视图中拖出一个选区，系统就会将该选区在当前视图中最大化显示。利用此工具按钮可观察和修改对象的细节，如图 1-30 所示。

📖 　✋ **平移视图**：单击此按钮，鼠标指针在视图中将变成黑色的小手，如图 1-31 所示，单击并拖动小手就可以平移视图。

📖 　🔄 **弧形旋转**：单击此按钮，在当前视图中就会出现调整视图观察角度的线圈，如图 1-32 所示。将鼠标指针放到线圈的四个操作点上或其他位置，然后按住鼠标左键并拖动，就可以绕视图的中心旋转视图。

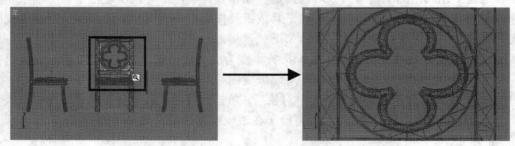

图 1-30　视图的区域放大

图 1-31　视图的平移

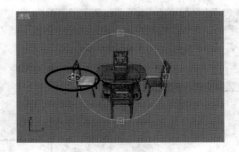

图 1-32　视图的旋转

1.4.5　切换活动视口

当前正在进行操作的视图称为活动视口，其他视图称为非活动视口（在 3ds Max 9 的视图区只能有一个活动视口）。

将非活动视口切换为活动视口称为激活视图，激活视图的方法有两种：一种是单击非活动视口，该操作会取消场景中对象的选择状态；另一种是右击非活动视口，该操作不会影响场景中对象的选择状态。

课堂练习——导入卡通模型并进行简单调整

下面通过为新建场景导入卡通模型，熟悉一下 3ds Max 9 的工作界面、文件操作和视图调整的方法，具体操作如下。

（1）选择"开始" > "程序" > "Autodesk" > "Autodesk 3ds Max 9"菜单，启动 3ds Max。

（2）选择"文件" > "合并"菜单，在打开的"合并文件"对话框中选中本书配套素材"实例" > "第 1 章"文件夹中的"卡通模型.max"文件，再单击"打开"按钮，打开"合并-卡通模型.max"对话框，如图 1-33 所示。

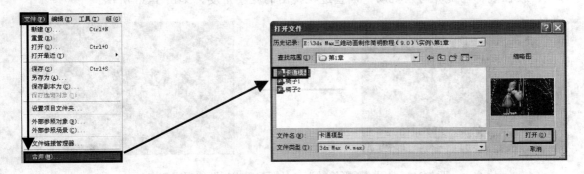

图 1-33　打开"合并"对话框

（3）在"合并-卡通模型.max"对话框中选中要合并的对象，单击"确定"按钮，将所选对象导入到当前场景中，如图 1-34 所示。

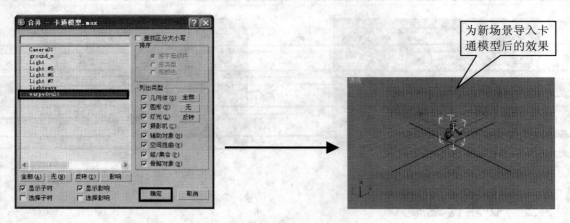

图 1-34　导入对象

（4）单击视图控制区的"所有视图最大化显示"按钮，使卡通模型在所有视图中最大化显示，如图 1-35 所示。

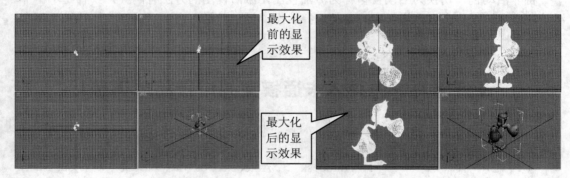

图 1-35　将卡通模型在所有视图中最大化显示

（5）单击视图控制区的"弧形旋转"按钮，在透视视图中单击操作线圈右侧的操作点，按住鼠标左键并向左拖动，调整透视视图的观察角度，如图 1-36 所示。

图 1-36　使用"弧形旋转"工具调整透视视图的观察角度

（6）单击视图控制区的"缩放"按钮，然后在透视视图中单击并向下拖动，缩小视图，如图 1-37 所示。

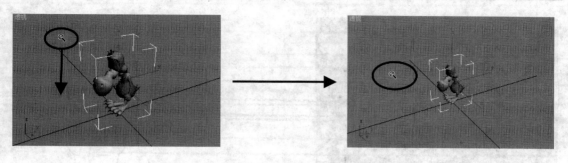

图 1-37　使用"缩放"工具放大透视视图的视野

（7）如图 1-38 所示，选择"文件"＞"保存"菜单，打开"文件另存为"对话框；在对话框的"保存在"下拉列表框中选择场景文件的保存位置，在"文件名"编辑框中设置场景文件的名称，然后单击"确定"按钮保存场景文件。

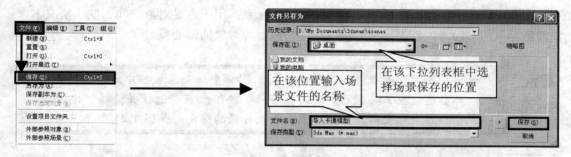

图 1-38　保存当前场景

1.5　3ds Max 9 的坐标系

在创建对象时，应首先确定对象在空间的位置，这就需要使用坐标系。3ds Max 9 主要提供了三种坐标系：世界坐标系、局部坐标系和参考坐标系，下面分别讲述。

1.5 1　世界坐标系

为了便于操作，3ds Max 为用户提供了一个虚拟世界空间，在这个空间中，使用世界坐标系来定位每个对象的位置。世界坐标系具有三条互相垂直的坐标轴——X、Y 和 Z 轴，在各视口的左下角显示了此视口中坐标轴的方向，视图栅格中两条黑粗线的交点即为世界坐标的原点。默认情况下，世界坐标系原点位于各视口的中心，如图 1-39 所示。

提示

在顶、前、左等正交视图中，只显示了两条坐标轴的轴向，另外一条坐标轴的轴向可通过右手定则判断得出。例如，就顶视图而言，X 轴与 Y 轴的正向分别指向右侧与上方，根据右手定则（参见图 1-40），Z 轴正向应垂直于视图向外。

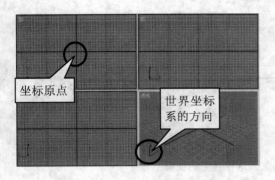

图 1-39　视口中的世界坐标系

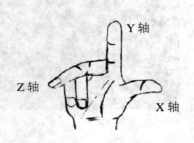

图 1-40　右手定则说明

1.5.2　局部坐标系

在 3ds Max 中，局部坐标系是对象的专有坐标系，用于定义对象空间。默认情况下，局部坐标系的轴向与世界坐标系的轴向相同，原点为对象的轴心点。

> **提示**　　选中"层次"面板 > "轴"标签栏 > "调整轴"卷展栏中的"仅影响轴"按钮，然后通过主工具栏的"选择并移动"按钮 或"选择并旋转"按钮 ，可以调整对象局部坐标原点的位置和各坐标轴的轴向，如图 1-41 所示。

图 1-41　调整对象坐标轴轴向和轴点

1.5.3　参考坐标系

对对象进行移动、旋转和缩放操作（详见 1.6.2 节）时，参考坐标系用于控制 X 轴、Y 轴和 Z 轴的方向。单击主工具栏的"参考坐标系"下拉列表框（如图 1-42 所示）可以设置使用的参考坐标系的类型，下面介绍一下各参考坐标系。

📖 **视图**：该参考坐标系混合了世界参考坐标系和屏幕参考坐标系。如图 1-43 所示，在前视图、顶视图、左视图等正交视图中，使用的是屏幕参考坐标系；而在透视视图等非正交视图中，使用的则是世界参考坐标系。

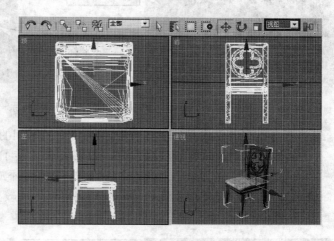

图 1-42　选择参考坐标系　　　　　　　　　图 1-43　视图参考坐标系

📖 **屏幕**：选中该选项时，将使用活动视图的屏幕坐标系作为参考坐标系。在活动视图中，X 轴始终水平向右，Y 轴始终垂直向上，Z 轴始终垂直于屏幕并指向用户，如图 1-44 所示，原点位于世界坐标系的原点处。

图 1-44　屏幕参考坐标系

📖 **世界**：选中该选项时，将使用世界坐标作为参考坐标系。

📖 **父对象**：选中该选项时，将使用选定对象父对象的局部坐标作为参考坐标系（若选定对象未链接到其他对象，则使用世界坐标作为参考坐标系），如图 1-45 所示。

📖 **局部**：选中该选项时，将使用选定对象自身的局部坐标作为参考坐标系。

📖 **栅格**：选中该选项时，表示使用当前活动网格的坐标系作为参考坐标系。如果当前未创建网格对象，则使用主网格。

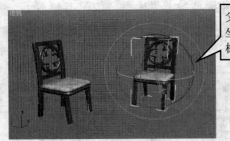
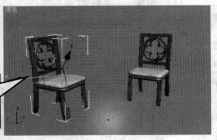

图 1-45　父对象参考坐标系

📖 **万向**：在世界或局部坐标系中，X、Y、Z 轴间的角度固定为 90°，以 Y 轴为旋转轴，对对象进行旋转操作时，如果 X 轴旋转了 60°，那么 Z 轴也旋转 60°。但是在万向坐标系中，执行上述操作，Z 轴并不旋转，如图 1-46 所示。万向坐标系的此特性主要用于制作旋转动画，可以生成较少的运动轨迹，令动画变得相对简单。

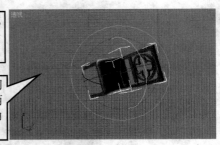

图 1-46　万向参考坐标系

📖 **拾取**：选中该选项后，单击场景中任意对象，即可将该对象的局部坐标系作为当前的参考坐标系，且对象名被添加到"参考坐标系"下拉列表中。

1.6　常用的对象操作

为了便于大家学习后面的内容，本节介绍一下使用 3ds Max 9 进行三维动画设计时，常用的一些对象操作。

1.6.1　创建对象

3ds Max 中的对象包括基本对象和复杂对象两种类型，下面看一下其区别和创建方法。

1. 创建基本对象

基本对象是指可以使用"创建"面板中提供的按钮直接创建的对象，例如长方体、圆柱体、球体、平面、样条线等。

　　创建基本对象时，应首先选中"创建"命令面板的对象按钮，然后在打开的卷展栏中设置创建方式与参数；接下来在某个视图中单击，激活该视图；随后借助鼠标的单击、移动、拖动等操作创建对象。图 1-47 显示了使用"球体"按钮创建球体的操作。

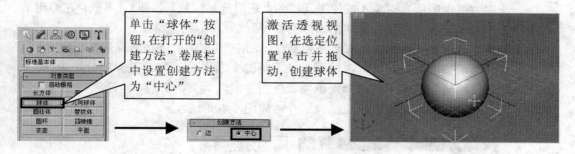

图 1-47　"球体"的创建操作

 提示　　基本对象的创建操作并不完全相同，像创建球体只需进行一次拖动操作即可，而创建管状体则需执行多步操作。此外，还有一些对象的创建需要执行特殊操作。本书将在第 2 和第 3 章分类介绍各类基本对象的创建操作。

2. 创建复杂对象

　　基本对象结构简单，通常不能满足设计的要求，还需要对其进行编辑调整，以生成符合设计要求的复杂对象。

　　在 3ds Max 中，将创建复杂对象称为"高级建模"。3ds Max 为用户提供了许多高级建模方法，例如，以二维曲线为操作对象进行车削、放样建模，以基本几何体为操作对象进行多边形建模、网格建模、面片建模等（本书将在后续章节介绍这些建模方法）。

1.6.2　选择对象

　　选择对象是各种编辑操作的基础，例如，在对对象执行移动、旋转、缩放等操作时，都需要先选中对象。下面介绍一下选择对象的方法。

1. 选择单个对象

　　在工具栏中单击"选择对象"按钮 ，再在视图中单击某个对象即可选中对象。默认情况下，在线框视图中，物体未选中时呈彩色显示，而选中后呈白色显示；在着色视图中，被选中的物体周围将显示一个白色框。

　　此外，还可使用"选择并移动"按钮 、"选择并旋转"按钮 或"选择并均匀缩放"按钮 选择对象，并进行相应操作（详见 1.6.3 节）。

2. 选择多个对象

　　3ds Max 为用户提供了多种选择多个对象的方法，其中，较常用的方法有如下几种：

❑ **配合【Ctrl】键，通过鼠标单击进行选择。**单击工具栏的"选择对象"按钮 ，
然后按住【Ctrl】键，在视图中单击对象，可同时选择多个对象（如果某个对象
已被选中，按住【Ctrl】键单击该对象，可取消对该对象的选择状态）。

    ❑ **拖动鼠标框选多个对象。**按住鼠标左键在要选择的对象周围拖出一个方框，即可
选中方框内的所有对象（按住工具栏的"矩形选择区域"按钮 不放，在弹出的
下拉列表中可设置鼠标拖动出的选框类型）。

    ❑ **使用工具栏的"按名称选择"按钮 。**单击工具栏中的"按名称选择"按钮 ，
打开"选择对象"对话框，按图 1-48 所示进行操作即可实现对象的分类选择。

    ❑ **通过"编辑"菜单下的选择菜单项。**使用"编辑"菜单下的"全选"、"反选"等
选择菜单项可以实现对象的批量选择，如图 1-49 所示。

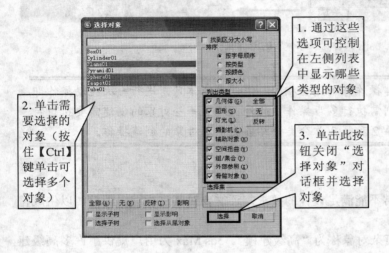

图 1-48   "选择对象"对话框   图 1-49   "编辑"菜单

提示

    要取消对象的选择状态，可单击视图区的空白处，或按【Ctrl+D】组合键。

1.6.3 移动、旋转和缩放对象

    在 3ds Max 中，对象的移动、旋转和缩放统称为变换操作。下面看一下实现方法。

1. 移动对象

    单击工具栏中的"选择并移动"按钮 ，然后在视图中单击要移动的对象，此时在对
象上会出现用于移动操作的变换线框，如图 1-50 所示。它由红、绿、蓝三条轴组成（分别
代表 X 轴、Y 轴和 Z 轴），将鼠标放在某一轴上拖动，即可沿该轴移动对象；鼠标放到由
两条轴围成的小四边形上拖动时，可以使对象在这个小四边形所在的平面内任意移动。

2. 旋转对象

旋转对象的操作与移动对象类似，单击工具栏的"选择并旋转"按钮 ↻ 后，在视图区单击选中要旋转的对象，再将鼠标放在用于对象旋转操作的变换线圈（红、绿、蓝）上，待鼠标变成 形状后拖动鼠标即可沿该线圈旋转对象，如图 1-51 所示。

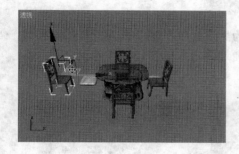

图 1-50　移动对象

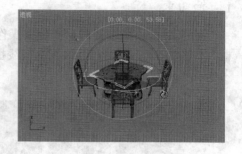

图 1-51　旋转对象

当鼠标沿红、绿、蓝线圈拖动时，对象将沿绕垂直于该线圈的坐标轴旋转（例如，沿红色线圈拖动，将使对象绕 X 轴旋转；沿绿色线圈拖动，将使对象绕 Y 轴旋转；沿蓝色线圈拖动，将使对象绕 Z 轴旋转）；当鼠标在线圈内部拖动时，对象可随意旋转；当鼠标沿最外侧的白色线圈拖动时，对象将在当前视图平面内进行旋转。

提示

> 对象默认以自身轴心点为中心进行旋转，单击工具栏的"使用轴点中心"按钮 不放，通过弹出的下拉列表可以调整对象的旋转中心。其中：选择"使用选择中心"按钮 表示以选中对象的中心点作为旋转中心；选择"使用变换坐标中心"按钮 表示以当前参考坐标系的原点作为旋转中心。

3. 缩放对象

单击工具栏中的"选择并缩放"按钮 ，选中视图中要进行缩放的对象，然后将鼠标放在对象的缩放变换线框上单击并拖动，即可缩放对象，如图 1-52 所示。

将鼠标放在各轴上拖动，可沿该轴所在的方向缩放对象；将鼠标放在外侧的梯形框中拖动，可沿构成该梯形框的两条轴缩放对象，且这两个轴向的缩放量相同；将鼠标放在中间的三角形中拖动，可对对象的整体进行均匀缩放。

图 1-52　缩放对象

提示

> 要想精确变换对象，可在选中对象后，右击工具栏中的变换按钮，打开相应的变换输入对话框（如图 1-53 所示），然后在对话框的编辑框中输入变换数值，并按【Enter】键即可。

图 1-53　"移动变换输入"对话框

1.6.4　轴约束和轴锁定

轴约束就是将对象的变换操作约束在某一变换轴上进行，通过轴锁定可禁止对象在某一轴或某一平面上执行变换操作。下面介绍一下轴约束和轴锁定的相关知识。

1.　轴约束

如前所述，在进行对象的变换操作时，3ds Max 为用户提供了辅助变换操作的变换线框，如图 1-54 所示，利用这些变换线框，可以非常方便地将对象的变换操作约束在某一参考坐标轴或某一坐标平面上。

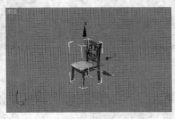
"选择并移动"按
钮对应的变换线框

"选择并旋转"按钮
对应的变换线框

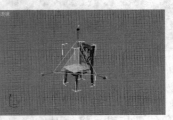
"选择并缩放"按
钮对应的变换线框

图 1-54　各变换工具按钮所对应的变换线框

为了方便观察视图中的对象，有时需要隐藏变换线框（选择"视图">"显示变换 Gizmo"菜单或按【Z】键，可显示或隐藏变换线框）。隐藏变换线框后，将无法进行正常的变换操作，此时可以使用"轴约束"工具来辅助执行变换操作，具体操作如图 1-55 所示。

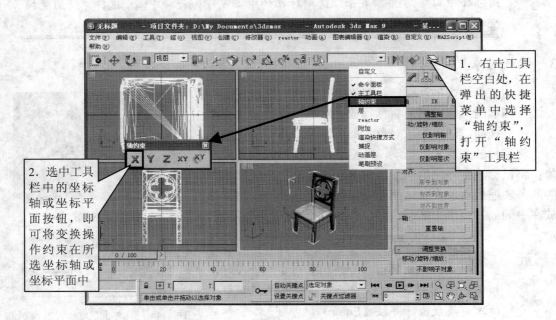

图 1-55　使用"轴约束"工具

使用"轴约束"工具进行轴约束时需要注意，只有对象的变换线框处于隐藏状态时，轴约束工具才起作用。

2．轴锁定

使用坐标轴锁定功能，可以禁止对象在某个轴或平面上执行变换操作，具体操作如下。

首先选中对象，然后参照图 1-56 所示，单击命令面板的"层次"按钮 ，打开"层次"面板；单击"链接信息"按钮，打开"链接信息"标签栏的参数选项；选中"锁定"卷展栏中相应变换区的复选框，即可完成坐标轴的锁定。此时将无法在锁定轴或平面内对对象进行对应的变换操作。

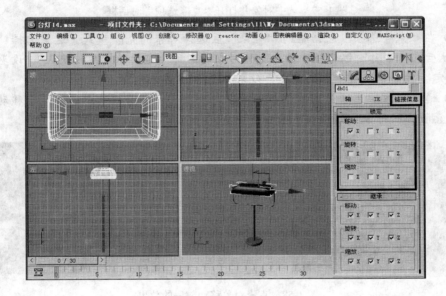

图 1-56　锁定坐标轴

 　　进行轴锁定操作时，选中"锁定"卷展栏某一变换区的两个复选框，对象在这两个轴所构成的平面上的变换操作将无法执行；三个复选框全选中时，对应的变换操作将无法执行。

1.6.5　克隆对象

克隆对象就是为对象创建副本。3ds Max 9 提供了多种克隆对象的方法，下面介绍常用的几种，具体如下。

1．原位克隆

利用"编辑" > "克隆"菜单可以实现对象的原位克隆，其操作步骤如下。

（1）打开本书提供的素材文件"椅子 1.max"，并选中场景中的椅子模型，然后选择"编辑">"克隆"菜单，打开"克隆选项"对话框，如图1-57所示。

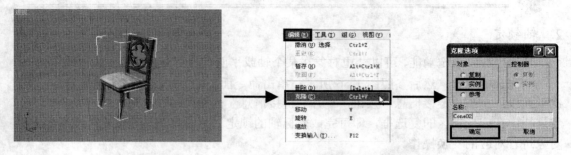

图1-57 选中对象并打开"克隆选项"对话框

（2）在"克隆选项"对话框的"对象"区选择对象的克隆模式（这里选择"实例"模式），然后在"名称"编辑框中输入克隆对象的名称（这里保持系统默认），设置完成后单击"确定"按钮，完成对象的克隆，效果如图1-58左图所示。

（3）通过此方法克隆出的对象与原对象完全重合，当前被选中、并处于移动状态的对象就是克隆出的对象。移动该对象后即可看到原对象，如图1-58右图所示。

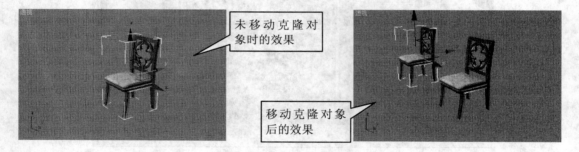

图1-58 克隆对象移动前后的效果

　　如图1-57右图所示，3ds Max 9为用户提供了三种克隆模式，其中，"复制"表示克隆对象与原对象没有关联；"实例"表示克隆对象与原对象相互关联，修改任何一方，另一方都会获得相同的修改；"参考"模式是单向关联，原对象能影响克隆对象，但克隆对象无法影响原对象。

2. 变换克隆

变换克隆是指通过移动、缩放或旋转操作创建对象副本。在进行克隆时，选中要克隆的对象，按住【Shift】键执行移动、旋转或缩放操作。释放鼠标左键，在弹出的"克隆选项"对话框中设置克隆参数，最后单击"确定"按钮，即可变换克隆对象。图1-59所示显示了对圆柱体进行旋转克隆的操作过程。

3. 阵列克隆

使用"阵列"工具可以按一定的顺序和形式创建当前所选对象的阵列。对象阵列可以是一维、二维或三维的，而且对象在阵列克隆的同时可以进行旋转和缩放。下面介绍一个阵列克隆的操作实例。

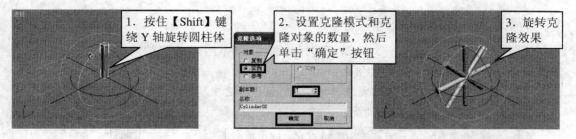

图 1-59　对圆柱体进行旋转克隆的操作过程

（1）打开本书提供的素材文件"椅子 1.max"，选中椅子对象，然后选择"工具" > "阵列"菜单，如图 1-60 所示。

图 1-60　选中椅子对象并选择"工具" > "阵列"菜单

（2）在打开的"阵列"对话框中，按图 1-61 左图所示设置阵列克隆参数，然后单击"确定"按钮，完成阵列克隆，效果如图 1-61 右图所示。

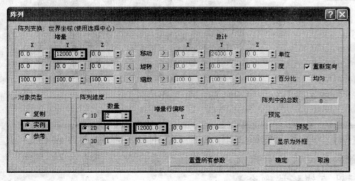

图 1-61　阵列克隆对象

在"阵列"对话框中,"增量"表示阵列克隆时各对象间沿坐标轴移动、旋转或缩放的值,"总计"表示在"总计"值范围内等间隔克隆对象(单击对话框中的 < 或 > 按钮可以设置使用"增量"还是"总计"模式)。

另外,通过"阵列纬度"区中的参数可以设置同时在几个方向上进行克隆。

4. 间隔克隆

使用"间隔工具"可以使对象沿着选择的曲线或在两个点定义的路径之间进行克隆。下面介绍一个间隔克隆的操作实例。

(1)打开本书提供的素材文件"椅子 2.max",选中椅子对象,然后选择"工具" > "间隔工具"菜单,如图 1-62 所示。

图 1-62 选中椅子对象并选择"工具" > "间隔工具"菜单

(2)在打开的"间隔工具"对话框中,设置"计数"值为"7","前后关系"为"中心"和"跟随","对象类型"为"实例",如图 1-63 左图所示。单击"拾取路径"按钮,单击视图中的圆,然后单击"应用"按钮,完成间隔克隆,效果如图 1-63 右图所示。

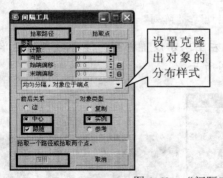

图 1-63 "间隔工具"对话框和间隔克隆效果

在进行"间隔克隆"时,单击"间隔工具"对话框中的"拾取点"按钮,然后在视图区的不同位置单击两次,可定义一条直线,系统将以该直线作为路径进行间隔克隆(克隆后此直线将被删除)。

另外,通过对话框的"间距"、"始端偏移"、"末端偏移"编辑框可以指定相邻对象的间距、始端克隆对象偏离始端的距离和末端克隆对象偏离末端的距离。

5. 镜像克隆

镜像克隆常用于创建对称性对象（比如要制作一个人体，只需先制作出人体的左半边，然后镜像克隆出右半边即可）。下面介绍一个镜像克隆的实例。

（1）打开本书提供的素材文件"椅子 1.max"，选中椅子对象，然后选择"工具" > "镜像"菜单，如图 1-64 所示。

图 1-64　选中椅子对象并选择"工具" > "镜像"菜单

（2）在打开的"镜像"对话框中，选中"镜像轴"区中的"Y"单选钮，并设置"偏移"编辑框的值为 – 20000，然后选中"克隆当前选择"区中的"实例"单选钮，如图 1-65 所示。最后单击"确定"按钮，完成镜像克隆，效果如图 1-66 所示。

该区的参数用于设置镜像轴，以及克隆对象相对于原对象的偏移距离

选中"不克隆"单选钮表示只对对象进行镜像移动

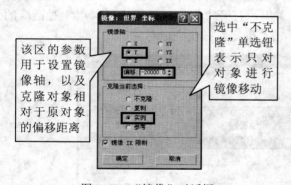
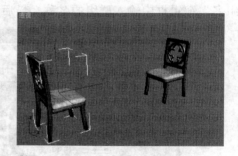

图 1-65　"镜像"对话框　　　　　　　图 1-66　镜像克隆效果

1.6.6　对齐对象

使用工具栏中的"对齐"按钮 ，可以非常方便地将场景中的两个对象按照指定的某个定位点对齐，下面介绍一个操作实例。

（1）打开本书提供的素材文件"椅子 3.max"，并选中椅垫模型，如图 1-67 所示。

（2）单击工具栏中的"对齐"按钮 （此时鼠标变成与"对齐"按钮相同的样式），再单击作为目标对象的椅子，打开"对齐当前选择"对话框，如图 1-68 所示。

（3）在"对齐当前选择"对话框中设置对齐方式（在此保持系统默认，表示令椅垫和椅子按"轴点"方式完全对齐），并单击"确定"按钮，完成对齐操作，效果如图 1-69 所示。

1.6.7　群组、隐藏和冻结对象

在建模过程中，为了防止因不当操作造成对象发生变动，同时也为了方便操作其他对象，经常需要对已创建好的对象进行群组、隐藏或冻结。

图 1-67　素材文件"椅子 3.max"　　图 1-68　"对齐当前选择"对话框　　图 1-69　对象对齐后的效果

1.　群组对象

可以将多个对象群组为一个对象，然后对其进行整体操作。如图 1-70 所示，框选要群组的三维对象，然后选择"组">"成组"菜单，打开"组"对话框；在"组"对话框的"组名"编辑框中输入群组的名称，最后单击"确定"按钮完成对象群组。

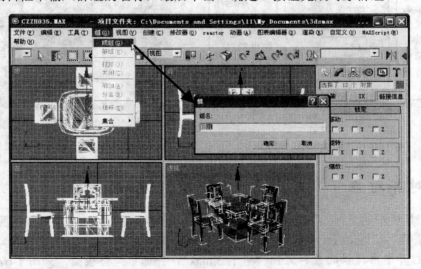

图 1-70　对象的群组

完成群组操作后，如果想单独操作群组中的某个对象，可选中该群组，然后选择"组">"打开"菜单，将组打开后再进行操作；操作完成后，可选择"组">"关闭"菜单将群组恢复到原来的状态。

选中群组后，选择"组">"解组"菜单可解除群组。需要注意的是，打开的群组无

法进行解组操作,必须先将其关闭。

2. 冻结和隐藏对象

将对象冻结或隐藏后,任何操作都无法对其造成影响,同时也便于调整其他对象。

选中要冻结的对象,然后右击鼠标,从弹出的快捷菜单中选择"冻结当前选择"菜单项即可冻结对象,如图 1-71 所示。

冻结后的对象在视图区中变为灰色,如图 1-72 所示,且无法被选中。在视图区右击鼠标,从弹出的快捷菜单中选择"全部解冻"菜单项,可解除对象的冻结状态。

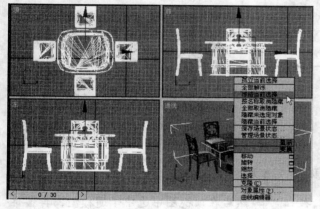
图 1-71 对象的冻结

图 1-72 冻结后的对象

隐藏对象与冻结对象的操作类似,右击对象,从弹出的快捷菜单中选择"隐藏当前选择"菜单项,即可隐藏对象;右击视图区,从弹出的快捷菜单中选择"全部取消隐藏"菜单项可取消所有隐藏对象的隐藏状态。

课堂练习——调整卡通模型

下面通过一个调整卡通模型的实例,来练习对象选择、移动、克隆和隐藏等的操作,具体如下。

(1)启动 3ds Max 9 后,选择"文件">"打开"菜单,打开配套素材"实例">"第1章"文件夹中的"卡通模型.max"文件,如图 1-73 所示。

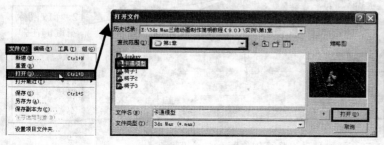

图 1-73 打开配套素材中的"卡通模型.max"文件

（2）单击工具栏中的"按名称选择"按钮 ，打开"选择对象"对话框，并选中如图 1-74 左图所示的对象名，再单击"选择"按钮将其选中；然后右击 Camera01 视图，从弹出的快捷菜单中选择"隐藏当前选择"菜单项，隐藏选中对象，如图 1-74 右图所示。

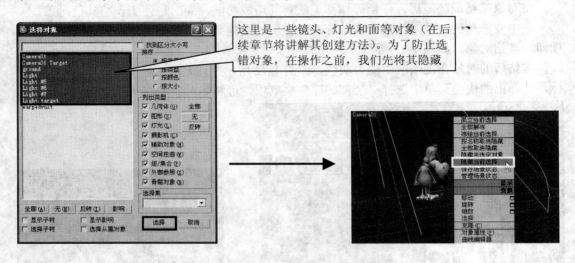

图 1-74　按名称选择对象并将其隐藏起来

（3）单击工具栏的"选择并移动"按钮 ，然后在顶视图中选中卡通模型，再按住【Shift】键将卡通模型沿 X 轴向右移动一段距离，释放鼠标左键，在弹出的"克隆选项"对话框中设置克隆参数，然后单击"确定"按钮，完成卡通模型的移动克隆，如图 1-75 所示。

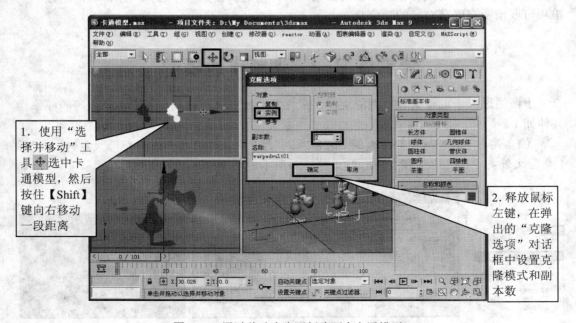

图 1-75　通过移动克隆再创建两个卡通模型

（4）选中顶视图中最右侧的卡通模型，并将鼠标置于 X 轴和 Y 轴之间的黄色矩形框内，然后在顶视图中拖动鼠标，调整卡通模型的位置，如图 1-76 所示。

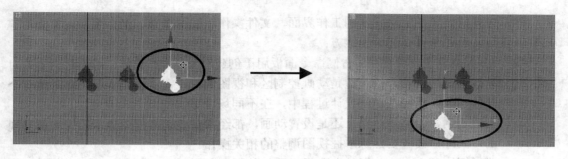

图 1-76　移动最右侧的卡通模型

（5）在 Camera01 视图中右击，将该视口设置为活动视口。再右击工具栏中的"选择并旋转"按钮 🔄，打开"旋转变换输入"对话框，如图 1-77 左图所示；在对话框"偏移：屏幕"区中的"Z"编辑框中入 - 150，按【Enter】键，将选中对象绕 Z 轴旋转 - 150°，效果如图 1-77 右图所示。

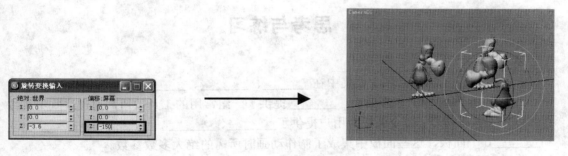

图 1-77　旋转卡通模型

（6）在 Camera01 视图中右击，从弹出的快捷菜单中选择"按名称取消隐藏"菜单项，打开"取消隐藏对象"对话框；选中对话框左侧对象名列表中的"ground_m"项，单击"取消隐藏"按钮，取消其隐藏状态，如图 1-78 所示。

图 1-78　取消"ground_m"的隐藏状态

课后总结

本章主要讲述了 3ds Max 9 的工作界面、文件操作、视图调整、坐标系和对象操作等内容。这里，有几个需要强调的地方：

- 3ds Max 9 工作界面中，右侧命令面板用于创建对象，顶部工具栏用于对创建的对象执行常用操作，最下边是动画控制区和视图调整按钮。学完本章，应对此有个总体印象，以便在动画设计过程中，在不同场合下调用不同的工具。
- 无论是创建、编辑对象，还是设置动画，都经常需要切换视图显示模式和调整视图，因此，读者要熟练掌握视图调整的相关操作。
- 要仔细琢磨 3ds Max 三种主要坐标系间的区别和联系，以及在何时使用何种坐标系。
- 移动、旋转和缩放是对象的最基本操作，平常应该多加练习，直到熟练掌握为止。
- "克隆"操作可以按要求一次复制多个对象，且不同场合适用不同的克隆操作，所以这几种克隆方法也应该多加练习，力求掌握每个操作技巧。

思考与练习

一、填空题

1. 3ds Max 的应用领域主要集中在_____、_____、_____和_____几大方面。

2. 在 3ds Max 的工作界面中，_____提供了一组常用的工具按钮，通过这些工具按钮可以快速执行命令；命令面板为用户提供了_____、_____、_____、_____、_____和_____6 个面板，这些面板中集成了制作动画时所需的绝大多数参数。

3. 根据视图的特点和用途的不同，可将 3ds Max 的视图分为_____、_____、_____、_____和_____5 种类型。

4. 对象的变换操作包括_____、_____、_____三种，通过_____可以控制变换操作的方向。

二、问答题

1. 使用 3ds Max 制作效果图的流程通常分为哪几步？
2. 如何新建一个全新的场景文件？
3. 如何调整变换操作的变换中心点？
4. 如何将另一场景中的模型导入到当前场景中？

三、操作题

打开本书配套素材"实例">"第 1 章"文件夹中的"donkey.max"文件，如图 1-79 所示，然后利用本章所学知识实现图 1-80 所示效果。

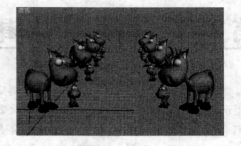

图 1-79　打开"donkey.max"文件　　　　　　　图 1-80　操作完成后的效果

提示

（1）选中驴子模型，通过移动克隆创建一个副本，并将副本对象均匀缩放到原大小的 45%，然后绕 Z 轴旋转 -35°，并调整其位置。

（2）对场景中的两个对象进行群组，并沿 X 轴进行移动克隆，创建出 3 个副本组。

（3）选中所有的组进行镜像克隆，并调整透视视图。

第 2 章 创建和编辑二维图形

本章为读者讲一下在 3ds Max 9 中创建和编辑二维图形的知识。二维图形是创建三维模型的基础，可通过为二维图形添加修改器等方法创建三维模型。二维图形分为基本二维图形和复杂二维图形，基本二维图形是指使用工具按钮可直接创建的二维图形，像线、圆、多边形、星形等；复杂二维图形是指对基本二维图形进行编辑调整获得的较为复杂的图形。

本章要点

2.1 创建二维图形

使用 3ds Max 9 的"图形"创建面板"样条线"分类中的工具按钮可以创建一些基本的二维图形，具体如下。

2.1.1 创建线

（1）单击"图形"创建面板"样条线"分类中的"线"按钮，如图 2-1 左图所示，在打开的"创建方法"卷展栏中设置线的"初始类型"为"角点"，"拖动类型"为"Bezier"。

（2）在顶视图中，按照图 2-1 右图所示进行鼠标的单击和拖动操作，即可创建如图所示的曲线。

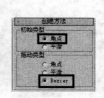
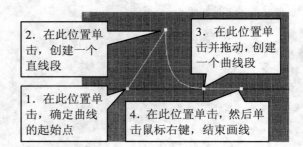

图 2-1 创建曲线

在"线"按钮的"创建方法"卷展栏中，"初始类型"决定了在创建"线"时，单击鼠标创建的顶点类型，"拖动类型"决定了单击并拖动鼠标创建的顶点类型。

曲线的顶点有平滑、角点和 Bezier 几种类型。其中，"角点"型顶点的两侧可均为直线段或一侧为直线段、一侧为曲线段；"平滑"型顶点的两侧为平滑的曲线段；"Bezier"型顶点的两侧有两个控制柄，通过这两个控制柄可以调整顶点两侧曲线的形状。各类型顶点的效果如图 2-2 所示。

提示

还有一种"Bezier 角点"类型的顶点，这类顶点不能直接创建，只能由其他类型顶点转换获得（在曲线顶点编辑模式下，右击某个顶点，在弹出的快捷菜单中选择"角点"、"平滑"、"Bezier"、"Bezier 角点"等菜单项可转换顶点的类型）。

"Bezier 角点"顶点与"Bezier"顶点的主要区别是："Bezier"顶点两侧的控制柄始终处于同一直线上，且长度相等、方向相反，而"Bezier 角点"顶点两侧的控制柄是相互独立的，用户可分别调整其方向和长度（参见图 2-2 右图）。

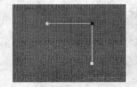
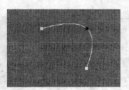
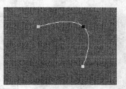

角点类型的顶点　　　　平滑类型的顶点　　　　Bezier 类型的顶点　　　Bezier 角点类型的顶点

图 2-2　曲线顶点的类型

小技巧

在创建曲线时，如果按住【Shift】键单击或拖动，新建顶点将与前一个顶点水平或垂直对齐。

在创建曲线的过程中，除了使用"创建方法"卷展栏设置曲线的创建方法外，还可以利用"名称和颜色"、"渲染"、"插值"、"键盘输入"等卷展栏（在曲线创建完成后，单击"修改"标签 打开"修改"面板，也可看到这些卷展栏）设置曲线的名称、颜色、截面形状与尺寸等。各卷展栏的作用如下。

📖　**名称和颜色：**如图 2-3 所示，此卷展栏用于设置曲线的名称和颜色。设置颜色时，只需单击颜色框，从弹出的"对象颜色"对话框中选择相应的颜色即可。

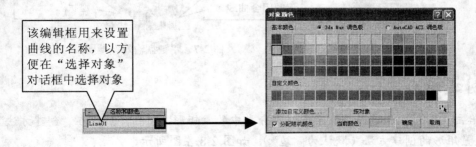

该编辑框用来设置曲线的名称，以方便在"选择对象"对话框中选择对象

图 2-3　"名称和颜色"卷展栏和"对象颜色"对话框

📖　**渲染：**如图 2-4 所示，此卷展栏用于设置是否在视图中或渲染时将曲线显示为三

维对象（参见图 2-5），并可以设置曲线截面的形状（圆或矩形）与尺寸。

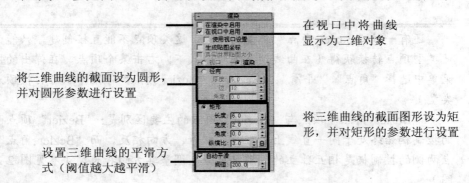

将三维曲线的截面设为圆形，并对圆形参数进行设置

在视口中将曲线显示为三维对象

将三维曲线的截面图形设为矩形，并对矩形的参数进行设置

设置三维曲线的平滑方式（阈值越大越平滑）

图 2-4　"渲染"卷展栏

选中"在视口中启用"复选框后效果

图 2-5　"渲染"参数设置前后效果的对比

- 📖 **插值：** 如图 2-6 所示，该卷展栏用于设置曲线每两个相邻顶点间线段的步数（数量），步数越大，曲线越平滑。
- 📖 **键盘输入：** 如图 2-7 所示，此卷展栏用于精确创建曲线。单击"线"按钮，并在该卷展栏的 X、Y、Z 编辑框中输入顶点坐标，然后单击"添加点"按钮，即可在指定位置创建一个顶点（该方法创建顶点的类型由"创建方法"卷展栏中的"初始类型"决定）。

单击此按钮，曲线将变成首尾相连的闭合曲线

单击此按钮将退出曲线的创建状态

图 2-6　"插值"卷展栏　　　　图 2-7　"键盘输入"卷展栏

2.1.2　创建矩形

（1）单击"图形"创建面板"样条线"分类中的"矩形"按钮，然后在"创建方法"卷展栏中设置矩形的创建方法（默认为"边"），如图 2-8 左图所示。

（2）在顶视图中单击并拖动，然后释放鼠标左键，即可创建矩形，如图 2-8 右图所示。

使用"边"方式创建矩形时，鼠标拖动是从矩形的一角到该角的对角；使用"中心"方式创建矩形时，鼠标拖动是从矩形的中心点到矩形的一个角。另外，创建矩形时若按住【Ctrl】键，则创建的将是一个正方形。

创建完矩形且未取消"矩形"按钮的选中状态时，可利用"参数"卷展栏中"长度"和"宽度"编辑框设置矩形的长度和宽度；利用"角半径"编辑框设置矩形的圆角半径（即使直角矩形变为圆角矩形）。

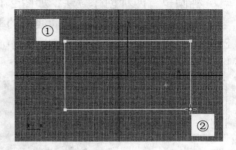

图 2-8　创建矩形

2.1.3　创建圆、椭圆和圆弧

使用"样条线"分类中的"圆"、"椭圆"和"弧"按钮，可以在视图中分别创建圆、椭圆和圆弧，下面分别介绍一下具体操作。

1．创建圆

（1）单击"图形"创建面板"样条线"分类中的"圆"按钮，在打开的"创建方法"卷展栏中设置圆的创建方法（默认为"中心"），如图 2-9 左图所示。

（2）在顶视图中单击并拖动，然后释放鼠标左键，即可创建一个圆，如图 2-9 右图所示。

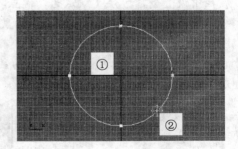

图 2-9　创建圆

使用"边"方式创建圆时，鼠标拖动的起始点和结束点用来确定圆的直径；使用"中心"方式创建圆时，鼠标拖动的起始点被作为圆心，起始点到结束点的距离定义了的圆半径。

知识库

　　创建完圆且未取消"圆"按钮的选中状态时，可利用"参数"卷展栏中的"半径"编辑框设置圆的半径。

2. 创建椭圆

　　椭圆的创建方法与矩形类似，单击"图形"创建面板"样条线"分类中的"椭圆"按钮，然后在某一视图中单击并拖动鼠标，即可创建一个椭圆。

　　椭圆也有两种创建方法，如图 2-10 左图所示。其中，使用"边"方式创建椭圆时，相当于创建一个内切于鼠标拖动线框的椭圆，如图 2-10 中图所示；使用"中心"方式创建椭圆时，将以拖动起始点作为椭圆的中心点，以结束点确定椭圆的长轴半径和短轴半径，如图 2-10 右图所示。

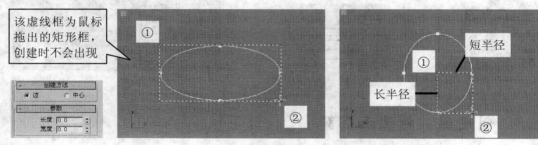

图 2-10　椭圆的两种创建方法

知识库

　　利用椭圆"参数"卷展栏中的"长度"和"宽度"编辑框，可以设置椭圆的长轴直径和短轴直径。

3. 创建圆弧

　　（1）单击"图形"创建面板"样条线"分类中的"弧"按钮，并在"创建方法"卷展栏中设置创建方法（默认为"端点-端点-中央"），如图 2-11 左图所示。

　　（2）在任一视图中单击并拖动鼠标，确定圆弧起始点和结束点的位置，如图 2-11 中图所示。

　　（3）释放鼠标左键，向上移动鼠标并单击，确定圆弧圆心的位置。即可在视图中创建一条圆弧，如图 2-11 右图所示。

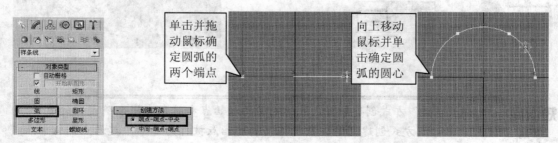

图 2-11　创建圆弧

若使用"中间-端点-端点"方式创建圆弧，应先单击并拖动鼠标，确定圆
弧圆心和起始点的位置，然后移动鼠标到适当位置单击，确定圆弧结束点的位
置。

利用圆弧的"参数"卷展栏可以设置圆弧的半径和圆弧起始点、结束点所
在的位置。选中"饼形切片"复选框，可以将圆弧变为起始点、结束点均与圆
心相连的扇形曲线，如图 2-12 所示。

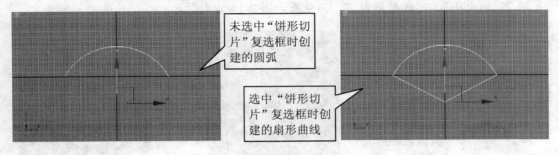

图 2-12　"饼形切片"复选框的作用

2.1.4　创建多边形和星形

使用"样条线"分类中的"多边形"和"星形"按钮，可以分别在视图中创建多边形
和星形，下面分别介绍一下具体操作。

1．创建多边形

多边形的创建方法与圆类似，如图 2-13 所示。单击"图形"创建面板"样条线"分类
中的"多边形"按钮，并在打开的"创建方法"卷展栏中设置创建方法（默认为"边"），
然后在顶视图中单击并拖动鼠标，即可创建一个多边形。

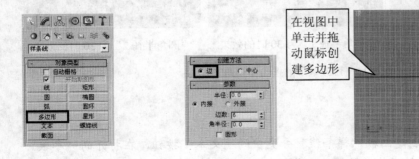

图 2-13　创建多边形的操作

利用多边形的"参数"卷展栏可以设置多边形的半径、边数和角半径等值；
当选中"圆形"复选框时，多边形将成为一个圆形。

2. 创建星形

（1）单击"图形"创建面板"样条线"分类中的"星形"按钮，在打开的"参数"卷展栏中设置"点"编辑框的值，如图 2-14 左图所示。

（2）在任一视图中单击并拖动，然后释放鼠标左键，确定星形一组角点的位置（即"半径 1"的大小），如图 2-14 中图所示。

（3）向星形内部或外部移动鼠标到适当位置并单击，确定星形另一组角点的位置（即"半径 2"的大小），完成星形创建，其效果如图 2-14 右图所示。

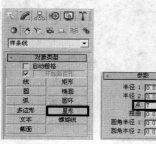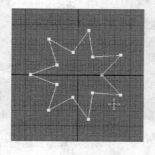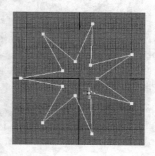

图 2-14　创建星形的操作

知识库

利用星形的"参数"卷展栏可以设置星形的角数、内外角点的圆角半径和内角点的扭曲度等，如图 2-15 所示。

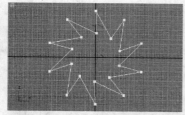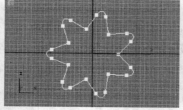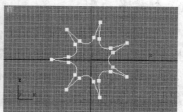

"扭曲"为 −20 时的效果　　　"圆角半径 1"为 30 时的效果　　　"圆角半径 2"为 30 时的效果

图 2-15　修改星形的扭曲和圆角半径

2.1.5　创建文本

（1）单击"图形"创建面板"样条线"分类中的"文本"按钮，在打开的"参数"卷展栏中设置要创建文本的字体（默认为宋体）、字型（倾斜或加下划线）、对齐方式、大小（默认为 100 个单位）、字间距和行间距，然后在"文本"编辑框中输入文本（如"文本图形"），如图 2-16 所示。

（2）在前视图中单击，即可创建一个文本，新创建的文本如图 2-17 所示。

 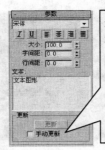 

选中"手动更新"复选框时，如果在"文本"编辑框中修改了文本内容，则只有单击"更新"按钮才能更新视图中的文本内容，否则将自动更新文本内容

图 2-16　单击"文本"按钮并设置参数　　　　　图 2-17　创建的文本

2.1.6　创建其他二维图形

除了前面介绍的几种基本二维图形外，使用"图形"创建面板"样条线"分类中的按钮还能创建螺旋线和截面图形。另外，利用"扩展样条线"分类中的创建工具还可以创建一些建筑中常用的二维图形，下面就来简单介绍。

1．创建螺旋线

螺旋线是所有的基本二维图形中，唯一具有三维特性的图形，它的创建方法也很简单，具体操作如下。

（1）单击"图形"创建面板"样条线"分类中的"螺旋线"按钮，并在打开的"参数"卷展栏中设置螺旋线的圈数（在此设为5），如图 2-18 所示。

（2）在透视视图中单击并拖动，然后释放鼠标左键，设置螺旋线底部半径（即"半径1"的大小），如图 2-19 所示。

  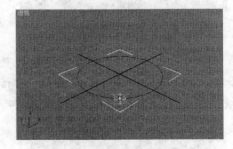

图 2-18　设置螺旋线的圈数　　　　　　　图 2-19　设置螺旋线底部半径

（3）移动鼠标到适当位置并单击，设置螺旋线的高度，如图 2-20 所示。

（4）再次移动鼠标到适当位置并单击，设置螺旋线顶部半径（即"半径2"的大小），如图 2-21 所示，至此就完成了螺旋线的创建。

 在螺旋线的"参数"卷展栏中，通过设置"偏移"编辑框的值（最小为－1.0，最大为1.0）可令螺旋线向顶部或底部聚集；通过选择"顺时针"或"逆时针"单选钮可设置螺旋线的旋转方向。

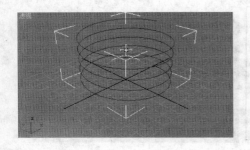
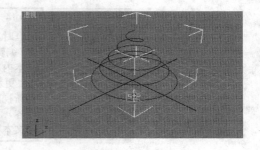

图 2-20　设置螺旋线的高度　　　　　　　　图 2-21　设置螺旋线顶部半径

2. 创建截面曲线

使用"图形"创建面板"样条线"分类中的"截面"按钮，可以创建截面对象，利用它可以为三维对象创建截面图形，如下例所示。

（1）打开本书提供的素材文件"TinaCat.max"，如图 2-22 所示。单击"图形"创建面板"样条线"分类中的"截面"按钮，在前视图中单击并拖动鼠标创建一个截面，使其覆盖前视图中的花猫模型，如图 2-23 所示。

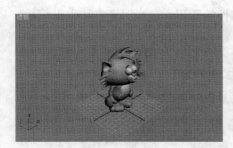

图 2-22　打开素材文件"TinaCat.max"　　　　图 2-23　在前视图中创建一个截面

（2）在顶视图中调整截面的位置，然后单击"截面参数"卷展栏中的"创建图形"按钮，在弹出的"命名截面图形"对话框中输入截面图形的名称，然后单击"确定"按钮，完成花猫截面图形的创建，如图 2-24 所示。

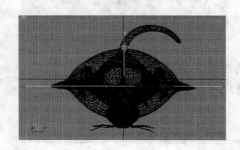

图 2-24　创建对象的截面图形

（3）按住【Ctrl】键单击选中花猫模型和截面，然后按【Delete】键删除截面和花猫模型，在视图中就留下了花猫的截面图形，如图 2-25 所示。

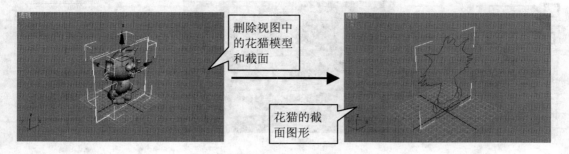

图 2-25 删除前后对比图

3. 创建扩展样条线

在"图形"创建面板的"扩展样条线"分类中，提供了一些扩展样条线创建按钮，分别用于创建建筑中墙壁的截面曲线，如矩形、"工"字形、"L"形、"T"形等。下面以创建"墙矩形"线为例，介绍一下这些按钮的使用。

（1）单击"图形"创建面板"扩展样条线"分类中的"墙矩形"按钮，并在打开的"创建方法"卷展栏中设置创建方法，如图 2-26 左图所示。

（2）在任一视图中单击并拖动鼠标，设置墙矩形的长度和宽度，如图 2-26 中图所示。

（3）释放左键并移动鼠标，设置墙矩形的厚度，然后单击鼠标左键，即可创建一个墙矩形，效果如图 2-26 右图所示。

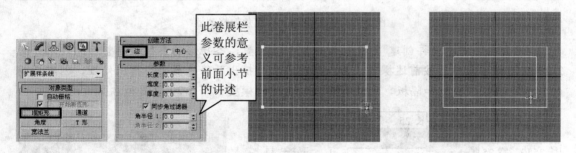

图 2-26 创建墙矩形

课堂练习——创建衣橱模型

二维图形的最大用途是辅助创建三维模型，下面就来介绍一个创建衣橱的课堂练习，步骤如下。

（1）单击"图形"创建面板"样条线"分类中的"矩形"按钮，在左视图中单击并拖动鼠标，创建一个矩形，并在"修改"面板中设置其参数，如图 2-27 所示。

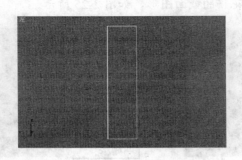

图 2-27　创建一个矩形并设置其参数

（2）单击"修改"面板中的"修改器列表"下拉列表框，从弹出的下拉列表中选择"倒角"，为矩形添加"倒角"修改器，如图 2-28 左图所示。然后按图 2-28 中图所示设置"倒角值"卷展栏的参数，完成衣橱一侧侧板的创建，如图 2-28 右图所示。

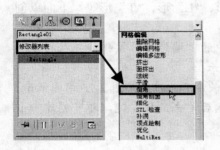

图 2-28　为矩形添加"倒角"修改器

（3）在左视图中再创建 7 个矩形并调整其位置，各矩形的参数和调整后的效果如图 2-29 左图所示。然后按前述操作，为各矩形添加"挤出"修改器进行挤出处理，创建衣橱的背板、顶板、底板和隔板，修改器参数和创建的模型如图 2-29 中图和右图所示。

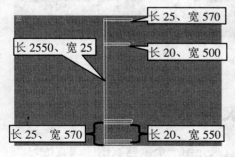
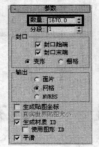

图 2-29　创建衣橱的背板、顶板、底板和隔板

（4）如图 2-30 所示，单击"图形"创建面板"样条线"分类中的"圆"按钮，然后在左视图中单击并拖动鼠标，创建一个圆，在"修改"面板中设置其半径为 20；再按前述操作为圆添加"挤出"修改器（挤出的"数量"设为 1700），创建衣橱的衣架。

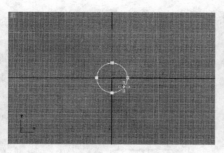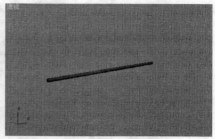

图 2-30　创建衣橱的衣架

　　（5）使用"矩形"工具在前视图中创建三个矩形，并调整其位置，各矩形的参数和最终效果如图 2-31 左图所示；然后为矩形添加"挤出"修改器，进行挤出处理，创建衣橱抽屉的主体，挤出的参数和效果如图 2-31 中图和右图所示。

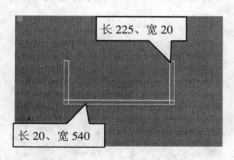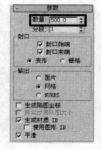

图 2-31　创建衣橱抽屉的主体

　　（6）使用"矩形"工具在前视图中再创建两个矩形，如图 2-32 左图所示，然后为矩形添加"挤出"修改器（挤出的"数量"设为 20），创建抽屉的内外挡板。最后，调整抽屉各部分的位置，并进行群组，组建抽屉模型，效果如图 2-32 右图所示。

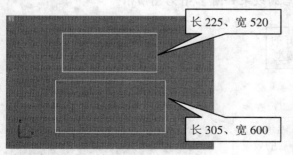

图 2-32　创建抽屉的内外挡板

　　（7）使用"圆"工具在前视图中创建两个半径为 10 的圆，在左视图中创建一个半径为 15 的圆，然后将前视图中的两个圆"挤出"50 个单位，将左视图中的圆"挤出"100 个单位。最后调整各挤出对象的位置，完成抽屉把手的创建，效果如图 2-33 所示。

　　（8）使用"矩形"工具在前视图中创建一个长为 2160、宽为 840 的矩形，作为门的截面曲线；然后为矩形添加"倒角"修改器，并在"倒角值"卷展栏中按图 2-34 左图所示设置倒角参数，完成门的创建，效果如图 2-34 右图所示。

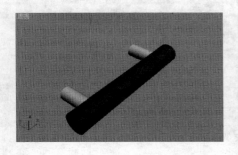

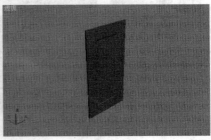

图 2-33　创建好的抽屉把手　　　　　　　　图 2-34　创建衣橱的门

（9）使用"矩形"工具在前视图中再创建三个矩形，各矩形的参数如图 2-35 左图所示，然后为矩形添加"挤出"修改器，将其"挤出"20 个单位，作为衣橱下方抽屉两侧的小木板，效果如图 2-35 右图所示。

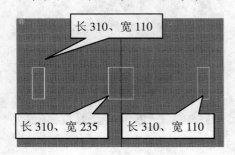
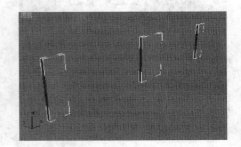

图 2-35　创建衣橱抽屉两侧的小木板

（10）对创建好的衣橱各部分进行克隆、位置调整和群组处理，即可完成衣橱模型的创建，效果如图 2-36 左图所示，添加材质后的效果如图 2-36 右图所示。

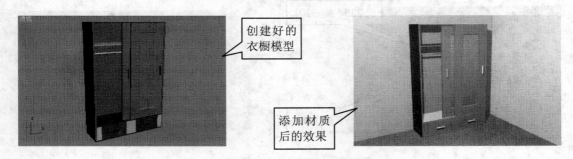

图 2-36　衣橱模型及添加材质后的效果

2.2　编辑二维图形

使用"图形"创建面板中的按钮创建的基本二维图形并不一定符合建模需求，还需要对其进行编辑，以构建复杂二维图形，本节就来介绍一些编辑二维图形的常用操作。

2.2.1　将图形转化为可编辑样条线

编辑二维图形的方法有两种，一种是使用"修改"面板直接修改图形的参数，另一种是将图形转化为可编辑样条线，然后调整图形的顶点和线段。

提示　　　　使用"线"工具创建的曲线本身就属于可编辑样条线，可直接对其顶点、线段等进行调整。

将图形转换为可编辑样条线的方法有两种：

一种是在"修改"面板的修改器堆栈中右击曲线名称，从弹出的快捷菜单中选择"转换为可编辑样条线"菜单项，如图 2-37 所示；通过此方法将曲线转化为可编辑样条线后，曲线原来的参数将被删除，因此不能再通过修改参数来编辑曲线了。

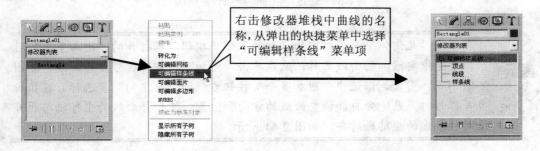

图 2-37　通过右键菜单转化可编辑样条线及转化后的修改器堆栈

另一种是为曲线添加"编辑样条线"修改器，如图 2-38 所示。该方法不会删除曲线原有参数，但不能将曲线形状的变化记录为动画的关键帧。

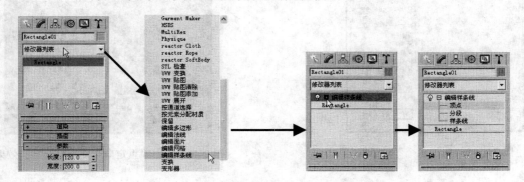

图 2-38　为曲线添加"编辑样条线"修改器

2.2.2　合并图形

复杂二维图形通常由多个基本二维图形构成，利用可编辑样条线的"附加"操作可以将多个二维图形合并到同一可编辑样条线中，具体操作如下。

（1）选中要进行合并的曲线中的任一可编辑样条线，单击"修改"面板"几何体"卷展栏中的"附加"按钮，如图 2-39 左图和中图所示。

（2）单击其他要合并的曲线，即可将所选曲线合并到当前的可编辑样条线中，如图 2-39 右图所示。

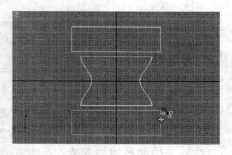

图 2-39　通过"附加"按钮合并曲线

提示　单击"几何体"卷展栏中的"附加多个"按钮，在打开的"附加多个"对话框中选中要附加的曲线名称，然后单击"附加"按钮，也可合并曲线，如图 2-40 所示。另外，若选中"附加多个"按钮右侧的"重定向"复选框，在执行合并操作时，系统会自动调整曲线的方向和位置，使合并曲线的坐标轴与原可编辑样条线的坐标轴对齐，如图 2-41 所示。

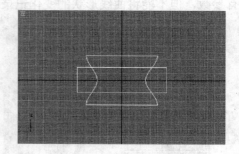

图 2-40　"附加多个"对话框　　　　图 2-41　选中"重定向"复选框合并的效果

2.2.3　删除线段

设置可编辑样条线的修改对象为"线段"，选中图形中希望删除的线段，按【Delete】键，即可将其删除，如图 2-42 所示。

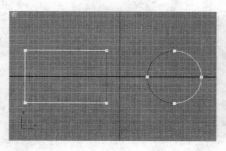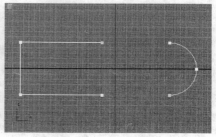

图 2-42　删除线段的操作

 提示　另外，选中要进行删除的线段后，单击"修改"面板"几何体"卷展栏中的"删除"按钮也可以删除线段。

2.2.4　闭合曲线

闭合曲线的方法有多种，像使用"闭合"按钮、"插入"按钮和"连接"按钮等，下面分别介绍一下这几种闭合曲线方法。

1. 通过"闭合"按钮闭合曲线

（1）设置可编辑样条线的修改对象为"样条线"，选中要闭合的样条线子对象，如图 2-43 左侧两图所示。

（2）单击"几何体"卷展栏中的"闭合"按钮，即可将开放图形的两端用一条线段闭合起来，如图 2-43 右侧两图所示。

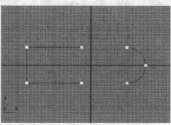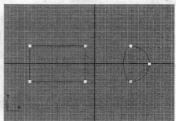

图 2-43　使用"闭合"按钮闭合曲线

2. 通过"插入"按钮闭合曲线

（1）设置可编辑样条线的修改对象为"顶点"，单击"几何体"卷展栏中的"插入"按钮，如图 2-44 左侧两图所示。

（2）单击开放曲线的某一端点，再单击另一个端点，在弹出的"是否闭合曲线"对话框中单击"是"按钮，即可闭合曲线，如图 2-44 右侧两图所示。

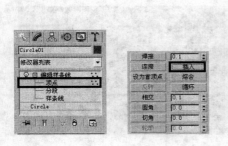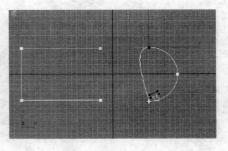

图 2-44　通过"插入"按钮闭合曲线

3. 通过"连接"按钮闭合曲线

（1）设置可编辑样条线的修改对象为"顶点"，单击"几何体"卷展栏中的"连接"按钮，如图 2-45 左图所示，

（2）用鼠标在非闭合曲线的两端点间拖出一条直线，即可将曲线的两端点用一条直线段连接起来，如图 2-45 右图所示。

提示

　　　　　　使用"连接"按钮可以将图形中的任意两点用直线段连接起来。

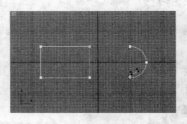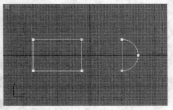

图 2-45　通过"连接"按钮闭合曲线

2.2.5　连接曲线

连接曲线就是将可编辑样条线中的两个样条线子对象连接成一个样条线。连接曲线的方法有多种，如连接方法、焊接方法等，具体如下。

1. 通过"连接"按钮

（1）同使用"连接"按钮闭合曲线的操作一样，首先设置可编辑样条线的修改对象为"顶点"，然后单击"连接"按钮，如图 2-46 左侧两图所示。

（2）用鼠标在样条线端点间拖出一条直线，将二者连接起来，如图 2-46 右侧两图所示。

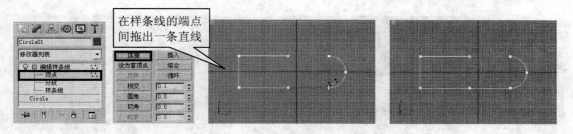

图 2-46 通过"连接"按钮连接曲线

2. 通过"端点自动焊接"功能

（1）设置可编辑样条线的修改对象为"顶点"，选中"自动焊接"复选框，然后设置足够长的"阈值距离"，如图 2-47 左侧两图所示。

（2）拖动一个样条线的某个端点靠近另一样条线的某个端点，只要两个端点间的距离小于"阈值距离"，系统会自动将这两个端点焊接为一个顶点，如图 2-47 右侧两图所示。

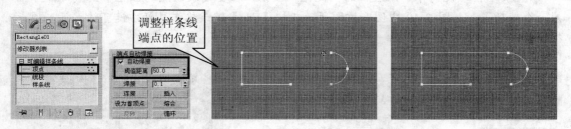

图 2-47 通过端点自动焊接功能连接曲线

提示 另外，选中两个端点，单击"焊接"按钮，如果两端点间的距离小于设置的焊接阈值（"焊接"按钮右侧编辑框的值），也可将两个端点焊接为一个顶点。

2.2.6 插入顶点

在构造曲线时，可以根据需要为曲线插入顶点，下面介绍几种插入顶点的方法。

1. 使用"插入"按钮插入顶点

该方法可在为曲线插入顶点的同时调整曲线的形状，具体操作如下。

（1）如图 2-48 左图所示，单击"修改"面板"几何体"卷展栏中的"插入"按钮，然后在可编辑样条线上单击并移动鼠标（此时光标变为图 2-48 中图所示形状）。

（2）调整好插入顶点的位置后单击，即可在该位置插入一个"角点"类型的顶点，如图 2-48 右图所示。

（3）继续移动鼠标并单击，可插入更多顶点。要结束插入顶点操作，可按【Esc】键或单击鼠标右键。

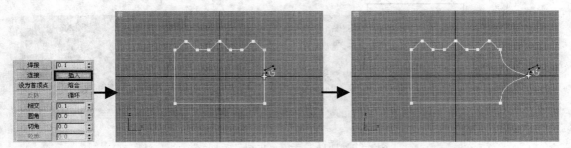

图 2-48　为可编辑样条线插入顶点

2. 使用"优化"按钮插入顶点

该方法可以在可编辑样条线的任意位置插入顶点，且不改变曲线的形状，具体操作如下。

（1）设置可编辑样条线的修改对象为"顶点"，如图 2-49 左图所示。

（2）单击"几何体"卷展栏的"优化"按钮，在要插入顶点的位置单击鼠标即可插入一个新顶点，如图 2-49 中图和右图所示（按【Esc】键或单击鼠标右键可结束插入顶点操作）。

图 2-49　使用"优化"按钮插入顶点

3. 通过"拆分"线段插入顶点

该方法可以插入指定数量的顶点来等距离拆分选中的线段，具体操作如下。

（1）设置可编辑样条线的修改对象为"线段"，然后单击要进行拆分的线段，如图 2-50 左侧两图所示。

（2）在"几何体"卷展栏中"拆分"按钮右侧的编辑框中设置插入的顶点数（当设为 N 时，线段将被拆分为 N+1 段），然后单击"拆分"按钮，如图 2-50 右侧两图所示。

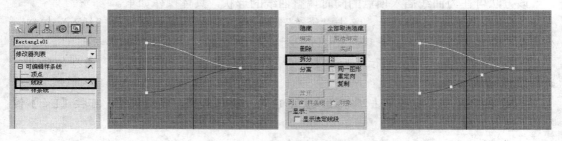

图 2-50　通过拆分线段插入顶点

2.2.7　圆角和切角处理

使用可编辑样条线"几何体"卷展栏中的"圆角"和"切角"按钮可以对顶点进行圆角和切角处理，下面看一个操作实例。

（1）设置可编辑样条线的修改对象为"顶点"，单击"几何体"卷展栏中的"圆角"按钮，如图 2-51 左侧两图所示。

（2）单击某个顶点并向上拖动，即可对该顶点进行圆角处理，如图 2-51 右图所示。切角操作与圆角操作基本相同，其效果如图 2-51 右图所示。

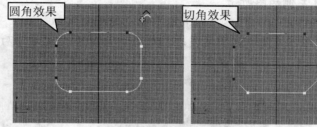

图 2-51　顶点的圆角和切角效果

提示　　通过"圆角"按钮（或"切角"按钮）右侧的编辑框可以精确设置圆角（或切角）大小。

2.2.8　熔合处理

利用可编辑样条线"几何体"卷展栏中的"熔合"按钮，可以将选中的顶点熔合起来，其操作方法与焊接顶点类似。如图 2-52 所示，设置可编辑样条线的修改对象为"顶点"，然后选中要进行熔合的顶点，并单击"几何体"卷展栏中的"熔合"按钮，即可将所选顶点熔合到一起。

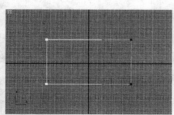

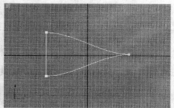

图 2-52　顶点的熔合

提示　　顶点的焊接与熔合是有区别的：焊接是将多个顶点合并为一个顶点，顶点的数量变为一个；而熔合是将多个顶点叠加到同一顶点上，只是顶点的位置发生了变化，数量不变。

提示 另外，进行焊接操作时，顶点间的距离必须小于焊接阈值，且顶点必须相邻才能焊接，而熔合顶点则无此要求。

2.2.9 轮廓处理

利用可编辑样条线"几何体"卷展栏中的"轮廓"按钮可以为选中的样条线子对象创建轮廓（又称偏移复制），具体操作如下。

（1）设置可编辑样条线的修改对象为"样条线"，选中要创建轮廓的样条线子对象，如图 2-53 左侧两图所示。

（2）单击"几何体"卷展栏中的"轮廓"按钮，在任一样条线上单击并拖动鼠标一段距离，即可为所选样条线创建轮廓曲线，如图 2-53 右侧两图所示。

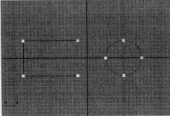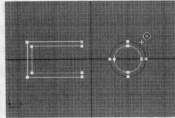

图 2-53 样条线轮廓曲线的创建

提示 在"轮廓"按钮右侧的编辑框中输入一个不为 0 的数值，按【Enrer】键，可直接为所选样条线创建轮廓。在创建轮廓线时，如果选中了"轮廓"按钮右下方的"中心"复选框，原始样条线和轮廓线将产生相同的偏移。

2.2.10 镜像操作

利用可编辑样条线"几何体"卷展栏中的"镜像"按钮可以对选中的样条线子对象进行镜像处理，具体操作如下。

（1）设置可编辑样条线的修改对象为"样条线"，并选中要进行镜像处理的样条线子对象，如图 2-54 左侧两图所示。

（2）在"几何体"卷展栏中设置镜像操作方式（在此选择"水平镜像" 〖〗），然后单击"镜像"按钮，进行镜像处理，如图 2-54 右侧两图所示。

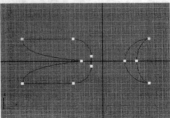

图 2-54 镜像样条线

> **提示** 在进行镜像操作时,如果希望保留原来的样条线,可选中"镜像"按钮下方的"复制"复选框;如果选中"以轴为中心"复选框,镜像操作时将以可编辑样条线的轴心点作为镜像操作的中心点。

2.2.11 布尔操作

利用可编辑样条线"几何体"卷展栏中的"布尔"按钮,可以对编辑样条线中的两条样条线子对象进行布尔运算,具体操作如下。

(1)设置可编辑样条线的修改对象为"样条线",并选中希望进行布尔操作的样条线中的任意一条,如图 2-55 左侧两图所示。

(2)在"几何体"卷展栏中设置布尔操作的类型(在此选择"并集运算" ⊙),单击"布尔"按钮,再单击另外一条样条线,即可完成样条线的布尔运算,如图 2-55 右侧两图所示。

 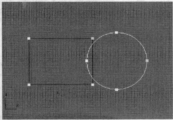 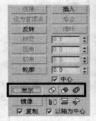 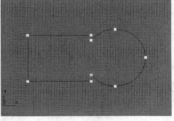

图 2-55 对样条线执行并集布尔操作

布尔操作有并集、差集和相交三种运算方式,其特点如下:

- **并集:** 它是将两条相交样条线中重叠的部分去掉,留下剩余的部分,图 2-55 所示即为此种运算。
- **差集:** 如果先选中 A 样条线,然后单击"布尔"按钮,再单击 B 样条线,则此时将删除 A 样条线中与 B 样条线重叠的部分,并删除 B 样条线,如图 2-56 所示。
- **相交:** 留下相交样条线中重叠的部分,效果如图 2-57 所示。

如果执行布尔运算的两条样条线不重叠,则不执行任何操作。

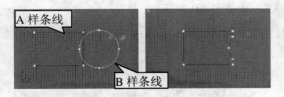   

图 2-56 差集"A-B"的效果   图 2-57 "相交"操作的效果

课堂练习——创建镜子模型

下面介绍一个通过编辑基本图形创建镜子各部分的截面曲线和轮廓线，然后对截面曲线和轮廓线进行倒角剖面处理，创建镜子模型的课堂练习，具体如下。

（1）使用"矩形"工具在左视图中创建一个长 50、宽 20 的矩形，右击矩形，从弹出的快捷菜单中选择"转换为可编辑样条线"菜单项，将其转换为可编辑样条线，如图 2-58 所示。

图 2-58　创建一个矩形并转换为可编辑样条线

（2）打开"修改"面板，单击修改器堆栈中可编辑样条线子对象树的"顶点"，设置修改对象为"顶点"，然后将矩形左下角的顶点沿 X 轴移动 −10 个单位，如图 2-59 所示。

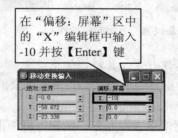
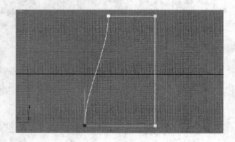

图 2-59　调整矩形左下角顶点的位置

（3）选中除左下角顶点外的其他三个顶点，然后右击鼠标，从弹出的快捷菜单中选择"角点"项，将选中顶点的类型转变为"角点"，如图 2-60 所示。

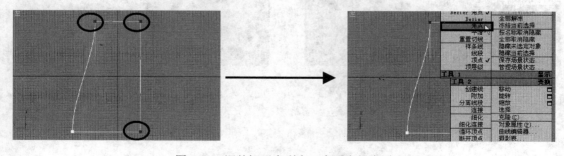

图 2-60　调整矩形中剩余三个顶点的类型

（4）单击"几何体"卷展栏中的"插入"按钮，在矩形左侧线段上单击并移动鼠标到适当位置，然后单击鼠标，为矩形插入一个新顶点，如图 2-61 所示。插入顶点后，右击鼠标或按【Esc】键取消"插入"按钮的选中状态。

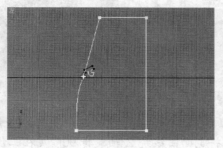
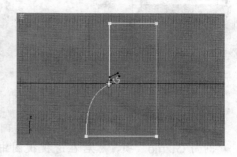

图 2-61 为矩形"插入"一个新顶点

（5）单击"几何体"卷展栏中的"优化"按钮，然后在矩形右侧线段上按图 2-62 中图所示位置单击鼠标，为该线段插入两个顶点；再调整矩形线段上各顶点的位置，完成镜框截面曲线的创建，效果如图 2-62 右图所示。

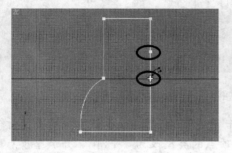
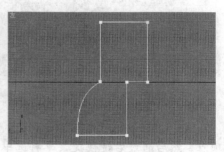

图 2-62 通过"优化"按钮为矩形插入两个顶点并调整顶点位置

（6）按前述操作，使用"椭圆"工具在"前"视图中创建一个长度为 450、宽度为 350 的椭圆，作为镜框的路径曲线，如图 2-63 所示。

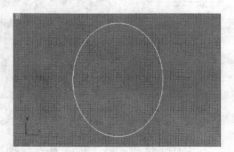

图 2-63 在前视图中创建一个椭圆

（7）单击"修改"面板的"修改器列表"下拉列表框，从弹出的下拉列表中选择"倒角剖面"，为椭圆添加"倒角剖面"修改器；单击"参数"卷展栏中的"拾取剖面"按钮，再单击左视图中绘制的截面曲线，为倒角剖面修改器指定剖面，如图 2-64 所示。

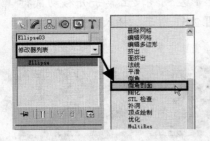  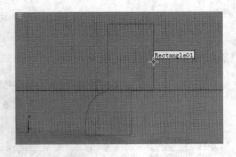

图 2-64　为椭圆添加"倒角剖面"修改器并指定剖面

（8）单击修改器堆栈中"倒角剖面"左侧的"+"号，打开修改器的子对象树，单击"剖面 Gizmo"项，然后在透视视图中将剖面曲线绕 Z 轴旋转 90°（在工作界面下方的状态栏可观察旋转的角度），完成镜框的创建，如图 2-65 所示。

 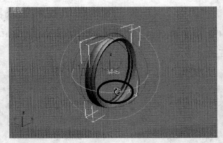 

图 2-65　调整剖面曲线的角度完成镜框的创建

（9）使用"线"工具在前视图中创建一条图 2-66 中图所示的闭合折线，并选中图示顶点。然后通过右键快捷菜单将选中顶点的类型改为"平滑"，并调整顶点的位置，创建镜架的路径曲线，如图 2-66 右图所示。

 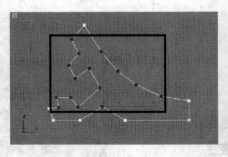 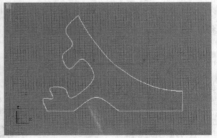

图 2-66　创建镜架的路径曲线

（10）使用"线"工具在左视图中再创建一条图 2-67 中图所示的非闭合折线，并选中图示顶点，然后通过右键快捷菜单将顶点的类型改为"平滑"，完成镜架截面曲线的创建，效果如图 2-67 右图所示。

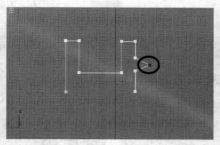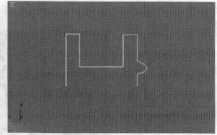

图 2-67　创建镜架的截面曲线

（11）参考前述操作，为镜架的路径曲线添加"倒角剖面"修改器，并拾取镜架的截面曲线作为剖面曲线，效果如图 2-68 左图所示；然后将"倒角剖面"修改器的"剖面 Gizmo"绕 Z 轴旋转 90°，创建一侧的镜架，效果如图 2-68 右图所示。

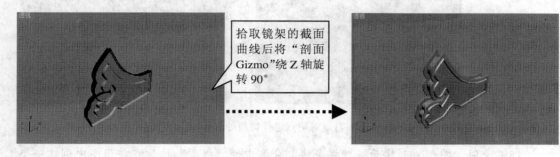

> 拾取镜架的截面曲线后将"剖面Gizmo"绕 Z 轴旋转 90°

图 2-68　对镜架路径和截面曲线进行倒角剖面处理

（12）选择"工具" > "镜像"菜单，打开"镜像"对话框，按图 2-69 左图所示设置镜像克隆参数，单击"确定"按钮，克隆出另一侧的镜架，效果如图 2-69 右图所示。至此，就完成了镜架的创建。

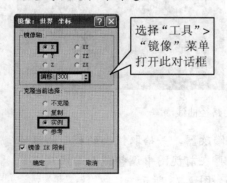

> 选择"工具" > "镜像"菜单打开此对话框

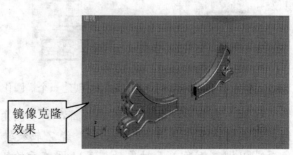

> 镜像克隆效果

图 2-69　镜像克隆镜架

（13）在左视图中创建一个矩形，并将其转换为可编辑样条线。然后设置修改对象为"线段"，选中矩形底部线段，按【Delete】键将其删除，如图 2-70 所示。

（14）将修改对象改为"顶点"，选中图 2-71 中图所示顶点，然后选中"几何体"卷展栏中的"切角"按钮，向上拖动任一顶点，对所选顶点进行切角处理，完成镜面截面曲线的创建，效果如图 2-71 右图所示。

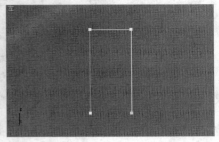

图 2-70　创建一条非闭合的折线

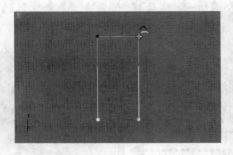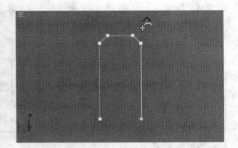

图 2-71　对顶点进行切角处理

（15）使用"图形"创建面板"样条线"分类中的"椭圆"按钮在前视图中创建一个椭圆，作为镜面的路径曲线，椭圆的参数和效果如图 2-72 所示。

图 2-72　创建一个椭圆作为镜面的路径曲线

（16）参照前述操作为新建椭圆添加"倒角剖面"修改器，并拾取镜面的截面曲线作为剖面曲线，然后将"剖面 Gizmo"绕 Z 轴旋转 90°。再在前视图中调整截面曲线顶点的位置，以调整倒角剖面对象的厚度，调整后的镜面效果如图 2-73 所示。

（17）创建完镜面后，调整镜子模型各部分的位置并进行群组，即可完成镜子模型的创建。如图 2-74 所示为将镜子导入室内、添加材质并渲染后的效果。

图 2-73　创建好的镜面

图 2-74　添加材质并渲染后的镜子

课后总结

　　本章主要讲述了二维图形的创建和编辑操作。在三维动画设计中，很多三维模型是由二维图形配合各种修改器创建的。因此，请大家仔细阅读并掌握本章内容。

思考与练习

一、填空题

　　1．曲线的顶点有＿＿＿＿＿＿、＿＿＿＿＿＿、＿＿＿＿＿＿和＿＿＿＿＿＿四种类型，其中，＿＿＿＿＿＿类型的顶点两侧为平滑的曲线段；＿＿＿＿＿＿和＿＿＿＿＿＿类型的顶点两侧有两个控制柄，通过这两个控制柄可以调整顶点两侧曲线的形状。

　　2．在"图形"创建面板的＿＿＿＿＿＿＿＿分类中为用户提供了一些＿＿＿＿＿＿＿＿按钮，主要用于创建建筑中墙壁的截面曲线。

　　3．通过＿＿＿＿＿＿操作可以将选中的线段进行均分，也常用于在线段上均匀插入顶点。

　　4．通过＿＿＿＿＿＿操作可以将多个图形合并到一个可编辑样条线中，以方便后续调整。

　　5．样条线的布尔操作有＿＿＿＿＿＿、＿＿＿＿＿＿和＿＿＿＿＿＿三种运算。

二、问答题

　　1．在创建线和矩形时，如何操作可以直接创建直线和正方形？

　　2．将图形转换为可编辑样条线的方法有哪两种？

　　3．顶点的焊接和熔合操作有何异同？

　　4．常用的为曲线插入顶点的方法有哪几种？

　　5．如何对可编辑样条线的"样条线"子对象进行镜像处理？

　　6．简述三种布尔运算的特点。

三、操作题

　　利用本章所学知识绘制一个如图 2-75 所示的二维图形。

创建一个椭圆,并转换为可编辑样条线,然后创建其轮廓线,效果如图 2-76 左图所示。

提示

创建三条弧,并合并到可编辑样条线中,然后焊接重合的端点,效果如图 2-76 中图所示。

创建一个圆,合并到可编辑样条线中,并按图 2-76 右图所示两两熔合、焊接其顶点;再调整顶点的位置及两侧控制柄端点的位置。

水平镜像调整后的圆,获得图 2-75 所示图形。

图 2-75　二维图形

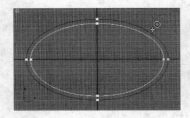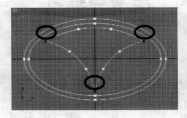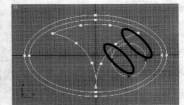

图 2-76　二维图形的创建过程

第3章 创建三维模型

本章为读者介绍一下在 3ds Max 9 中创建基本三维对象的知识。基本三维对象包括标准基本体、扩展基本体和建筑对象三类，标准基本体是 3ds Max 中最基本且常用的三维模型（像长方体、球体、圆柱体等），扩展基本体是由标准基本体通过圆角、切角等处理获得的稍微复杂的三维模型（像切角长方体、切角圆柱体、纺锤体等），建筑对象是建筑领域常用的三维模型（像门、窗户、楼梯等），这些都是创建复杂三维模型的基础。

本章要点

3.1 创建标准基本体

使用 3ds Max 9 "几何体" 创建面板 "标准基本体" 分类中的工具按钮可以创建一些最基本的三维对象，具体如下。

3.1.1 创建球体、几何球体、平面和茶壶

使用 "标准基本体" 分类中的 "球体"、"几何球体"、"平面" 和 "茶壶" 按钮，可以分别创建球体、几何球体、平面和茶壶，如图 3-1 所示。由于这几种标准基本体的创建方法完全相同，在此以球体为例，介绍一下具体的操作。

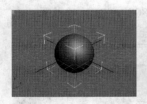

图 3-1　球体、几何球体、平面和茶壶的效果

（1）单击 "几何体" 创建面板 "标准基本体" 分类中的 "球体" 按钮，在打开的 "创建方法" 卷展栏中设置球体的创建方法（默认为 "中心"），如图 3-2 左图和中图所示。

（2）在透视视图中单击并拖动鼠标，到适当位置后释放左键，即可创建一个球体，如图 3-2 右图所示。

（3）选中新建的球体，单击命令面板的 "修改" 标签 ，打开 "修改" 面板，即可看到球体的 "参数" 卷展栏，如图 3-3 中图所示；调整 "参数" 卷展栏中的参数，即可调

整球体的效果，图 3-3 右图所示为取消"平滑"复选框选择后球体的效果。

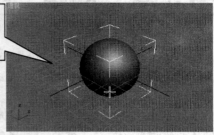

单击并拖动鼠标，到适当位置后释放左键，即可创建一个球体

图 3-2　创建球体

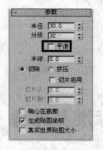

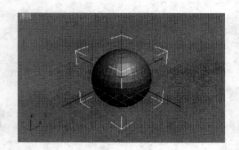

图 3-3　调整球体的参数

提示

　　在调整球体的参数时，若"半球"编辑框的值不为 0，球体将变为球缺（下方的"切除"和"挤压"单选钮用于设置球缺的形成方式，其中，"切除"是删除球体的部分表面并封口，产生球缺，球体的分段数减少；"挤压"是挤压球体产生球缺，球体的分段数不变，如图 3-4 所示）。

　　另外，选中"切片启用"复选框时，可利用"切片从"和"切片到"编辑框切除球体的某一部分，图 3-5 所示为切除球体中 90°~180° 部分后的效果；选中"轴心在底部"复选框时，球体的轴心将由中心点移至底面。

切除方式产生的球缺

挤压方式产生的球缺

图 3-4　不同方式产生的球缺效果

图 3-5　切除部分球体后的效果

　　图3-6所示为几何球体、平面和茶壶的"参数"卷展栏，在此着重介绍如下几个参数。

　　📖　**分段：** 设置几何球体的分段数，分段数越高，几何球体的表面越光滑。

- 📖 **基点面类型**：该区参数用于设置几何球体由哪种规则多面体组合而成。
- 📖 **平滑**：该复选框用于设置是否对几何球体的表面进行平滑处理。
- 📖 **渲染倍增**：在该参数区中，"缩放"编辑框用于设置渲染时平面长度和宽度的放大倍数，"密度"编辑框用于设置渲染时平面长度分段和宽度分段增加的倍数。
- 📖 **茶壶部件**：利用该区的复选框可以设置保留茶壶的哪些部件，图 3-7 所示为只保留茶壶壶体时的效果。

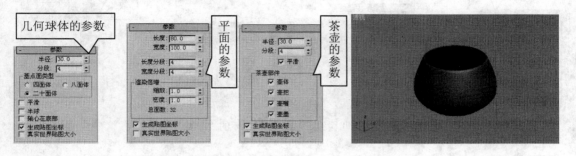

图 3-6　几何球体、平面和茶壶的"参数"卷展栏　　　　图 3-7　只保留茶壶壶体时的效果

3.1.2　创建长方体、四棱锥、圆柱体和圆环

使用"标准基本体"分类中的"长方体"、"四棱锥"、"圆柱体"和"圆环"按钮，可以分别创建长方体、四棱锥、圆柱体和圆环，如图 3-8 所示。由于这几种标准基本体的创建方法完全相同，在此以长方体为例，介绍一下具体的操作。

图 3-8　长方体、四棱锥、圆柱体和圆环效果

（1）单击"几何体"创建面板"标准基本体"分类中的"长方体"按钮，在打开的"创建方法"卷展栏中设置长方体的创建方法（默认为"长方体"），如图 3-9 左侧两图所示。

（2）在透视视图中单击并拖动鼠标，然后释放鼠标左键，确定长方体的长度和宽度；再向上移动鼠标到适当位置并单击，确定长方体的高度，即可创建一个长方体，如图 3-9 右侧两图所示。

单击并拖动鼠标，确定长方体的长度和宽度

向上移动鼠标并单击，确定长方体的高度

图 3-9　创建长方体

创建好长方体、四棱锥、圆柱体和圆环后，利用"修改"面板"参数"卷展栏中的参数可以调整长方体、四棱锥、圆柱体和圆环效果。图 3-10 所示为长方体、四棱锥、圆柱体和圆环的"参数"卷展栏，在此着重介绍如下几个参数。

长方体的参数

四棱锥的参数

圆柱体的参数

圆环的参数

图 3-10　长方体、四棱锥、圆柱体和圆环的"参数"卷展栏

提示

在创建长方体和四棱锥时，若按住【Ctrl】键，创建的将是底面为正方形的长方体或四棱锥。

📖 **边数：** 设置圆柱体侧表面棱边的数量，边数越多，侧表面越光滑，如图 3-11 所示。

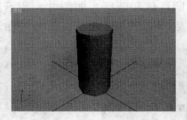
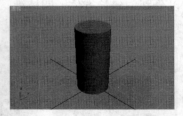

边数为 5 时的效果　　　　边数为 8 时的效果　　　　边数为 18 时的效果

图 3-11　不同"边数"圆柱体的效果

📖 **半径 1/半径 2：** 如图 3-12 所示，"半径 1"编辑框用于设置圆环中心点到圆环截面圆圆心的距离，"半径 2"用于设置圆环截面圆的半径。

📖 **旋转：** 设置圆环绕截面中心线旋转的角度，圆环的边数越少，旋转效果越明显。图 3-13 所示为不同旋转值下三边圆环的效果。

📖 **扭曲：** 设置从起始位置到结束位置，圆环截面圆扭曲的角度，数值越大，扭曲越厉害。图 3-14 所示为不同扭曲值下四边圆环的效果。

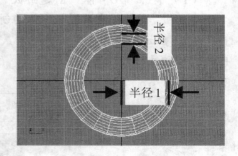

图 3-12　圆环的"半径 1"和"半径 2"

📖 **平滑：** 该区参数用于设置圆环的平滑方式，默认选中"全部"单选钮。图 3-15 所示为选中"侧面"、"分段"和"无"单选钮时圆环的效果。

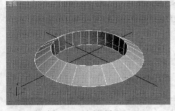
旋转 0° 时的效果

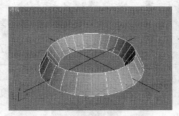
旋转 90° 时的效果

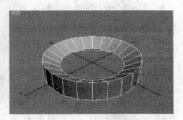
旋转 180° 时的效果

图 3-13 不同"旋转"值对应的三边圆环效果

扭曲 180° 的效果

扭曲 360° 的效果

扭曲 720° 的效果

图 3-14 不同"扭曲"值对应的四边圆环效果

选中"侧面"单选钮时的效果

选中"分段"单选钮时的效果

选中"无"单选钮时的效果

图 3-15 选中"侧面"、"分段"和"无"单选钮时圆环的效果

3.1.3 创建圆锥体和管状体

使用"标准基本体"分类中的"圆锥体"和"管状体"按钮，可以分别创建圆锥体和管状体，如图 3-16 所示。由于二者创建方法完全相同，在此以圆锥体为例，介绍一下具体操作。

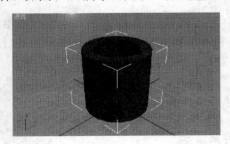

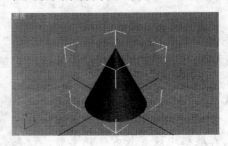

图 3-16 管状体和圆锥体效果

（1）单击"几何体"创建面板"标准基本体"分类中的"圆锥体"按钮，在打开的"创建方法"卷展栏中设置圆锥体的创建方法（默认为"中心"），如图3-17左侧两图所示。

（2）在透视视图中单击并拖动，然后释放鼠标左键，确定圆锥体底面圆的半径；再向上移动鼠标到适当位置单击，确定圆锥体的高度；最后，向下移动鼠标到适当位置单击，确定圆锥体顶面圆的半径，即可创建一个圆椎体，如图3-17右侧三图所示。

图 3-17 创建圆锥体

 提示

创建好管状体和圆锥体后，可以利用"修改"面板"参数"卷展栏中的参数调整二者的效果（各参数的作用同前面介绍的相同，在此不多做介绍）。

课堂练习——创建茶几模型

在本例中，我们将创建图3-18所示的茶几模型，读者可以通过此例进一步熟悉各种标准基本体的创建方法。

 添加材质并进行渲染

图 3-18 茶几模型的效果

在本例中，我们首先利用系统提供的"长方体"工具创建茶几的几面、隔板、底座和储物格；然后利用"圆柱体"和"圆环"工具创建物品架和立柱；再利用"线"工具创建茶几腿的截面图形并进行挤出处理，创建茶几腿；最后，利用"平面"工具创建地板。

（1）单击"几何体"创建面板"标准基本体"分类中的"长方体"按钮，然后参照图 3-19 所示操作在透视视图中创建一个长方体，作为茶几的几面。

（2）单击命令面板的"修改"标签 ⟋，打开"修改"面板，按图 3-20 中图所示在"参数"卷展栏中设置长方体的参数，效果如图 3-20 右图所示。

图 3-19 创建一个长方体

图 3-20 设置长方体的参数

（3）参照前述操作，使用"长方体"工具在透视视图中再创建两个长方体，并调整其参数和位置，作为茶几的隔板和底座，长方体的参数和效果如图 3-21 所示。

图 3-21 创建茶几的隔板和底座

（4）使用"长方体"工具在顶视图中创建五个长方体，并调整其位置，组建茶几的储物格，各长方体的参数和储物格的效果如图 3-22 所示。

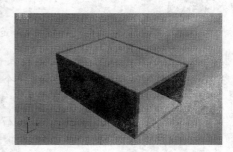

图 3-22 创建茶几的储物格

（5）单击"几何体"创建面板"标准基本体"分类中的"圆柱体"按钮，然后参照图 3-23 所示操作在透视视图中创建一个圆柱体，作为茶几物品架的底座。

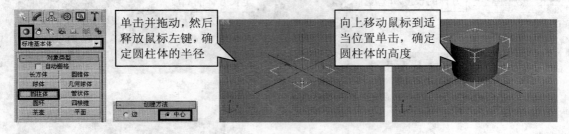

图 3-23　创建一个圆柱体

（6）打开"修改"面板，然后在"参数"卷展栏中按图 3-24 中图所示设置新建圆柱体的参数，效果如图 3-24 右图所示。

图 3-24　创建茶几物品架的底座

（7）使用"圆柱体"工具在顶视图中再创建 6 个圆柱体和一个半圆柱体，作为茶几物品架的立柱和隔板，各圆柱体的参数和最终效果如图 3-25 所示。

图 3-25　创建茶几物品架的隔板和立柱

（8）单击"几何体"创建面板"标准基本体"分类中的"圆环"按钮，然后参照图 3-26 所示操作在透视视图中创建一个圆环，作为茶几物品架顶部的护圈。

（9）打开"修改"面板，在"参数"卷展栏中按图 3-27 中图所示设置新建圆环的参数，然后调整其位置，效果如图 3-27 右图所示。

（10）使用"圆柱体"工具在顶视图中再创建 4 个圆柱体，作为茶几的立柱，圆柱体的参数和效果如图 3-28 所示。

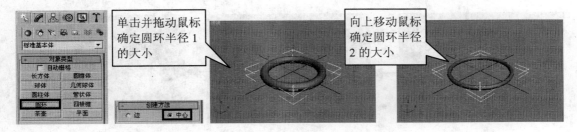

图 3-26 创建一个圆环

 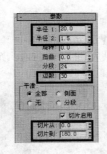 

图 3-27 设置圆环的参数并调整其位置

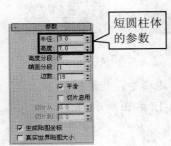 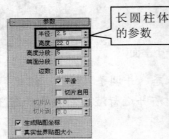 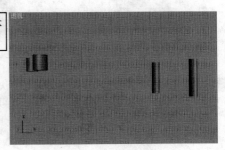

图 3-28 创建茶几的立柱

（11）使用"矩形"工具在前视图和左视图中分别创建一个矩形（前视图中的矩形长为 10、宽为 120，左视图中的矩形长为 10、宽为 46），并将其转换为可编辑样条线；然后设置可编辑样条线的修改对象为"线段"，并利用"几何体"卷展栏中的"拆分"工具将矩形底部的线段拆分为 5 段，如图 3-29 左图所示。

（12）设置可编辑样条线的修改对象为"顶点"，并更改矩形中所有顶点的类型为"角点"，然后调整各顶点的位置，如图 3-29 中图所示；再为调整好的矩形添加"挤出"修改器，将其挤出 3 个单位，创建茶几腿，效果如图 3-29 右图所示。

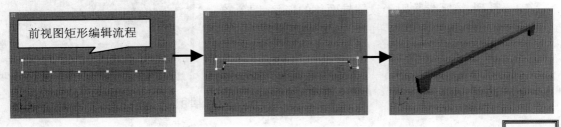

前视图矩形编辑流程

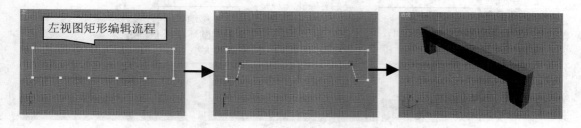

图 3-29 创建茶几腿

（13）单击"几何体"创建面板"标准基本体"分类中的"平面"按钮，然后参照图 3-30 所示操作在透视视图中创建一个平面，作为场景的地板。

（14）打开"修改"面板，在"参数"卷展栏中按图 3-31 所示设置平面的参数。

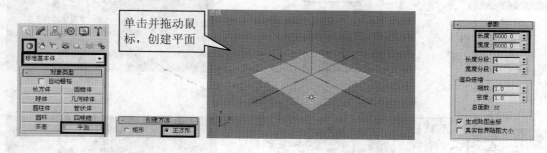

图 3-30 创建一个平面   图 3-31 平面的参数

（15）取消茶几各部分的隐藏状态，并调整其位置，组建茶几模型，效果如图 3-18 左图所示。最后，为茶几和地板添加材质并进行渲染，效果如图 3-18 右图所示。

3.2 创建扩展基本体

使用 3ds Max 9"几何体"创建面板"扩展基本体"分类中的工具按钮可以创建一些稍微复杂且常用的基本三维对象，像切角长方体、切角圆柱体等，具体如下。

3.2.1 创建异面体

异面体的创建方法与球体相同，在此不做介绍。下面介绍一下异面体"参数"卷展栏（参见图 3-32）中各参数的作用，具体如下。

- 📖 **系列**：该区参数用于设置异面体的形状，图 3-33 所示为选中各单选钮时异面体的效果。
- 📖 **系列参数**：调整该区"P"和"Q"编辑框的值（两编辑框的取值范围为 0.0~1.0，且两者之和 ≤1）可以双向调整异面体的顶点和面，以产

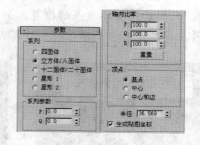

图 3-32 异面体的"参数"卷展栏

生不同的效果，如图 3-34 所示。

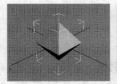
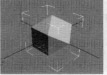

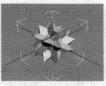
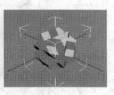

四面体　　　　　正方体/八面体　　　十二面体/二十面体　　　星形 1　　　　　　星形 2

图 3-33　五种异面体的效果

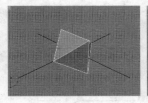
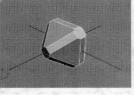
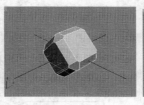
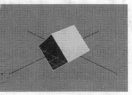

P=1.0，Q=0.0　　　　　P=0.7，Q=0.2　　　　　P=0.2，Q=0.7　　　　　P=0.0，Q=1.0

图 3-34　调整 P、Q 值时正方体/八面体的效果

📖　**轴向比率**：调整该区"P"、"Q"和"R"编辑框的值，可以调整异面体表面向外凸出或向内凹陷的程度（默认为 100，当数值大于 100 时向外凸出，当数值小于 100 时向内凹陷，单击"重置"按钮可以将 P、Q、R 的值恢复到默认值），图 3-35 所示为调整 P、Q、R 的值时立方体/八面体的效果。

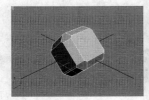
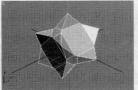
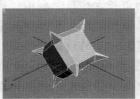
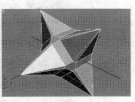

P=100,Q=100，R=100　　　P=150,Q=100，R=100　　　P=100,Q=150，R=100　　　P=100,Q=150，R=275

图 3-35　调整 P、Q、R 的值时正方体/八面体的效果

📖　**顶点**：该区参数用于设置异面体表面的细分方式，图 3-36 所示为不同细分方式下四面体表面的网格线框。

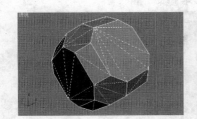
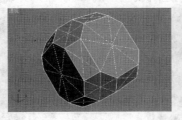
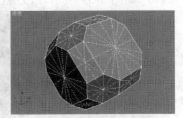

"基点"细分方式　　　　　　"中心"细分方式　　　　　　"中心和边"细分方式

图 3-36　各种细分方式下四面体表面的网格线框

3.2.2 创建切角长方体

切角长方体可以看做是对长方体的棱进行圆角处理获得的三维对象，其创建思路也是如此，具体操作如下。

（1）单击"几何体"创建面板"扩展基本体"分类中的"切角长方体"按钮，并在打开的"创建方法"卷展栏中设置创建方法（默认为"长方体"），如图 3-37 左侧两图所示。

（2）在透视视图中单击并拖动，然后释放鼠标左键，确定切角长方体的长度和宽度；再向上移动鼠标到适当位置并单击，确定切角长方体的高度；继续向上移动鼠标，到适当位置后单击，确定切角长方体各棱圆角的大小，即可创建切角长方体，如图 3-37 右侧三图所示。

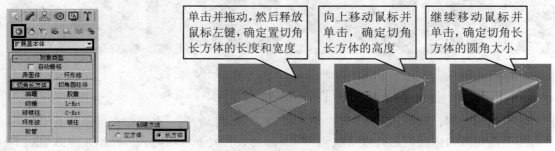

单击并拖动，然后释放鼠标左键，确定置切角长方体的长度和宽度

向上移动鼠标并单击，确定切角长方体的高度

继续移动鼠标并单击，确定切角长方体的圆角大小

图 3-37 创建切角长方体

 提示

创建完切角长方体后，利用"修改"面板"参数"卷展栏（参见图 3-38）中的参数可以调整切角长方体的效果。其中，"圆角"编辑框用于设置切角长方体各棱圆角的大小，"圆角分段"编辑框用于设置切角长方体圆角面的分段数。数值越大，圆角面越光滑。

图 3-38 切角长方体的"参数"卷展栏

3.2.3 创建 L 形体和 C 形体

使用"扩展基本体"分类中的"L-Ext"和"C-Ext"按钮，可以分别创建 L 形体和 C 形体，如图 3-39 所示，常用作建筑模型中的 L 形墙壁或 C 形墙壁。

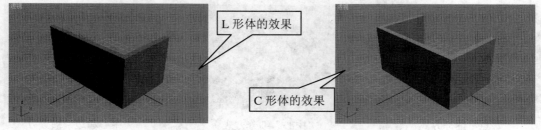

L 形体的效果

C 形体的效果

图 3-39 L 形体和 C 形体的效果

L 形体和 C 形体的创建方法与切角长方体类似，在此不做介绍。利用"修改"面板"参数"卷展栏中的参数可以调整二者的效果，图 3-40 和 3-41 所示为 L 形体和 C 形体的参数及各部分的名称。

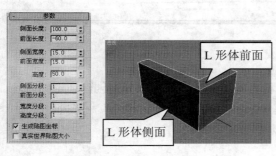
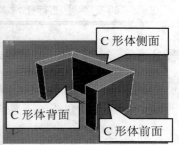

图 3-40　L 形体的参数　　　　　　　　图 3-41　C 形体的参数

3.2.4　创建切角圆柱体、油罐、胶囊、纺锤和球棱柱

使用"扩展基本体"分类中的"切角圆柱体"、"球棱柱"、"油罐"、"胶囊"、"纺锤"按钮可以分别创建切角圆柱体、球棱柱、纺锤、油罐和胶囊，如图 3-42 所示。这几种三维对象的创建方法与切角长方体相同，在此不做介绍。

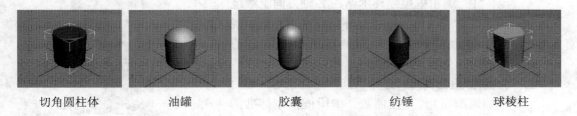

切角圆柱体　　　　　油罐　　　　　胶囊　　　　　纺锤　　　　　球棱柱

图 3-42　切角圆柱体、油罐、胶囊、纺锤和球棱柱效果

利用"修改"面板"参数"卷展栏中的参数可以调整这几种三维对象的效果，图 3-43 所示为这几种对象的"参数"卷展栏。

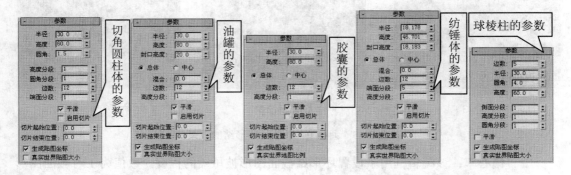

图 3-43　切角圆柱体、油罐、胶囊、纺锤体和球棱柱的"参数"卷展栏

在调整油罐和纺锤体的参数时需要注意，当选中"总体"单选钮时，"高度"编辑框的值是指整个油罐或纺锤体的高度；选中"中心"单选钮时，"高度"编辑框的值是指油罐或纺锤体中非圆角部分的高度。

　　另外，利用"混合"编辑框可以对油罐、纺锤体中非圆角部分和圆角部分的交界处进行平滑处理。

3.2.5　创建环形结和环形波

　　使用"扩展基本体"分类中的"环形结"和"环形波"按钮可以分别创建环形结和环形波，下面分别介绍一下具体操作。

1. 创建环形结

　　环形结可以看做是将圆环体打结形成的三维对象，其创建方法与圆环相同。图3-44所示为环形结的"参数"卷展栏，下面着重介绍如下几个参数。

　　📖 **结/圆**：这两个单选钮用于设置环形结的形状，当选中"圆"单选钮时环形结变为标准圆环。

　　📖 **P/Q**：选中"结"单选钮时，这两个编辑框可用，"P"编辑框控制环形结在Z轴方向上缠绕的圈数，"Q"编辑框控制环形结在XY平面绕中心点缠绕的圈数，如图3-45所示（P、Q值相同时产生标准圆环）。

　　📖 **扭曲数/扭曲高度**：选中"圆"单选钮时，这两个编辑框可用，"扭曲数"编辑框控制标准圆环在XY平面的弯曲数，"扭曲高度"编辑框控制标准圆环中弯曲的高度，如图3-46所示。

图3-44　环形结的"参数"卷展栏

P=2，Q=3

P=8，Q=3

P=8，Q=13

图3-45　调整P、Q值时环形结的效果

　　📖 **偏心率**：该编辑框用于设置环形结截面图形被压缩的程度，数值为1时截面图形为圆，数值不为1时截面图形为椭圆。

　　📖 **块数**：该编辑框用于设置环形结中块状突起的数目（当"块高度"编辑框的值不

为 0 时，才能显示块突起的效果，下方的"块偏移"编辑框用于设置块突起偏离原位置的角度），图 3-47 所示为调整"块数"和"块高度"时环形结的效果。

扭曲数=10，扭曲高度=2　　　　扭曲数=5，扭曲高度=2　　　　扭曲数=5，扭曲高度=1

图 3-46　调整"扭曲数"和"扭曲高度"时环形结的效果

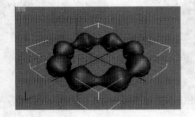
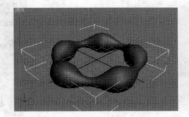
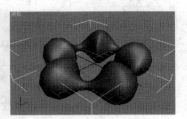

块数=8，块高度=2　　　　　　块数=5，块高度=2　　　　　　块数=5，块高度=4

图 3-47　调整"块数"和"块高度"时环形结的效果

2. 创建环形波

环形波是 3ds Max 9 中一种比较特殊的对象，创建完成后，可以直接在"参数"卷展栏中设置其动画，下面介绍一下具体操作。

（1）单击"几何体"创建面板"扩展基本体"分类中的"环形波"按钮，在透视视图中单击并拖动，然后释放鼠标左键，确定环形波外框的半径，如图 3-48 左图和中图所示。

（2）向上移动鼠标到适当位置并单击，确定环形波的宽度，即可创建一个环形波，如图 3-48 右图所示。

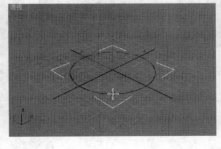

图 3-48　创建环形波

（3）打开"修改"面板，在"参数"卷展栏中的"环形波大小"区设置环形波的基本参数，在"环形波计时"区设置环形波波动动画的开始、结束时间，如图 3-49 所示。

在"环形波计时"区中,"开始时间"编辑框用于设置环形波在哪一帧开始波动;"结束时间"编辑框用于设置环形波在哪一帧结束波动;选中"无增长"单选钮时,波动过程中环形波的半径保持不变;选中"增长并保持"单选钮时,波动过程中环形波的半径由 0 增长到指定值,然后保持不变("增长时间"编辑框用于设置环形波半径由 0 增长到指定值所需的帧数);选中"循环增长"单选钮时,环形波的半径将不断重复从 0 增长到指定值的过程。

(4)选中"参数"卷展栏中"外边波折"区的"启用"复选框,开启环形波外边的波动动画,然后参照图 3-50 左图所示设置外边波动动画的参数。参照相同操作,开启环形波内边的波动动画,内边波动动画的参数如图 3-50 右图所示。

图 3-49　设置环形波的基本参数　　　　　　　　图 3-50　开启环形波的波动动画

在"内边波折"和"外边波折"区中,"主周期数"编辑框用于设置内外边的主波数;"次周期数"编辑框用于设置在主波上产生的次波的波数;"宽度波动"编辑框用于设置主波和次波波动的最大幅度占环形波宽度的百分比;"爬行时间"编辑框用于设置主波和次波爬行一周所需的时间(当主波和次波的爬行时间一为正数一为负数时,主波和次波的爬行方向相反)。

(5)单击动画和时间控制件中的"播放"按钮 ▶,即可在透视视图中查看环形波的波动动画,如图 3-51 所示。

第 10 帧时的效果　　　　第 35 帧时的效果　　　　第 70 帧时的效果　　　　第 90 帧时的效果

图 3-51　不同帧处环形波的效果

3.2.6　创建软管

软管的外形像一条塑料水管,常用来连接两个三维对象,下面以用软管连接两个长方体为例,介绍一下具体操作。

（1）使用"长方体"工具在透视视图中创建两个长方体，如图 3-52 示。

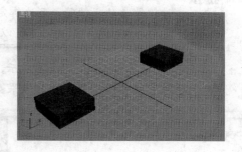

图 3-52　创建两个长方体

（2）单击"几何体"创建面板"扩展基本体"分类中的"软管"按钮，在透视视图中单击并拖动，然后释放鼠标左键，确定软管的直径，如图 3-53 左图和中图所示。

（3）向上移动鼠标到适当位置单击，确定软管的高度，即可创建一个自由软管，如图 3-53 右图所示。

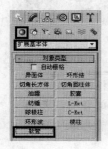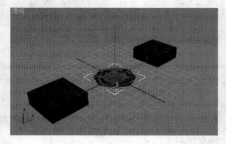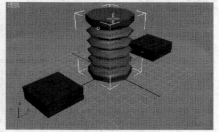

图 3-53　创建一条自由软管

（4）如图 3-54 左图所示，选中"修改"面板"软管参数"卷展栏"端点方法"区中的"绑定到对象轴"单选钮，然后单击"绑定对象"区中的"拾取顶部对象"按钮，再单击透视视图左侧的长方体，将软管顶部绑定到该长方体的轴心上；参照前述操作，使用"拾取底部对象"按钮将软管底部绑定到右侧长方体的轴心上，效果如图 3-54 右图所示。

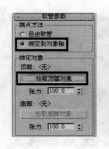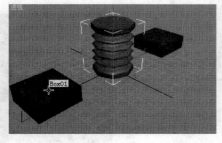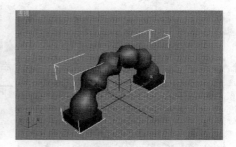

图 3-54　将软管的顶部和底部绑定到两个长方体的轴心上

3ds Max 三维动画制作简明教程

提示 "端点方法"区中的参数用于设置软管的类型，选中"自由软管"单选钮时软管为独立软管，无法绑定到其他对象；"锁定对象"区中的参数用于拾取绑定对象，调整"张力"值可以控制软管顶端和底端远离或靠近绑定对象的程度。

（5）参照图 3-55 左侧三图所示，在"绑定对象"、"公用软管参数"和"软管长度"区中调整软管的参数，调整后的效果如图 3-55 右图所示。

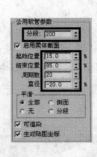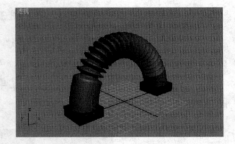

图 3-55 设置软管的参数

提示 "公用软管参数"区中的"起始位置"和"结束位置"编辑框用于设置软管中柔体部分的起始和结束位置，"周期数"编辑框用于设置柔体部分凹凸面的数量（显示数量受"分段"编辑框数值的影响）。另外，利用"软管形状"区中的参数可以设置软管截面图形的形状。

课堂练习——创建凉亭模型

在本例中，我们将创建图3-56所示的凉亭模型。读者可通过此例进一步熟悉各种扩展基本体的创建方法。

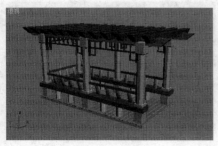添加材质并进行渲染

图 3-56 凉亭模型的效果

在本例中，我们先利用系统提供的"长方体"、"切角长方体"、"切角圆柱体"和"球棱柱"工具创建凉亭的地基和亭柱；然后利用"C 形体"、"切角长方体"和"球棱柱"工具创上下围栏和围栏的立柱；接下来利用"长方体"和"切角长方体"工具创建亭顶的顶梁和横木；最后，利用"线"工具创建亭顶雕栏的截面图形并进行挤出处理，创建雕栏。

（1）如图 3-57 所示，使用"几何体"创建面板"标准基本体"分类中的"长方体"工具，在透视视图中创建一个长方体，作为凉亭的地基。

图 3-57　创建凉亭的地基

（2）单击"几何体"创建面板"扩展基本体"分类中的"切角长方体"按钮，然后参照图 3-58 所示操作在透视视图中创建一个切角长方体。

图 3-58　创建切角长方体

（3）打开"修改"面板，在"参数"卷展栏中按图 3-59 中图所示设置切角长方体的参数，效果如图 3-59 右图所示。

图 3-59　设置切角长方体的参数

（4）选择"工具"＞"阵列"菜单，打开"阵列"对话框，然后参照图 3-60 左图所示设置阵列克隆的参数，再单击"确定"按钮，克隆出凉亭地板的其他木条；最后，对所有切角长方体进行群组，并调整其位置，创建凉亭的地板，效果如图 3-60 右图所示。

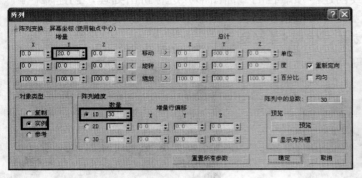

图 3-60　通过阵列克隆创建凉亭地板的其他木条

（5）单击"几何体"创建面板"扩展基本体"分类中的"切角圆柱体"按钮，然后按图 3-61 所示操作在透视视图中创建一个切角圆柱体。

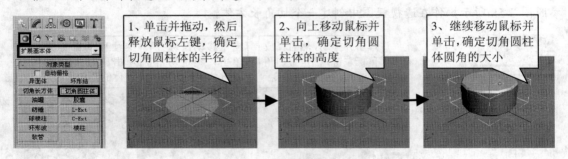

图 3-61　创建切角圆柱体

（6）按图 3-62 左图所示设置切角圆柱体的参数，然后将切角圆柱体绕 Z 轴旋转 45°，效果如图 3-62 中图所示；再通过移动克隆沿 Z 轴复制出一个切角圆柱体，并设置新切角圆柱体的高度为 50，效果如图 3-62 右图所示。

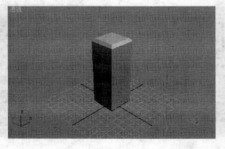
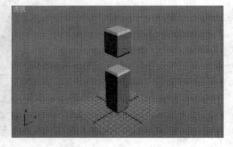

图 3-62　调整切角圆柱体的参数和角度并进行移动克隆

（7）单击"几何体"创建面板"扩展基本体"分类中的"球棱柱"按钮，然后按图

3-63 右侧三图所示在透视视图中创建一个球棱柱。

（8）按图 3-64 左图所示设置球棱柱的参数，效果如图 3-64 中图所示；再调整球棱柱的位置，并进行群组，组建凉亭的亭柱，效果如图 3-64 右图所示。

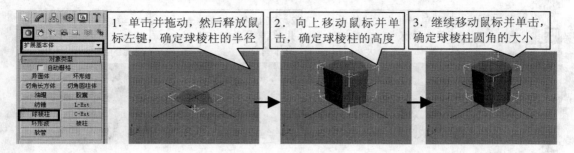

图 3-63　创建球棱柱

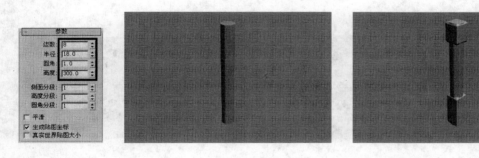

图 3-64　调整球棱柱的参数和位置组建凉亭亭柱

（9）选择"工具"＞"阵列"菜单，打开"阵列"对话框，按图 3-65 左图所示设置阵列克隆的参数，再单击"确定"按钮，克隆出其他的凉亭亭柱；选中所有的亭柱并群组，然后调整新建群组的位置，效果如图 3-65 右图所示。

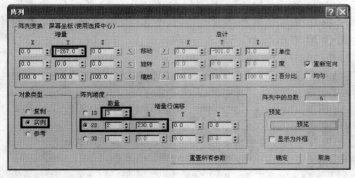
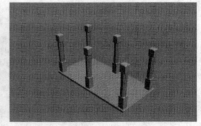

图 3-65　对凉亭的亭柱进行阵列克隆

（10）单击"几何体"创建面板"扩展基本体"分类中的"C-Ext"按钮，然后按图 3-66 右侧三图所示操作在透视视图中创建一个 C 形体。

（11）按图 3-67 左图所示设置 C 形体的参数，并将 C 形体绕 Z 轴旋转 90°，作为凉亭护栏的下围栏，效果如图 3-67 右图所示。

（12）通过移动克隆沿 Z 轴复制出一个 C 形体，作为凉亭护栏的上围栏，C 形体的参数和效果如图 3-68 所示。

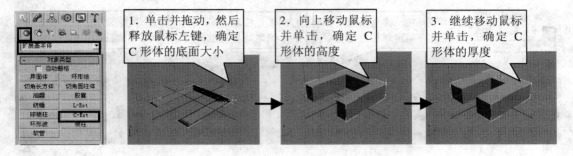

图 3-66　创建 C 形体

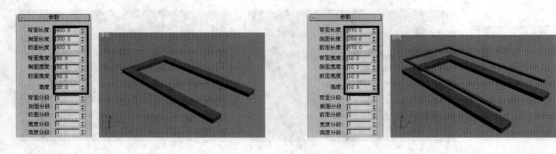

图 3-67　下围栏 C 形体的参数和效果　　　　　图 3-68　上围栏 C 形体的参数和效果

（13）使用"球棱柱"工具在顶视图中创建一个球棱柱，并按图 3-69 左图所示设置其参数；然后通过移动克隆再创建出 9 个具有实例关系的球棱柱，并调整各球棱柱的位置，创建护栏的下立柱，效果如图 3-69 右图所示。

（14）使用"切角长方体"工具在顶视图中创建一个切角长方体，并按图 3-70 左图所示设置其参数；通过移动克隆再创建出 3 个具有实例关系、间隔为 55 的切角长方体，并对 4 个切角长方体进行群组，效果如图 3-70 右图所示。

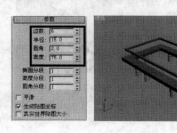

图 3-69　创建护栏的下立柱　　　　　　　图 3-70　创建 4 个切角长方体并群组

（15）将新建的切角长方体群组绕 Y 轴旋转 -20°，然后通过旋转克隆绕 Z 轴旋转 -90°，创建一个具有实例关系的切角长方体群组，如图 3-71 所示。

（16）选中步骤（14）创建的切角长方体群组，然后选择"工具" > "镜像"菜单，

打开 "镜像" 对话框；按图 3-72 左图所示设置镜像克隆的参数，然后单击 "确定" 按钮，进行镜像克隆，效果如图 3-72 右图所示。

（17）选中步骤（14）和（16）创建的切角长方体群组，然后沿 Y 轴进行移动克隆（克隆的副本数为 1），效果如图 3-73 所示，至此就完成了护栏上立柱的创建。调整上围栏、下围栏、上立柱、下立柱的位置并进行群组，即可组建凉亭的护栏，效果如图 3-74 所示。

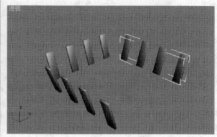

图 3-71　旋转克隆效果　　　　　　　　　　　图 3-72　镜像克隆参数和效果

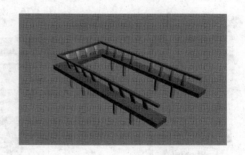

图 3-73　移动克隆效果　　　　　　　　　　　图 3-74　凉亭护栏效果

（18）使用 "长方体" 工具在顶视图中创建四个长方体，并调整各长方体的参数和位置，作为凉亭的顶梁，如图 3-75 所示。

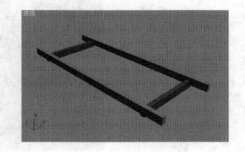

图 3-75　创建亭顶的顶梁

（19）选中步骤（18）创建的长方体中的任意一个，并单击 "修改" 面板的 "修改器列表" 下拉列表框，从弹出的下拉列表中选择 "锥化"，添加 "锥化" 修改器，如图 3-76 左图所示；按图 3-76 中图所示设置修改器的参数，对长方体进行锥化处理。按相同操作，对另外三个长方体进行锥化处理，效果如图 3-76 右图所示。

（20）使用"切角长方体"工具在顶视图中创建 12 个切角长方体（参数如图 3-77 左图所示），作为亭顶的横木；然后为切角长方体添加"锥化"修改器，进行锥化处理（修改器的参数如图 3-77 中图所示）；再调整各切角长方体的位置，效果如图 3-77 右图所示。

（21）使用"线"工具在左视图中创建一条如图 3-78 右图所示的闭合折线（先大致确定折线各顶点的位置，然后根据图示的顶点间距进行精确调整），作为雕栏外轮廓的截面曲线。

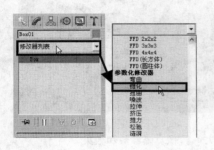  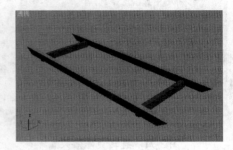

图 3-76　对亭顶的顶梁进行锥化处理

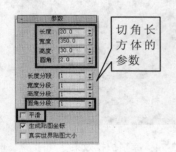 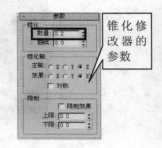 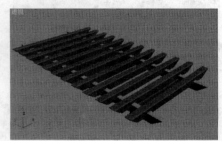

图 3-77　创建亭顶的横木

 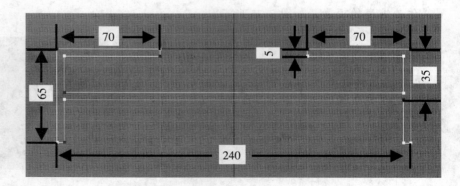

图 3-78　创建雕栏的外轮廓截面曲线

（22）参照前述操作，为雕栏外轮廓的截面曲线添加"挤出"修改器，进行挤出处理，修改器的参数和挤出效果如图 3-79 中图和右图所示。

图 3-79　对雕栏外轮廓的截面曲线进行挤出处理

（23）使用"长方体"工具在左视图中创建 9 个长方体，并根据雕栏外轮廓的布局，在左视图和顶视图中调整各长方体的位置，作为雕栏的栅格，各长方体的参数和调整位置后的效果如图 3-80 中图和右图所示；再对雕栏的栅格和外轮廓进行群组，创建一个雕栏。

 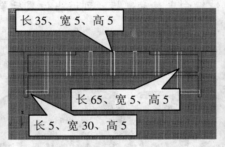 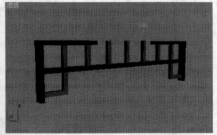

图 3-80　创建雕栏的栅格

（24）通过移动和旋转克隆再复制出四个雕栏，然后取消凉亭各部分的隐藏状态并调整其位置，组建凉亭模型，如图 3-56 左图所示；添加材质并渲染后的效果如图 3-56 右图所示。

3.3　创建建筑对象

除了前面介绍的标准基本体和扩展基本体外，3ds Max 9 还为用户提供了一些建筑对象创建工具，像门、窗户、墙壁、楼梯、护栏、植物等，本节就为读者介绍一下创建这些建筑对象的具体操作。

3.3.1　创建门和窗

使用"几何体"创建面板"门"和"窗"分类中的工具按钮可以创建各种常见的门和窗户模型，下面分别介绍一下门和窗户的创建操作。

1. 创建门

3ds Max 9 为用户提供了枢轴门、推拉门和折叠门三种门模型，如图 3-81 所示。由于这三种门的创建方法完全相同，在此以枢轴门为例介绍一下具体操作。

 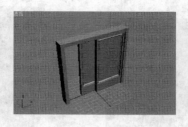 

图 3-81　枢轴门、推拉门和折叠门的效果

（1）单击"几何体"创建面板"门"分类中的"枢轴门"按钮，在打开的"创建方法"卷展栏中设置枢轴门的创建方法（默认为"宽度/深度/高度"），如图 3-82 左侧两图所示。

（2）在透视视图中单击并拖动，然后释放鼠标左键，确定门的宽度；再向上移动鼠标到适当位置单击，确定门的深度；继续向上移动鼠标，到适当位置后单击，确定门的高度，即可创建枢轴门，如图 3-82 右侧三图所示。

图 3-82　创建枢轴门

创建完枢轴门后，利用"修改"面板"参数"和"页扇参数"卷展栏（参见图 3-83）中的参数可以调整门和门扇的效果，在此着重介绍如下几个参数。

- 　"双门"复选框决定是创建单扇门（默认）还是双扇门。
- 　"翻转转动方向"复选框决定门是外拉（默认）或内推。
- 　"翻转转枢"复选框决定转枢在右侧（默认）或左侧。
- 　"打开"编辑框决定门打开的角度。
- 　"门框"参数区决定是否创建门框，以及创建门框时门框的宽度、深度，门前表面与门框前表面之间的距离。
- 　"页扇"参数区用于设置门的厚度，门挺/顶梁、底梁的宽度，水平和垂直窗格数，以及门窗格中镶板的类型。（如果镶板为玻璃，可以设置玻璃的厚度。如果镶板为木质，可以设置倒角参数。图 3-84 所示为木质镶板枢轴门的结构）。

提示　　由图 3-84 可知，木质镶板有三个镶板层，各镶板层间由倒角面相连。"厚度 1"和"宽度 1"编辑框决定镶板层 1 的厚度和宽度，"厚度 2"和"宽度 2"编辑框决定镶板层 2 的厚度和宽度，"中间厚度"编辑框决定镶板层 3 的厚度。

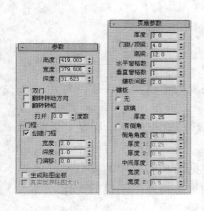

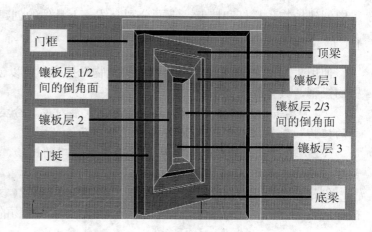

图 3-83　枢轴门的参数　　　　　　　　图 3-84　木质镶板枢轴门的结构

2. 创建窗户

3ds Max 9 为用户提供了遮篷式窗、平开窗、固定窗、旋开窗、伸出式窗和推拉窗 6 种窗户模型，如图 3-85 所示。由于窗户的创建方法与门类似，故在此不做介绍。

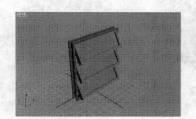

遮篷式窗

平开窗

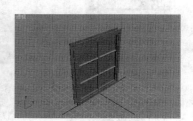

固定窗

旋开窗

伸出式窗

推拉窗

图 3-85　各种窗户的效果

 提示　　　创建完窗户后，利用"修改"面板"参数"卷展栏中的参数可以调整各窗户的效果，由于各参数的作用与枢轴门参数类似，故在此不做介绍。

3.3.2　创建 AEC 扩展对象

利用 3ds Max 9 "几何体"创建面板"AEC 扩展对象"分类中的工具按钮，可以在场景中创建植物、栏杆和墙壁，下面分别介绍一下具体的创建操作。

1. 创建植物

使用"AEC 扩展对象"分类中的"植物"按钮，可以创建 3ds Max 9 植物库中自带的植物模型，具体操作如下。

（1）单击"几何体"创建面板"AEC 扩展对象"分类中的"植物"按钮，打开"收藏的植物"卷展栏，如图 3-86 左图和中图所示。

（2）在"收藏的植物"卷展栏中单击要创建的植物，然后在视图中单击鼠标，即可创建该植物，如图 3-86 右图所示。

创建完植物后，利用"修改"面板"参数"卷展栏（参见图 3-87）中的参数可以调整植物的效果，需要注意的是，调整"种子"数值时，植物的形态将产生随机的变化。

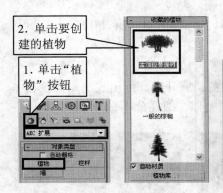

图 3-86 创建植物   图 3-87 植物的参数

2. 创建栏杆

使用"AEC 扩展对象"分类中的"栏杆"按钮，可以在场景中创建栏杆，具体操作如下。

（1）单击"几何体"创建面板"AEC 扩展对象"分类中的"栏杆"按钮，然后在视图中单击并拖动，再释放鼠标左键，确定栏杆的长度，如图 3-88 左图和中图所示。

（2）向上移动鼠标到适当位置并单击，确定栏杆的高度，即可创建一个直线型栏杆，如图 3-88 右图所示。

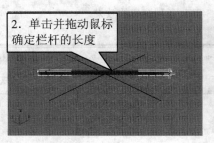
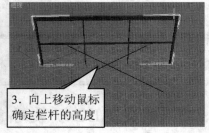

图 3-88 创建栏杆

提示　利用"修改"面板"栏杆"卷展栏中的参数可以调整栏杆上围栏的形状和尺寸，以及下围栏、立柱、栅栏的形状、尺寸和数量；另外，使用"拾取栏杆路径"按钮，可以为栏杆指定一条路径曲线，使栏杆沿路径曲线弯曲，如图 3-89 所示。

1.创建完直线型栏杆后，单击此按钮

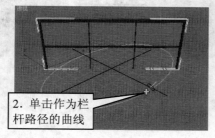

2.单击作为栏杆路径的曲线

3.调整栏杆参数后的效果

图 3-89　沿路径曲线创建栏杆

3. 创建墙壁

使用"AEC 扩展对象"分类中的"墙壁"按钮，可以在场景中创建墙壁，具体操作如下。

（1）单击"几何体"创建面板"AEC 扩展对象"分类中的"墙"按钮，在打开的"参数"卷展栏中设置墙壁的厚度和高度，如图 3-90 左图和中图所示。

（2）在视图中单击鼠标左键，确定墙壁起始点的位置；然后移动鼠标到适当位置并单击，确定墙壁第一个拐点的位置；继续移动鼠标，到适当位置后单击，确定墙壁第二个拐点的位置，如图 3-90 右图所示。参照相同操作，确定墙壁其他拐点的位置；最后，右击鼠标，退出墙壁的创建模式即可。

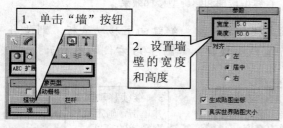

1. 单击"墙"按钮

2. 设置墙壁的宽度和高度

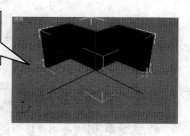

3. 通过鼠标的单击、移动操作，创建墙壁

图 3-90　创建墙壁

 提示　创建完墙壁后，设置修改对象为"剖面"，然后选中墙壁的任一分段，并设置"编辑剖面"卷展栏中"高度"编辑框的值；再依次单击"创建山墙"按钮和"删除"按钮，即可为该墙壁分段创建山墙，如图 3-91 所示。

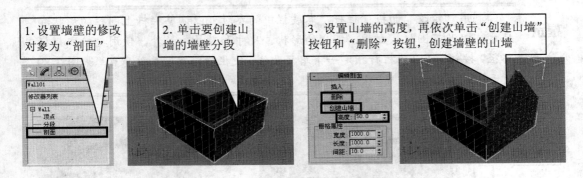

图 3-91　创建墙壁分段的山墙

3.3.3　创建楼梯

　　使用 3ds Max 9 "几何体" 创建面板 "楼梯" 分类中的相关按钮，可以分别在场景中创建 L 型楼梯、U 型楼梯、直线型楼梯和螺旋型楼梯，如图 3-92 所示。

　　由于各种楼梯模型的创建方法基本相同，在此以直线型楼梯为例，介绍一下楼梯的创建方法，具体操作如下。

　　（1）单击 "几何体" 创建面板 "楼梯" 分类中的 "直线型楼梯" 按钮，在透视视图中单击并拖动，然后释放鼠标左键，确定楼梯的长度，如图 3-93 左侧两图所示。

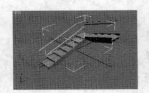

图 3-92　L 型楼梯、U 型楼梯、直线型楼梯和螺旋型楼梯效果

　　（2）向上移动鼠标到适当位置单击，确定楼梯的宽度；继续向上移动鼠标，到适当位置后单击，确定楼梯的高度，即可创建一个直线型楼梯，如图 3-93 右侧两图所示。

图 3-93　创建直线型楼梯

　　创建完楼梯后，利用 "修改" 面板 "参数"、"支撑梁"、"侧弦" 和 "栏杆" 卷展栏中的参数可以设置楼梯的样式、组成部分、布局和台阶等，如图 3-94 所示。在此着重介绍如

下几个参数。

- 📖 **类型**：该区中的单选钮用于设置楼梯的样式，如图 3-95 所示。
- 📖 **生成几何体**：该区中的参数用于设置创建的楼梯包含哪些部分。
- 📖 **梯级**：该区中的编辑框用于设置楼梯的高度、阶梯数及每级阶梯的高度。各编辑框右侧的"锁定"按钮 用于控制是否锁定当前编辑框中的数值。
- 📖 **支撑梁**：支撑梁为位于楼梯中间和下方的梁。利用该卷展栏中的参数可以设置支撑梁的数量（默认情况下，只有一个支撑梁），以及支撑梁的深度和宽度。
- 📖 **侧弦**：侧弦为位于楼梯两侧的挡板，利用该卷展栏中的参数可以设置侧弦的深度和宽度，以及侧弦距楼梯的距离。
- 📖 **栏杆**：该卷展栏中的参数用于设置楼梯扶手的效果。其中，"高度"编辑框用于设置扶手距楼梯的距离；"偏移"编辑框用于设置扶手距楼梯边缘的距离；"分段"编辑框用于设置扶手截面圆的分段数，数值越大，扶手越光滑；"半径"编辑框用于设置扶手截面圆的半径。

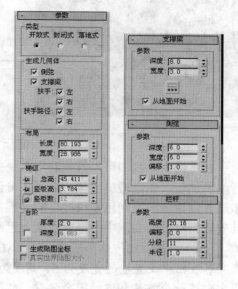

图 3-94　直线型楼梯的参数

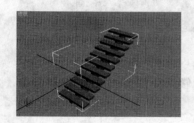

开放式直线型楼梯

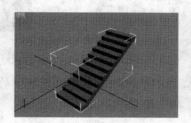

封闭式直线型楼梯

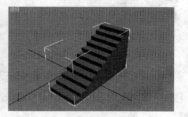

落地式直线型楼梯

图 3-95　不同类型的直线型楼梯的效果

课堂练习——创建楼房模型

在本例中，我们将创建图3-96所示的楼房模型，读者可通过此例进一步熟悉墙、门、窗的创建方法。

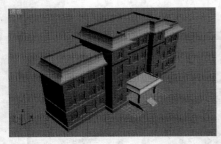 添加材质并进行渲染

图 3-96　楼房模型的效果

在本例中，我们可以首先利用系统提供的"墙"工具创建基本墙体，然后再对墙体进行编辑加工，创建楼房主体；接下来可创建一组长方体，然后对楼房主体和长方体执行布尔运算创建窗洞；利用系统提供的"推拉窗"和"固定窗"工具创建窗户并群组，然后将其安放到对应的窗洞中；最后，调入已经制作好的楼顶、前门和门亭。

（1）单击"几何体"创建面板"AEC 扩展对象"分类中的"墙"按钮，在打开的"参数"卷展栏中设置墙的宽度为 5、高度为 185，然后通过鼠标的单击、移动操作，在透视视图中创建一个首尾相连的闭合墙壁，效果如图 3-97 右图所示。

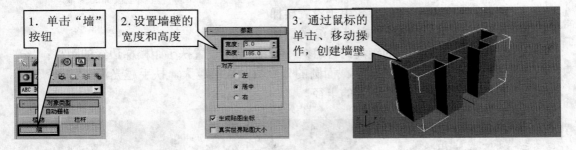

图 3-97　创建一个首尾相连的墙壁

（2）如图 3-98 左图所示，在"修改"面板中设置墙壁的修改对象为"顶点"，然后参照图 3-98 右图所示顶点间距，调整墙壁中顶点的位置。

 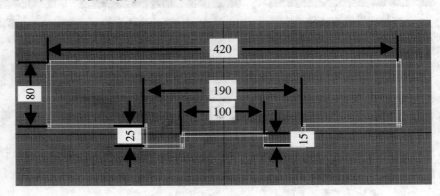

图 3-98　调整墙壁各顶点的位置

（3）单击"修改"面板"编辑顶点"卷展栏中的"优化"按钮，然后在图 3-99 右图所示位置单击鼠标，为墙壁的背面插入四个顶点。

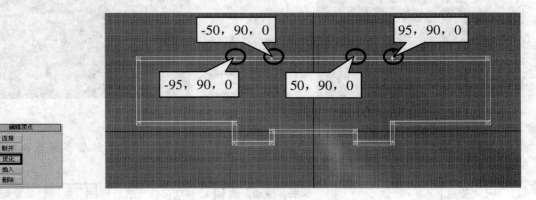

图 3-99 为墙壁的背面插入四个顶点

（4）如图 3-100 左图所示，单击"编辑顶点"卷展栏的"连接"按钮，然后依次单击步骤（3）插入的顶点和与之对应的正面墙壁的顶点，将其连接起来，如图 3-100 中图所示，顶点连接后的效果如图 3-100 右图所示。

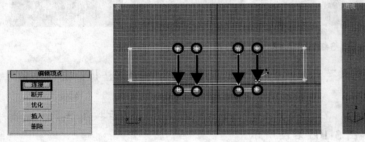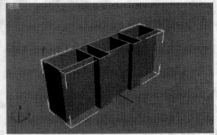

图 3-100 将背面墙壁的顶点和正面墙壁的顶点连接起来

（5）如图 3-101 左图所示，设置墙壁的修改对象为"分段"，并选中图 3-101 中图所示墙壁分段，然后利用"编辑分段"卷展栏中"参数"区中的"高度"编辑框调整其高度。

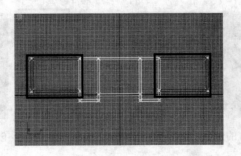

图 3-101 调整墙壁各分段的高度

（6）选中图 3-102 左图所示墙壁分段，然后参照图 3-102 中图所示，调整所选墙壁分段的参数，完成楼房墙壁的调整，效果如图 3-102 右图所示。

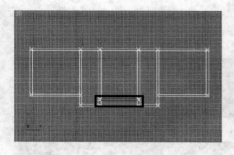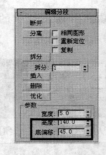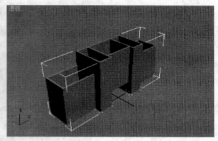

图 3-102　调整墙壁分段的底偏移和高度制作门洞

（7）单击"几何体"创建面板"窗"分类中的"推拉窗"按钮，然后参照图 3-103 所示操作在透视视图中创建一个推拉窗。

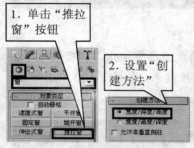

图 3-103　创建一个推拉窗

（8）在"修改"面板的"参数"卷展栏中参照图 3-104 左图所示调整推拉窗的参数，效果如图 3-104 右图所示。

（9）参照步骤（7）所述操作，在透视视图中创建一个固定窗，然后按图 3-105 左图所示设置固定窗的参数，效果如图 3-105 右图所示。

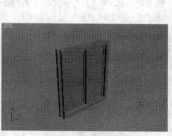

图 3-104　调整推拉窗的参数

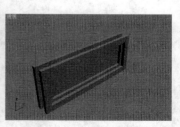

图 3-105　创建固定窗并调整其参数

（10）调整推拉窗和固定窗的位置并群组，创建楼房的窗户，效果如图 3-106 所示。

（11）使用"长方体"工具在前视图中创建 41 个长 24、宽 18、高 20 的长方体，并在顶视图和前视图中调整各长方体的位置，如图 3-107 所示。

图 3-106　楼房窗户的效果

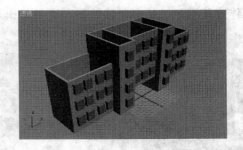

图 3-107　创建 41 个长方体并调整其位置

（12）选中楼房的墙壁，然后单击"几何体"创建面板"复合对象"分类中的"布尔"按钮，在打开的"参数"卷展栏中选中"差集（A-B）"单选钮；再单击"拾取布尔"卷展栏的"拾取操作对象 B"按钮，并单击与墙壁相交的长方体中的任一长方体，将墙壁中与长方体相交的部分删除，制作一个窗洞。如图 3-108 所示。

图 3-108　对墙壁和长方体进行差集（A-B）运算

（13）参照步骤（12）所述操作，对墙壁和其他长方体进行"差集（A-B）"运算，制作其他窗洞，效果如图 3-109 所示。

（14）通过移动克隆，将步骤（10）创建的窗户模型再复制出 40 个并调整位置，效果如图 3-110 所示。

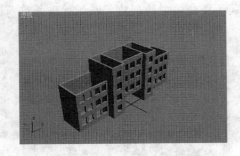

图 3-109　制作好窗洞后的效果

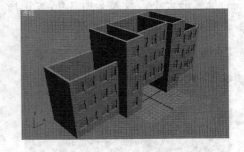

图 3-110　克隆窗户并调整其位置

（15）使用"线"工具在顶视图中创建图 3-111 左图所示的闭合折线，然后参照前述操作为其添加"挤出"修改器,进行挤出处理,创建楼房的地基,效果如图 3-111 右图所示。

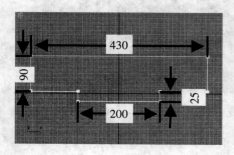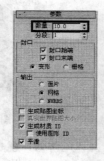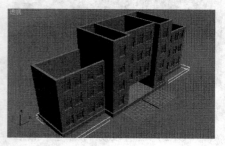

图 3-111　创建楼房的地基

（16）单击"几何体"创建面板"AEC 扩展对象"分类中的"墙"按钮,并设置墙的宽度为 7、高度为 3,如图 3-112 左图和中图所示;然后按图 3-112 右图所示,在顶视图中创建一个墙壁,作为楼房的下装饰条。

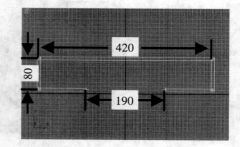

图 3-112　创建楼房的下装饰条

（17）使用"墙"工具在顶视图中再创建一条宽度为 7、高度为 3、顶点间距如图 3-113 左图所示的墙,作为楼房的上装饰条,效果如图 3-113 右图所示。

（18）选择"文件">"合并"菜单,导入配套素材"实例">"第 3 章">"楼房组件"文件夹"楼顶.max"、"前门.max"和"门亭.max"文件中的对象,并调整各导入对象的位置和大小,效果如图 3-96 左图所示。至此,就完成了楼房模型的创建,添加材质并渲染后的效果如图 3-96 右图所示。

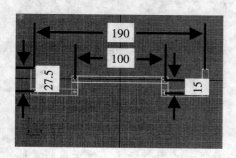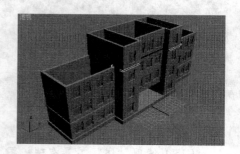

图 3-113　创建楼房的上装饰条

课后总结

本章主要介绍了 3ds Max 9 中标准基本体、扩展基本体和建筑对象的创建操作。在三维动画设计中，大部分模型都是通过编辑、修改这三类对象获得。学完本章后，读者应能够熟练使用"几何体"创建面板的创建按钮创建这些三维对象。

思考与练习

一、填空题

1. 基本三维对象包括_____、_____和_____三类，_____是3ds Max中最基本且常用的三维模型，_____是建筑领域中常用的基本三维模型。

2. 在圆环的"参数"卷展栏中，_____编辑框用于设置圆环中心点到圆环截面圆圆心的距离，_____编辑框用于设置圆环截面圆的半径。

3. 切角长方体可以看做是对的_____棱进行圆角处理获得的三维对象，在调整其参数时，_____编辑框用于设置切角长方体各棱圆角的大小，_____编辑框用于设置切角长方体圆角面得分段数，数值越大，圆角面越光滑。

4. 环形结可以看做是将_____打结形成的三维对象；_____的外形像一条水管，常用来连接两个三维对象。

5. 使用"几何体"创建面板_____和_____分类中的按钮可以创建各种常见的门、窗模型；使用_____分类中的按钮，可以在场景中创建植物、栏杆和墙壁；在_____分类中为用户提供了一些常见楼梯模型的创建按钮。

二、问答题

1. 如何创建底面为正方形的四棱锥？
2. 如何将自由软管的两端绑定到三维对象的轴心上？
3. 如何创建墙壁？如何为墙壁创建山墙？
4. 如何沿某一曲线创建栏杆？

三、操作题

利用本章所学知识，创建图 3-114 所示的挂钟模型。

图 3-114　挂钟模型的效果

提示　　创建时，可先使用长方体、圆柱体、圆环和切角长方体组建挂钟的外壳和表盘，如图 3-115 左图所示；然后使用球体和圆柱体组建挂钟的钟摆，如图 3-115 中图所示；再创建两个长方体和一个圆柱体，作为挂钟的指针和指针转轴，如图 3-115 右图所示；最后调整各部分的位置即可。

图 3-115　挂钟的创建过程

第4章 使用修改器

修改器是三维动画设计中常用的编辑修改工具，为对象添加修改器后，调整修改器的参数或编辑修改器的子对象，即可修改对象的形状，获得我们想要的三维模型。本章首先介绍了修改器面板的使用方法，然后介绍了一些常用的修改器。

本章要点

4.1 修改器概述

在介绍各种修改器的使用方法前，我们先来了解一下什么是修改器，并系统地介绍一下修改器面板。

4.1.1 什么是修改器

简单地说，修改器就是"修改对象显示效果的利器"。下面以一个使用"挤压"修改器制作子弹头的例子，说明什么是修改器。

（1）使用"圆柱体"工具在透视视图中创建一个圆柱体，作为制作子弹头的基本几何体，圆柱体的参数和效果如图 4-1 所示。

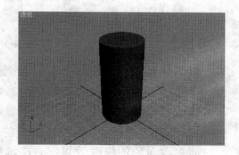

图 4-1　创建一个圆柱体

（2）选中圆柱体，然后单击"修改"面板中的"修改器列表"下拉列表框，从弹出的下拉列表中选择"挤压"，为圆柱体添加"挤压"修改器，如图 4-2 所示。

（3）在"修改"面板的"参数"卷展栏中按图 4-3 左图所示设置修改器的参数，即可创建子弹头模型，效果如图 4-3 右图所示。

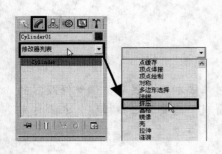

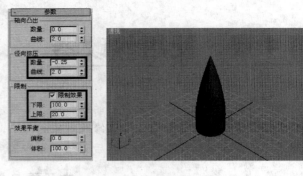

图 4-2　为圆柱体添加"挤压"修改器　　　　　　图 4-3　修改器的参数和修改后的效果

4.1.2　认识修改器面板

修改器面板，即"修改"面板，是使用修改器时最常用的面板。它由修改器列表、修改器堆栈、修改器控制按钮及参数列表几部分组成，如图 4-4 所示，各部分的作用如下。

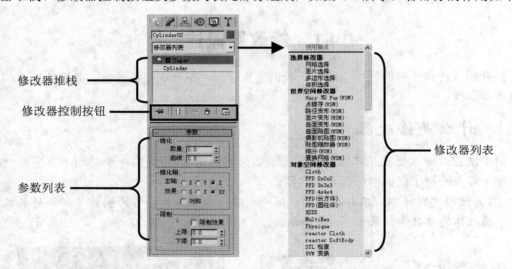

图 4-4　修改器面板

- 📖 **修改器列表**：单击该下拉列表框会弹出修改器下拉列表，如图 4-4 右图所示。在下拉列表中单击要添加的修改器，即可将该修改器应用于当前对象。
- 📖 **修改器堆栈**：修改器堆栈用于显示和管理当前对象使用的修改器。拖动修改器在堆栈中的位置，可调整修改器的应用顺序（系统先应用堆栈底部的修改器），从而更改对象的修改效果；右击堆栈中修改器的名称，通过弹出的快捷菜单可以剪切、复制、粘贴、删除或塌陷修改器。
- 📖 **修改器控制按钮**：该区的按钮用于锁定修改器堆栈的显示状态（使堆栈内容不随所选对象的改变而改变。默认情况下，每个对象都有对应的修改器堆栈。所选对象不同，修改器堆栈的内容会相应改变）、控制修改器修改效果的显示方式（显示所有修改器的修改效果或只显示底部修改器到当前修改器的修改效果）、断开对象间的实例（或参考）关系、删除修改器和配置修改器集（即如何显示和选择修改器）。

📖 **参数列表：** 该区显示了修改器堆栈中当前所选修改器的参数，利用这些参数可以修改对象的显示效果。

 提示

　　塌陷修改器就是在不改变修改器修改效果的基础上删除修改器，使系统不必每次选中对象都要进行一次修改器修改，以节省内存。

　　如果希望塌陷所有修改器，可在修改器堆栈中右击任一修改器，然后从弹出的快捷菜单中选择"塌陷全部"；如果希望塌陷从最上方修改器到某个指定修改器之间的所有修改器，可右击指定的修改器，然后从弹出的快捷菜单中选择"塌陷到"。

4.2　典型修改器

3ds Max 9 为用户提供了多种修改器，不同的修改器具有不同的用途，下面介绍几种典型且常用的三维对象修改器，具体如下。

4.2.1　"弯曲"修改器

"弯曲"修改器用于将对象沿自身某一坐标轴弯曲一定的角度，使用方法如下。

（1）创建一个圆柱体，打开"修改"面板中的"修改器列表"下拉列表，为圆柱体添加"弯曲"修改器，如图 4-5 左侧两图所示。

（2）在"参数"卷展栏的"弯曲"区设置弯曲的角度和方向，在"弯曲轴"区设置弯曲的基准轴，即可使圆柱体沿指定轴弯曲指定角度，如图 4-5 右侧两图所示。

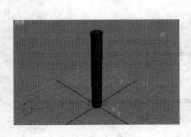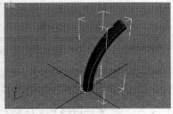

图 4-5　使用"弯曲"修改器

 提示

　　利用"弯曲"修改器"参数"卷展栏"限制"区中的参数可以限制弯曲修改的效果。其中，"上限"表示上部限制平面与修改器中心的距离，不能为负数；"下限"表示下部限制平面与修改器中心的距离，不能为正数；限制平面内的部分产生指定的弯曲效果，限制平面外的部分不进行弯曲处理，如图 4-6 所示。

  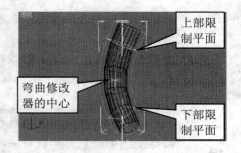

图 4-6 通过"限制"区中的参数限制弯曲的效果

4.2.2 "锥化"修改器

"锥化"修改器用于沿对象自身的某一坐标轴进行锥化处理，即可以使一端放大，而另一端缩小。其使用方法如下。

（1）创建一个长方体，打开"修改"面板中的"修改器列表"下拉列表，为长方体添加"锥化"修改器，如图 4-7 左侧两图所示。

（2）在"参数"卷展栏的"锥化"区设置锥化修改的末端数量，以及锥化 Gizmo 的曲率，并在"锥化轴"和"限制"区设置锥化修改的基准轴、效果轴和受限制情况，即可使长方体沿指定轴产生锥化变形，如图 4-7 右侧两图所示。

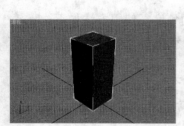   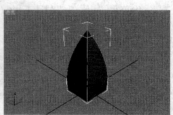

图 4-7 使用"锥化"修改器

 提示 进行锥化修改时，三维对象在锥化轴方向的分段要大于 1，否则"曲线"值将无法影响锥化效果。

4.2.3 "FFD"修改器

"FFD"修改器（即"自由形式变形"修改器）有"FFD 2×2×2"、"FFD 3×3×3"、"FFD 4×4×4"、"FFD（长方体）"和"FFD（圆柱体）"五种类型。这几种修改器的使用方法基本相同，下面以"FFD 4×4×4"修改器为例介绍一下 FFD 修改器的使用方法。

（1）创建一个切角长方体，然后为其添加"FFD 4×4×4"修改器，此时将在切角长方体周围产生一个 4×4×4 的晶格阵列，如图 4-8 中图所示。

（2）单击修改器堆栈中修改器名称左侧的"+"号，在打开的子对象树中设置修改对象为"控制点"，然后调整晶格阵列中各控制点的位置，即可调整切角长方体的形状，如图4-8右图所示。

  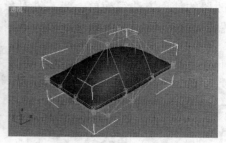

图4-8 使用"FFD 4×4×4"修改器

提示

图4-9所示为"FFD 4×4×4"修改器的参数卷展栏。其中，利用"显示"区中的参数可以设置晶格阵列的显示方式（设为"晶格"时，晶格阵列的形状随控制点的调整而变化；设为"源体积"时，晶格阵列始终保持最初的状态）；利用"变形"区中的参数可以设置对象哪一部分受修改器影响（设为"仅在体内"时，只有晶格阵列内的部分受影响；设为"所有顶点"时，整个对象都受影响）。

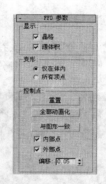

图4-9 "FFD 4×4×4"修改器的参数卷展栏

4.2.4 "拉伸"修改器

"拉伸"修改器用于沿三维对象自身某一坐标轴进行拉长或压缩处理，使用方法如下。

（1）创建一个茶壶，然后为其添加"拉伸"修改器，如图4-10左侧两图所示。

（2）在"参数"卷展栏的"拉伸"区设置对象拉伸的倍数和中间变细部分的放大倍数，再在"拉伸轴"和"限制"区设置拉伸的基准轴和受限制程度，即可沿指定轴拉伸茶壶，如图4-10右侧两图所示。

图4-10 使用"拉伸"修改器

4.2.5 "网格平滑"修改器

为三维对象添加"网格平滑"修改器，可以使三维对象的边角变圆滑。"网格平滑"修改器的使用方法很简单，为三维对象添加"网格平滑"修改器后在"修改"面板设置修改器的参数即可。图4-11所示为"网格平滑"修改器的参数，在此着重介绍如下几个参数。

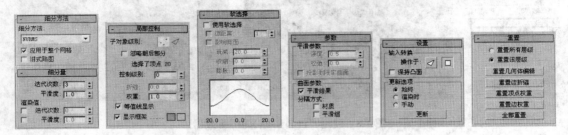

图4-11 "网格平滑"修改器的参数

📖 **细分方法**：该卷展栏中的参数用于设置网格平滑的细分方式、应用对象和贴图坐标的类型。细分方式不同，平滑效果也有所区别，如图4-12所示。

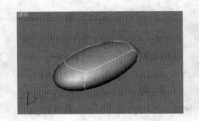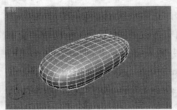

图4-12 不同细分方式下对象的平滑效果（从左到右依次为：NURMS、经典和四边形输出）

📖 **细分量**：该卷展栏中的参数用于设置网格平滑的效果。需要注意的是，"迭代次数"越高，网格平滑的效果越好，但系统的运算量也成倍增加。因此，"迭代次数"最好不要过高（若系统运算不过来，可按【Esc】键返回前一次的设置）。

📖 **参数**：在该卷展栏中，"平滑参数"区中的参数用于调整"经典"和"四边形输出"细分方式下网格平滑的效果；"曲面参数"区中的参数用于控制是否为对象表面指定相同的平滑组，并设置对象表面各面片间平滑处理的分隔方式。

4.2.6 "扭曲"修改器

"扭曲"修改器用于沿对象自身的某一坐标轴进行扭曲处理，使用方法如下。

（1）创建一个长方体，然后为其添加"扭曲"修改器，如图4-13左侧两图所示。

（2）在"参数"卷展栏的"扭曲"区设置扭曲的角度和扭曲部分向对象两端聚拢的程度（"偏移"值为正数时向末端聚拢，为负值时向始端聚拢），然后在"扭曲轴"和"限制"区设置扭曲的基准轴和受限制程度即可，如图4-13右侧两图所示。

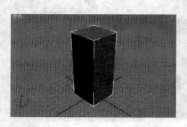

图4-13 使用"扭曲"修改器

课堂练习——创建高档办公桌模型

在下面的例子中，我们将创建图4-14所示高档办公桌。其中，制作桌面时，可首先创建一个切角长方体，然后利用"弯曲"修改器进行调整。至于桌腿、隔板、抽屉等，可直接利用长方体、切角长方体、球棱柱和切角圆柱体进行创建。

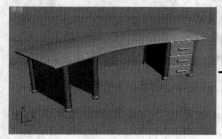

添加材质并进行渲染

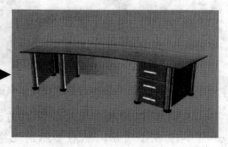

图4-14 高档办公桌模型

（1）使用"切角长方体"工具在顶视图中创建一个切角长方体，作为办公桌桌面，切角长方体的参数和效果如图4-15所示。

图4-15 创建一个切角长方体

（2）打开"修改"面板的"修改器列表"下拉列表，为切角长方体添加"弯曲"修改器，然后按图4-16中图所示设置修改器的参数，此时长方体的效果如图4-16右图所示。

（3）使用"圆柱体"和"切角圆柱体"工具在顶视图中创建一个圆柱体和一个切角圆柱体，然后调整二者的位置，并进行群组，组建办公桌的桌腿，如图4-17所示。

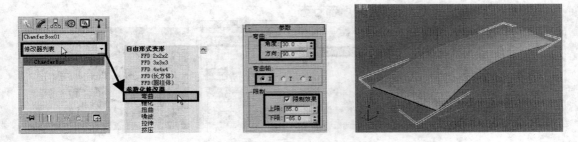

图 4-16　为切角长方体添加"弯曲"修改器

（4）通过移动克隆再复制出 7 条桌腿，然后调整各桌腿的位置，效果如图 4-18 所示。

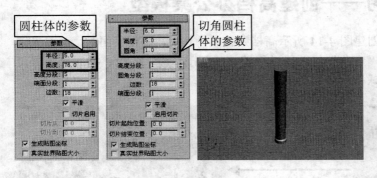

图 4-17　创建办公桌的桌腿　　　　　　　　　图 4-18　复制出其他的桌腿

（5）使用"长方体"工具在前视图中创建一个长方体，作为办公桌的前挡板，参数如图 4-19 左图所示；然后参照前述操作，为长方体添加"弯曲"修改器，进行弯曲处理，如图 4-19 中间两图所示；再调整长方体的位置，效果如图 4-19 右图所示。

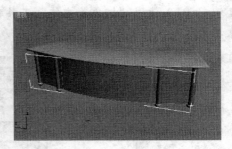

图 4-19　创建办公桌的前挡板

（6）使用"长方体"工具在顶视图中创建四个长方体，并调整其位置和角度，作为办公桌的隔板，长方体的参数和效果如图 4-20 所示。

（7）在顶视图中创建 3 个长方体，并调整其角度和位置，作为办公桌抽屉的隔板，长方体的参数和效果如图 4-21 所示。

（8）在顶视图中创建 4 个长方体和 1 个切角长方体，并调整其位置，组建办公桌的抽屉，长方体、切角长方体的参数和抽屉的效果如图 4-22 所示。然后通过移动克隆再复制出两个抽屉，并沿 Z 轴压缩到原来的 85％，作为办公桌底部的两个抽屉。

 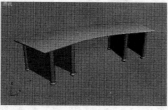

图 4-20　创建办公桌的隔板

 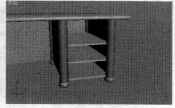

图 4-21　创建抽屉的隔板

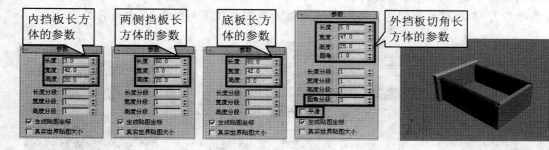

图 4-22　创建办公桌抽屉

（9）在前视图中创建两个球棱柱，在左视图中创建一个切角圆柱体，球棱柱和切角圆柱体的参数如图 4-23 中间两图所示；然后调整球棱柱和切角圆柱体的位置并进行群组，创建抽屉的把手，效果如图 4-23 右图所示。

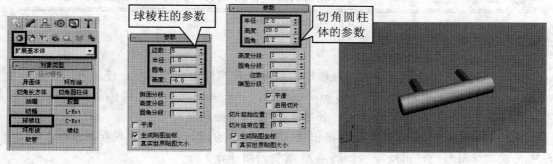

图 4-23　创建抽屉的把手

（10）通过移动克隆再复制出两个把手，然后取消办公桌各部分的隐藏状态，并调整其位置，创建办公桌模型，如图 4-14 左图所示，添加材质并渲染后的效果如图 4-14 右图所示。

4.3　二维图形修改器

二维图形修改器用于调整二维图形的形状或将二维图形处理成我们需要的三维模型，

下面介绍几种常用的二维图形修改器。

4.3.1 "车削"修改器

"车削"修改器又称为"旋转"修改器，它通过将二维图形绕自身某一坐标轴旋转来创建三维模型，使用方法如下。

（1）在前视图中创建一条圆弧，并为其添加"车削"修改器，如图 4-24 左侧两图所示。

（2）在"参数"卷展栏中设置车削修改的度数、分段数、封口方式、车削轴轴向、车削轴位置（单击"最小/居中/最大"按钮，车削轴将与二维图形最小、中间、最大范围的边界对齐）、车削对象类型等，即可完成圆弧的车削处理，如图 4-24 右侧两图所示。

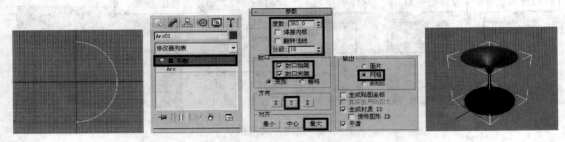

图 4-24 使用"车削"修改器

 提示 若希望使创建的车削对象内表面外翻，可利用"参数"卷展栏中的"翻转法线"复选框翻转车削对象表面的法线方向，从而使内外表面互换。

4.3.2 "挤出"修改器

使用"挤出"修改器可以将二维图形沿自身 Z 轴拉厚为三维模型，使用方法如下。

（1）在顶视图中创建一个矩形和一个椭圆，并合并到同一可编辑样条线中；然后为可编辑样条线添加"挤出"修改器，如图 4-25 左侧两图所示。

（2）在"参数"卷展栏中设置挤出修改的数量、分段数、封口方式和挤出对象类型，即可完成二维图形的挤出处理，如图 4-25 右侧两图所示。

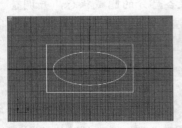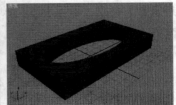

图 4-25 使用"挤出"修改器

4.3.3 "倒角"修改器

"倒角"修改器也是通过拉伸操作将二维图形变成三维模型，不同的是"倒角"修改器可以进行多次拉伸，而且在拉伸的同时可以缩放曲线，产生倒角面，图4-26所示为对图4-25左图所示曲线进行倒角修改的参数和效果。

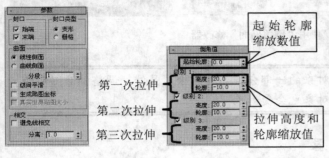
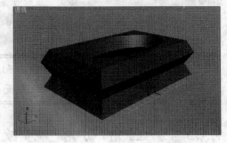

图4-26 倒角修改的参数和效果

提示

为二维图形添加"倒角"修改器后，调整"参数"卷展栏的参数即可实现二维图形的倒角处理。需要注意的是，选中"曲线侧面"单选钮，且"分段"值大于1时，倒角面将由平面变为曲面，如图4-27所示；选中"级间平滑"复选框时，系统将平滑处理各级倒角面的相交处，如图4-28所示；选中"避免线相交"复选框可防止倒角处理时产生曲线交叉。

图4-27 选中"曲线侧面"单选钮的效果　　　　图4-28 选中"级间平滑"复选框的效果

4.3.4 "倒角剖面"修改器

使用"倒角剖面"修改器可以将剖面图形沿指定路径曲线进行拉伸处理，从而创建三维模型。该修改器常用来创建具有多个倒角面的三维对象，使用方法如下。

（1）使用"线"和"椭圆"工具在顶视图中创建一个椭圆和一条M形曲线；然后选中作为路径曲线的椭圆，并为其添加"倒角剖面"修改器，如图4-29左侧两图所示。

（2）单击"参数"卷展栏中的"拾取剖面"按钮，然后单击作为剖面图形的M形曲线，即可完成椭圆的倒角剖面处理，如图4-29右侧两图所示。

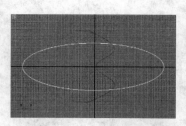

图 4-29　使用"倒角剖面"修改器

提示

　　　　剖面图形属于倒角剖面对象的一部分，不能删除，另外，调整剖面图形的形状时，已产生的倒角剖面对象也会受影响。

4.3.5　"圆角/切角"修改器

　　使用"圆角/切角"修改器可以对二维图形的顶点进行圆角/切角处理，使用方法如下。

　　（1）使用"星形"工具在顶视图中创建一个星形，然后为其添加"圆角/切角"修改器；再设置修改对象为"顶点"，并选中星形的内角点，如图 4-30 左侧两图所示。

　　（2）设置"编辑顶点"卷展栏中"圆角"区"半径"编辑框的值为 15，然后单击"应用"按钮，即可完成星形内角点的圆角处理，如图 4-30 右侧两图所示。

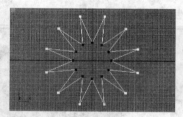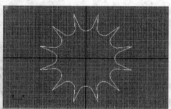

图 4-30　使用"圆角/切角"修改器

4.3.6　"修剪/延伸"修改器

　　"修剪/延伸"修改器有两种用途：一种是修剪二维图形中有交叉点的样条线；另一种是延伸非闭合样条线的某一端，使该端的延伸线与另一样条线产生交叉点。使用方法如下。

　　（1）在顶视图中创建一个圆弧和一条直线，并合并到同一可编辑样条线中；然后为可编辑样条线添加"圆角/切角"修改器，如图 4-31 左侧两图所示。

　　（2）在"修剪/延伸"卷展栏中的"操作"区指定要执行的操作，在"相交投影"区设置进行修剪或延伸处理的限制条件；单击"拾取位置"按钮，然后单击交叉线中要修剪的部分，即可完成图形的修剪，如图 4-31 右侧两图所示。

提示

　　　　在透视视图中无法使用"修剪/延伸"修改器处理二维图形。

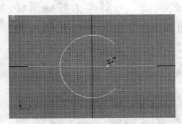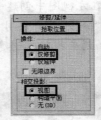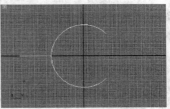

图 4-31　使用"修剪/延伸"修改器修剪图形

课堂练习——创建沙发模型

在本例中，我们将创建图 4-32 所示沙发模型。其中，创建沙发扶手、沙发主体和沙发垫时，首先创建路径曲线和剖面图形，然后应用"倒角剖面"修改器，再通过调整剖面 Gizmo 对模型进行微调。创建沙发抱枕时，先创建一个切角长方体，然后应用"FFD 4×4×4"修改器并适当调整其控制点即可。

导入其他模型，然后添加材质并进行渲染

图 4-32　沙发模型

（1）在前视图中创建一个长 70、宽 90 的矩形，并转换为可编辑样条线；设置修改对象为"顶点"，然后调整矩形左上角顶点的位置和上边两顶点控制柄的方向，如图 4-33 所示。

（2）使用"几何体"卷展栏中的"圆角"工具对矩形上边的两个顶点进行圆角处理，创建沙发扶手的路径曲线，如图 4-34 所示。

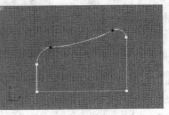

图 4-33　创建矩形并调整顶点的位置和控制柄的方向　　　图 4-34　对上边的顶点进行圆角处理

（3）使用"椭圆"工具在左视图中创建一个长 13、宽 23 的椭圆，并转换为可编辑样条线；然后设置修改对象为"分段"，并使用"优化"工具在图 4-35 中图所示位置插入两个顶点；再删除椭圆最下方的两条线段，创建沙发扶手的剖面图形，如图 4-35 右图所示。

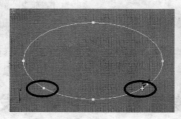

图 4-35　创建沙发扶手的剖面图形

（4）选中沙发扶手的路径曲线，为其添加"倒角剖面"修改器；然后单击"参数"卷展栏中的"拾取剖面"按钮，并单击沙发扶手的剖面图形，拾取剖面，如图 4-36 所示。

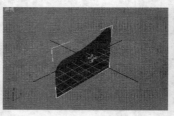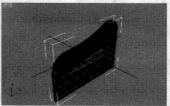

图 4-36　对沙发扶手的路径曲线和剖面图形进行倒角剖面处理

（5）如图 4-37 左图所示，设置"倒角剖面"修改器的修改对象为"剖面 Gizmo"，然后将修改器的剖面 Gizmo 绕 Z 轴旋转 90°，再沿 X 轴移动－10 个单位，调整倒角剖面对象的效果，完成沙发扶手的创建，效果如图 4-37 右图所示。

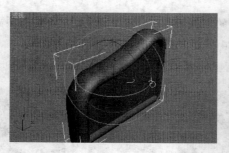

图 4-37　调整倒角剖面对象剖面 Gizmo 的角度和位置

（6）使用"线"工具在前视图中创建一条长 95、宽 90、效果如图 4-38 左图所示的闭合折线；按图示顺序更改指定顶点的类型为"Bezier"，然后使用"几何体"卷展栏中的"圆角"工具对上端顶点进行圆角处理，创建沙发靠背和底座的路径曲线，效果如图 4-38 右图所示。

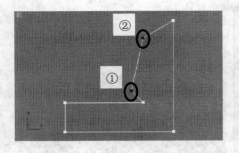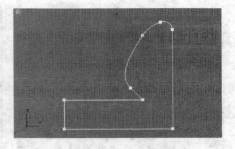

图 4-38　创建一条折线并对其顶点进行调整

（7）使用"矩形"和"椭圆"工具在左视图中创建一个矩形（长 25、宽 40、角半径为 7.5）和一个椭圆（长 2、宽 4），然后调整椭圆的角度和位置，效果如图 4-39 左图所示。将椭圆和矩形合并到同一可编辑样条线中，然后使用"几何体"卷展栏中的"布尔"工具对矩形和椭圆进行"并集"运算，效果如图 4-39 右图所示。

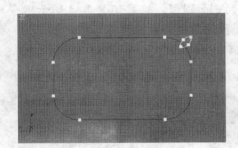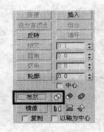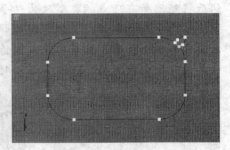

图 4-39　创建矩形和椭圆并进行布尔运算

（8）设置步骤（7）创建的二维图形的修改对象为"分段"，然后删除图 4-40 中图所示线段，创建沙发靠背和底座的剖面图形，效果如图 4-40 右图所示。

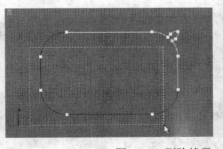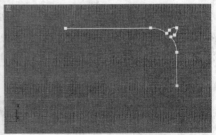

图 4-40　删除线段

（9）为步骤（6）创建的曲线添加"倒角剖面"修改器，然后拾取步骤（8）创建的曲线作为剖面图形，再将修改器的剖面 Gizmo 绕 Z 轴旋转 90°，并沿 X 轴移动 – 20 个单位，得到图 4-41 所示倒角剖面对象。

（10）通过镜像克隆再复制出一个步骤（9）创建的倒角剖面对象，然后进行群组，创建沙发的靠背和底座，克隆的参数和效果如图 4-42 所示。

图 4-41　创建倒角剖面对象　　　　　　　图 4-42　通过镜像克隆创建沙发靠背和底座

（11）使用"矩形"工具在顶视图中创建一个长 65、宽 55、角半径为 5 的矩形，作为沙发垫的路径曲线，效果如图 4-43 所示。

（12）使用"矩形"工具在左视图中创建一个长 15、宽 10 的矩形，并删除右侧的边，然后将矩形所有顶点的类型改为"平滑"，创建沙发垫的剖面图形，效果如图 4-44 所示。

（13）为步骤（11）创建的矩形添加"倒角剖面"修改器，并拾取步骤（12）创建的曲线作为剖面图形；然后将修改器的剖面 Gizmo 绕 Z 轴旋转 180°，并沿 X 轴移动 - 10 个单位，得到沙发垫，效果如图 4-45 所示。

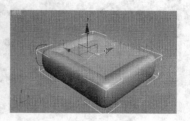

图 4-43　创建沙发垫的路径曲线　　图 4-44　创建沙发垫的剖面图形　　图 4-45　沙发垫的效果

（14）在透视视图中创建一个切角长方体（参数如图 4-46 左图所示），并为其添加"FFD 4×4×4"修改器。设置修改对象为"控制点"，然后框选晶格阵列中间部分的控制点，并沿 Z 轴放大到原来的 300%，如图 4-46 右侧三图所示。

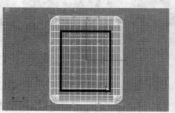

图 4-46　创建切角圆柱体并添加"FFD 4×4×4"修改器

（15）框选晶格阵列中图 4-47 左图所示控制点，并沿 Z 轴压缩到原来的 15%；然后框选晶格阵列中图 4-47 中图所示控制点，并沿 XY 平面放大到原来的 115%。至此，就完成了沙发抱枕的创建，效果如图 4-47 右图所示。

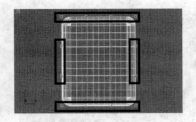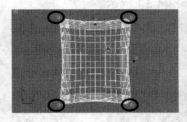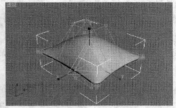

图 4-47　调整 "FFD 4×4×4" 修改器控制点的位置

（16）取消沙发各部分的隐藏状态，依次进行克隆并调整其角度和位置，创建沙发模型，效果如图 4-32 左图所示。导入其他模型，然后添加材质并进行渲染，即可获得图 4-32 右图所示的效果图。

4.4　动画修改器

3ds Max 9 为用户提供了许多动画修改器，使用这些修改器可以非常方便地为模型创建动画，下面介绍几种常用的动画修改器。

4.4.1　"路径变形" 修改器

"路径变形" 修改器可以使对象沿路径曲线运动的同时随路径曲线的形状发生变形，常使用该修改器制作文字在空间滑行的动画。下面通过创建三维文字沿路径运动的动画，介绍一下 "路径变形" 修改器的使用方法。

（1）打开本书提供的素材文件 "路径变形.max"，效果如图 4-48 右图所示；为场景中的三维文字添加 "路径变形" 修改器，然后单击 "参数" 卷展栏中的 "拾取路径" 按钮，再单击场景中的 Z 形曲线，拾取运动路径（此时在三维文字上出现一条橙色的 Z 形曲线）。

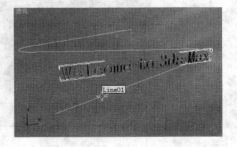

图 4-48　为三维文本添加 "路径变形" 修改器并拾取路径曲线

（2）在 "参数" 卷展栏中的 "路径变形轴" 区中设置三维文字的路径变形轴为 X 轴

（即三维文字 X 轴向部分随路径曲线的变化发生变形），然后调整三维文字的角度和位置，使三维文字上的橙色曲线与场景中的路径曲线重合，如图 4-49 所示。

（3）设置"参数"卷展栏"路径变形"区"旋转"编辑框的值为 -90，使三维文字绕自身的 X 轴旋转 -90°，如图 4-50 所示。

（4）如图 4-51 所示，单击动画和时间控件中的"自动关键点"按钮，开启动画的自动关键帧模式；然后拖动时间滑块到第 0 帧，设置路径变形的"百分比"为 11（即三维文字位于路径曲线长度的 11%处）；再拖动时间滑块到第 100 帧，设置"百分比"为 89。

图 4-49　调整三维文字的角度和位置　　　　　图 4-50　调整三维文字路径变形的旋转值

 提示　　　进行路径变形处理时，利用"参数"卷展栏中的"拉伸"编辑框，可以设置三维对象沿路径曲线拉伸的倍数，利用"扭曲"编辑框可以设置三维对象从始端到末端绕路径曲线产生扭曲的角度。

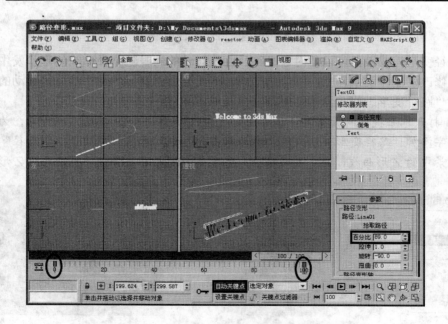

图 4-51　设置三维文字沿路径运动的关键帧

（5）单击"自动关键点"按钮，退出动画的自动关键帧模式，完成三维文字沿路径运动动画关键帧的创建。单击动画控制区的"播放"按钮▶，可以看到三维文字沿路径曲线运动，且随路径的变化产生弯曲变形，如图 4-52 所示。

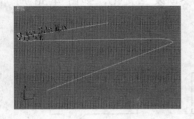
第 30 帧效果

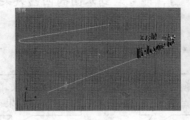
第 60 帧效果

第 100 帧效果

图 4-52　三维文字沿路径运动的动画

4.4.2　"噪波"修改器

"噪波"修改器可以使对象的表面因顶点的随机变动而变得凹凸不平，常用于制作复杂的地形和水面；此外，使用该修改器还可以创建对象表面的噪波波动动画。下面以创建水面的噪波波动动画为例，介绍一下噪波修改器的使用方法，具体操作如下。

（1）打开本书提供的素材文件"噪波修改器.max"，效果如图 4-53 所示。

（2）选中作为水面的平面，为其添加"噪波"修改器；然后在"参数"卷展栏的"噪波"区中设置噪波的"种子"（控制噪波的随机效果，不同的种子值具有不同的效果）和"比例"（控制噪波修改器的影响程度，数值越大噪波效果越平缓），在"强度"区中设置噪波效果在 X/Y/Z 轴的最大偏移距离，完成水面凹凸效果的设置，如图 4-54 所示。

图 4-53　场景效果

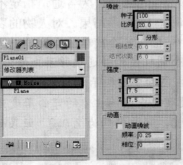

图 4-54　创建水平的凹凸效果

知识库　　　　"噪波"修改器"参数"卷展栏"噪波"区中的"分形"复选框用于控制是否产生分形噪波（选中时，噪波将变得无序且复杂）。下方的"粗糙度"和"迭代次数"编辑框用于控制对象表面的起伏程度（数值越大，起伏越剧烈，表面越粗糙）和分形函数的重复次数（数值越低，起伏越少，表面越平缓）。

（3）如图 4-55 所示，选中"参数"卷展栏"动画"区中的"动画噪波"复选框，开启噪波动画；然后设置"频率"为 0.1，"相位"为 100，完成噪波动画的创建。单击动画和时间控件中的"播放"按钮▶，即可看到水面的凹凸效果不断发生变化，如图 4-56 所示。

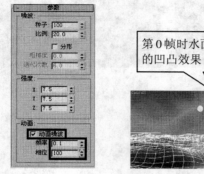

图 4-55　开启噪波动画　　　　　　　　　　　图 4-56　不同帧水面的凹凸效果

 提示　　　使用"噪波"修改器创建噪波动画时，只需选中"参数"卷展栏"动画"区中的"动画噪波"复选框即可，无需设置关键帧；下方的"频率"和"相位"编辑框用于设置噪波抖动的速度和当前帧噪波的相位。

4.4.3　"变形器"修改器

　　"变形器"修改器具有多个变形通道，为各通道指定不同的变形结果后，就可以使对象随时从一个变形结果转换到另一个变形结果。对人物的表情、口型与动画的音频进行同步处理时，常使用该修改器。下面以一个简单的实例，介绍一下该修改器的使用方法。

　　（1）在顶视图中创建一个圆柱体，并通过移动克隆沿 X 轴再复制出两个圆柱体，圆柱体的参数和效果如图 4-57 左图和中图所示；参照前述操作，为复制出的两个圆柱体添加"弯曲"修改器，进行弯曲处理（中间圆柱体的弯曲角度为 180、方向为 90；最右侧圆柱体弯曲的角度为 180，方向为 0，弯曲轴均为 Z 轴），效果如图 4-57 右图所示。

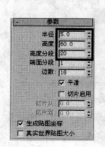

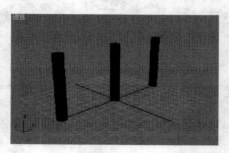

图 4-57　创建三个圆柱体并进行弯曲处理

（2）如图 4-58 所示，为左侧圆柱体添加"变形器"修改器，然后单击"通道列表"卷展栏中的第一个"空"按钮，激活该通道；单击"通道参数"卷展栏中的"从场景中拾取对象"按钮，再单击中间的圆柱体，设置该圆柱体的状态为 1 号通道的变形结果。参照前述操作，设置右侧圆柱体的状态为 2 号通道的变形结果。

 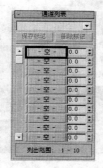  

图 4-58　为变形通道指定变形结果

 提示　可以为一个变形通道指定多个目标对象，这些目标对象的名称将显示在"通道参数"卷展栏"渐进变形"区的目标列表中。利用下方的"目标"编辑框可以设置这些目标对象的状态处于变形过程的哪一阶段。使用该功能可以防止对象在变形过程中产生不必要的变形。

（3）如图 4-59 所示，单击动画和时间控件中的"自动关键点"按钮，进入动画的自动关键帧模式，然后拖动时间滑块到第 25 帧，并设置 1 号变形通道的数量为 100；再拖动时间滑块到第 50 帧，设置 1 号变形通道的数量为 0。

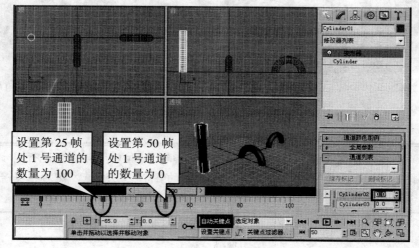

图 4-59　为 1 号变形通道设置关键帧

（4）如图 4-60 所示，拖动时间滑块到第 75 帧，并设置 2 号变形通道的数量为 100；然后分别拖动时间滑块到第 50 帧和第 100 帧，并设置这两帧处 2 号变形通道的数量为 0。

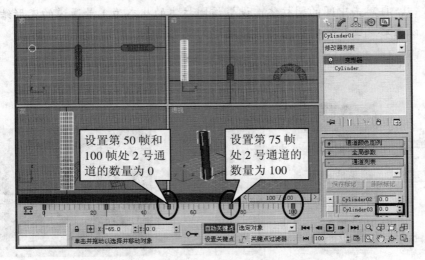

图 4-60　为 2 号变形通道设置关键帧

（5）单击"自动关键点"按钮，退出动画的自动关键帧模式，完成圆柱体变形动画的创建。单击动画和时间控件中的"播放"按钮，就可以看到圆柱体从最初状态渐变为中间圆柱体的状态，又渐变为右侧圆柱体的状态，最后恢复到最初状态，如图 4-61 所示。

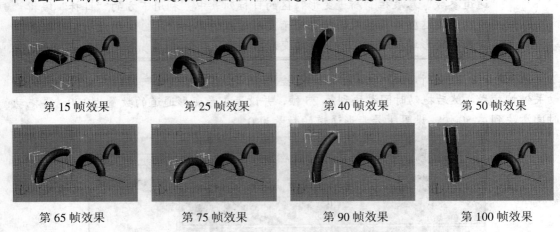

第 15 帧效果　　第 25 帧效果　　第 40 帧效果　　第 50 帧效果

第 65 帧效果　　第 75 帧效果　　第 90 帧效果　　第 100 帧效果

图 4-61　不同帧处圆柱体的变形效果

 提示　　在使用"变形器"修改器对人物的面部表情和口形与音频进行同步时，只需将不同的口形和面部表情分配给修改器的各个变形通道，然后根据音频为各通道设置关键帧即可。

4.4.4 "融化"修改器

"融化"修改器主要用来模拟现实生活中的融化效果，下面通过制作冰块融化动画，介绍一下"融化"修改器的使用方法，具体操作如下。

（1）打开本书提供的素材文件"融化修改器.max"，效果如图 4-62 所示；然后选中冰块模型，并选择"编辑">"克隆"菜单，通过原位克隆再复制出一个冰块。

（2）任选一冰块模型，添加"融化"修改器，并在"参数"卷展栏中设置融化的"数量"（融化的程度）、"融化百分比"（数量增加到多少时对象会产生扩散及扩散的程度）、"固体"类型（融化过程中对象凸出部分的相对高度）和融化轴（沿哪一轴进行融化），模拟冰块已融化的部分，如图 4-63 所示。

图 4-62 场景效果 　　　　　图 4-63 对任一冰块进行"融化"修改模拟已融化的部分

（3）如图 4-64 所示，为另一冰块添加"融化"修改器，然后单击动画和时间控件中的"自动关键点"按钮，开启动画的自动关键帧模式。在第 60、90 和 100 帧处设置融化的"数量"分别为 60、116 和 166；再选中另一块冰块，在第 60、90 和 100 帧处设置融化的"数量"分别为 500、600 和 650。

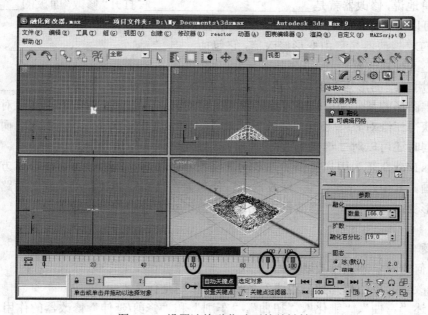

图 4-64 设置冰块融化动画的关键帧

（4）单击"自动关键点"按钮，退出动画的自动关键帧模式，完成融化动画关键帧的设置。单击动画和时间控件中的"播放"按钮▶，就可以看到冰块融化的过程，如图4-65所示为不同帧处冰块的融化效果。

第 0 帧效果

第 60 帧效果

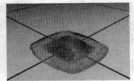
第 90 帧效果

第 100 帧效果

图 4-65　不同帧场景效果

课后总结

修改器是三维动画制作中常用的修改工具，使用修改器可以将二维图形转换为三维对象、修改三维对象的显示效果以及创建动画。

通过本章的学习，读者应熟悉修改器面板的组成及用法，并能够使用介绍的修改器修改二维图形和三维对象。

思考与练习

一、填空题

1. 简单地说，修改器就是＿＿＿＿＿＿＿＿＿＿＿＿＿＿＿＿。打开"修改"面板的＿＿＿＿＿＿下拉列表可以为对象添加修改器。

2. "FFD"修改器是自由变形修改器，它包括＿＿＿＿、＿＿＿＿、＿＿＿＿、＿＿＿＿和＿＿＿＿五种修改器。

3. 使用二维图形修改器可以将二维图形转换为三维对象，其中，＿＿＿＿修改器是通过绕二维图形的某一坐标轴进行旋转获得三维对象，＿＿＿＿修改器是通过对二维图形进行拉伸获得三维对象；"倒角"修改器可对二维图形进行多次＿＿＿＿操作，而且在进行该操作的同时还可以对二维图形进行＿＿＿＿处理，以产生倒角面。

4. 3ds Max 9 还为用户提供了许多动画修改器，使用这些修改器可以非常方便地为模型创建动画。其中，＿＿＿＿修改器可以使对象在沿路径曲线运动的同时随路径曲线的变化产生形变；＿＿＿＿修改器主要用来模拟现实生活中的融化效果。

二、问答题

1. 如何为对象添加修改器？

2. 修改器面板由哪几部分组成？各部分的作用是什么？

3. 简述"弯曲"、"锥化"、"扭曲"、"车削"和"修剪/延伸"修改器的作用。

4. 如何使用"路径变形"修改器创建三维文字沿路径运动的动画？

三、操作题

利用本章所学知识创建如图 4-66 所示的冰激淋模型。

图 4-66 冰激淋模型

 提示 　　先创建一个圆角星形，进行挤出、锥化和扭曲处理，制作出冰激淋的上半部分；再创建一个圆，进行倒角处理，制作出冰激淋的下半部分；最后，对冰激淋的上下两部分进行群组即可。

第5章　高级建模

本章介绍了在 3ds Max 9 中创建复杂模型时常用的一些方法，如多边形建模、网格建模、面片建模、NURBS 建模、复合建模等，这些建模方法统称为"高级建模"。

本章要点

5.1　曲面建模

多边形建模、网格建模和面片建模统称为曲面建模，都是先创建基本三维模型，然后转换为可编辑多边形、可编辑网格或可编辑面片，再调整三维模型中曲面的形状，从而获得画所需的复杂模型。下面分别介绍一下这三种建模方法。

5.1.1　多边形建模

多边形建模是应用最广泛的建模方法，相对于网格建模和面片建模来说，该方法在调整三维对象时，控制更简单，操作更方便。下面介绍一下如何使用该方法创建复杂模型。

1. 转化可编辑多边形

进行多边形建模，首先要将三维对象转化为可编辑多边形，方法有两种，具体如下：

  📖　**通过对象的右键快捷菜单：**如图 5-1 所示，选中要进行多边形建模的三维对象，然后在"修改"面板的"修改器堆栈"中右击对象的名称，从弹出的快捷菜单中选择"转换为：可编辑多边形"菜单项即可。使用该方法时，对象的性质发生改变，因此，我们将无法再利用其创建参数来修改对象。

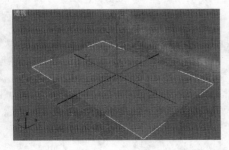 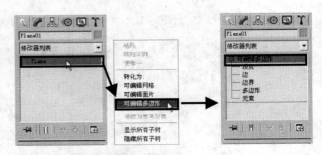

图 5-1　通过对象的右键快捷菜单转化可编辑多边形

  📖　**为三维对象添加"编辑多边形"修改器：**如图 5-2 所示，选中要进行多边形建模的三维对象，然后打开"修改"面板中的"修改器列表"下拉列表，从中选择"编辑多边形"。使用该方法时，对象的性质未变，只是增加了一个修改器。因此，我们仍可利用其创建参数来修改对象。

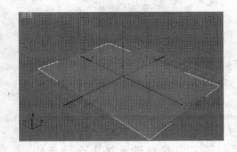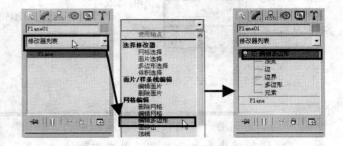

图 5-2　为三维对象添加"编辑多边形"修改器

提示

由图 5-1 和 5-2 右图可知，可编辑多边形有顶点、边、多边形、边界和元素 5 种子对象。其中，"多边形"是由三条或多条首尾相连的边构成的最小单位的曲面，如图 5-3 所示；"边界"是指独立非闭合曲面的边缘或删除多边形产生的孔洞边缘，如图 5-4 所示；可编辑多边形中每个独立的曲面就是一个"元素"。

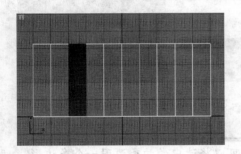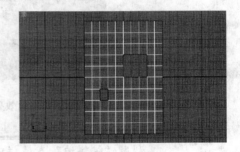

图 5-3　可编辑多边形的"多边形"子对象　　　图 5-4　可编辑多边形的"边界"子对象

2. 调整可编辑多边形的子对象

将三维对象转换为可编辑多边形后，就可以使用"修改"面板中的参数来编辑它的顶点、边、边界、多边形、元素等子对象了。下面介绍一下各参数卷展栏的作用。

📖　**"选择"卷展栏：**如图 5-5 所示，该卷展栏中的参数用于设置可编辑多边形子对象的选择方式。需要注意的是，选中"忽略背面"复选框时，只能选择沿视口法线方向可见的子对象。

📖　**"编辑顶点"卷展栏：**设置可编辑多边形的修改对象为"顶点"时，在"修改"面板中将出现"编辑顶点"卷展栏，如图 5-6 所示。利用该卷展栏中的参数可以对选中的顶点进行移除、断开、焊接、挤出、切角、连接等处理。

📖　**"编辑边"卷展栏：**设置可编辑多边形的修改对象为"边"时，在"修改"面板中将出现"编辑边"卷展栏，如图 5-9 所示。利用该卷展栏中的参数可以对选中的边进行分割、挤出、切角、焊接、桥接等处理。

设置可编辑多
边形子对象的
选择方式

设置可编辑多边
形的修改对象

对选中的子对象
进行扩展选择

删除顶点并重新组
合周围的多边形

删除可编辑多边
形中的独立顶点

分开选中顶点
处多边形的角

创建一条边连
接选中顶点

图 5-5 "选择"卷展栏

图 5-6 "编辑顶点"卷展栏

提示

利用"编辑顶点"卷展栏中的"挤出"和"切角"按钮可以对选中的顶点进行挤出和切角处理（单击右侧的"设置"按钮□可以精确设置挤出和切角处理的参数，如图 5-7 和 5-8 所示）。

另外，利用"焊接"和"目标焊接"按钮可以将选中的顶点焊接起来（"焊接"是将焊接阈值内的选中顶点焊接为一个，右侧的"设置"按钮□用于设置焊接阈值；"目标焊接"是将选中顶点焊接到指定顶点上，不受焊接阈值的影响）。

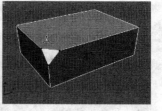

图 5-7 "挤出顶点"对话框和挤出效果

图 5-8 "切角顶点"对话框和切角效果

提示

利用"编辑边"卷展栏中的"桥"按钮可以将选中的两条边用一个多边形连接起来，如图 5-10 所示（进行桥接的两条边必须是边界中的边）。

图 5-9 "编辑边"卷展栏

图 5-10 使用"桥"按钮桥接选中的边

📖 **"编辑边界"卷展栏**：设置可编辑多边形的修改对象为"边界"时，在"修改"面板中将出现"编辑边界"卷展栏，如图 5-11 所示。利用该卷展栏中的参数可以对选中的边界进行挤出、切角、桥接、封口等处理。

提示

使用"编辑边界"卷展栏中的"封口"按钮可以将选中的边界用平面封闭起来，如图 5-12 所示，封口后选中的边界子对象不再属于边界。

图 5-11　"编辑边界"卷展栏　　　　　　图 5-12　封口前后曲面的效果

📖 **"编辑多边形"卷展栏**：设置可编辑多边形的修改对象为"多边形"时，在"修改"面板中将出现"编辑多边形"卷展栏，如图 5-13 所示。利用该卷展栏中的参数可以对选中的多边形进行挤出、倒角、从边旋转、沿样条线挤出等处理。

提示

利用"编辑多边形"卷展栏中的"挤出"和"倒角"按钮可以对选中的多边形进行挤出和倒角处理。单击右侧的"设置"按钮□，在打开的对话框中可以精确设置挤出和倒角处理的参数，如图 5-14 所示。

需要注意的是，设置挤出和倒角的类型时，选中"组"单选钮表示沿选中多边形的平均法线进行挤出或倒角处理；选中"局部法线"单选钮表示沿多边形自身的法线进行挤出或倒角处理，并保持多边形的连接状态；选中"按多边形"单选钮表示沿多边形自身的法线进行独立的挤出或倒角处理，如图 5-15 所示。

绕选中多边形的某一边进行旋转　　　　翻转多边形的法线方向

图 5-13　"编辑多边形"卷展栏　　　图 5-14　"挤出多边形"对话框和"倒角多边形"对话框

挤出类型为"组"时的效果 　挤出类型为"局部法线"时的效果 　挤出类型为"按多边形"时的效果

倒角类型为"组"时的效果

倒角类型为"局部法线"时的效果

倒角类型为"按多边形"时的效果

图 5-15　不同挤出和倒角类型的效果

提示　　利用"编辑多边形"卷展栏中的"沿样条线挤出"按钮可以将选中多边形沿指定曲线进行挤出处理。单击右侧的"设置"按钮 ，在打开的"沿样条线挤出多边形"对话框中可以精确设置沿样条线挤出的参数，如图 5-16 所示。

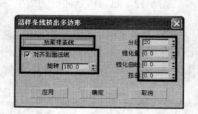

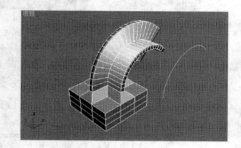

图 5-16　"沿样条线挤出多边形"对话框和沿样条线挤出多边形的效果

📖　**"编辑几何体"卷展栏**：如图 5-17 所示，该卷展栏提供了许多编辑可编辑多边形的工具，像附加、切片、网格平滑、细分、隐藏等。需要注意的是，只有可编辑多边形的修改对象为顶点、边或边界时，才能使用"切片平面"工具和"快速切片"工具对可编辑多边形进行切片处理。

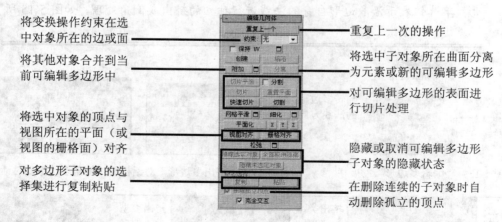

将变换操作约束在选中对象所在的边或面

将其他对象合并到当前可编辑多边形中

将选中对象的顶点与视图所在的平面（或视图的栅格面）对齐

对多边形子对象的选择集进行复制粘贴

重复上一次的操作

将选中子对象所在曲面分离为元素或新的可编辑多边形

对可编辑多边形的表面进行切片处理

隐藏或取消可编辑多边形子对象的隐藏状态

在删除连续的子对象时自动删除孤立的顶点

图 5-17　"编辑几何体"卷展栏

📖　**"多边形属性"卷展栏**：如图 5-18 所示，该卷展栏中的参数主要用来设置选中多边形或元素使用的材质 ID 和平滑组号。

利用"多边形属性"卷展栏中的"设置 ID"编辑框和"平滑组"区中的按钮可以为选中多边形指定材质 ID 和平滑组号。

提示　　需要注意的是，材质 ID 用于实现材质和多边形子对象的一一对应关系（为可编辑多边形分配"多维/子对象"材质时，材质 ID 为 1 的子材质将分配给材质 ID 为 1 的多边形子对象）；平滑组号用于控制是否对相连多边形子对象的共享边进行平滑处理（如果相连的多边形具有同一平滑组号，系统会自动对共享边进行平滑处理，如图 5-19 所示）。

使用不同平滑组号时的效果

使用同一平滑组号时的效果

图 5-18　"多边形属性"卷展栏　　　　　图 5-19　为平面指定不同和相同平滑组号时的效果对比

📖　**"细分曲面"卷展栏**：如图 5-20 所示，该卷展栏中的参数用于设置可编辑多边形使用的平滑方式和平滑效果。

设置可编辑多边形使用的平滑方式和子对象的显示方式

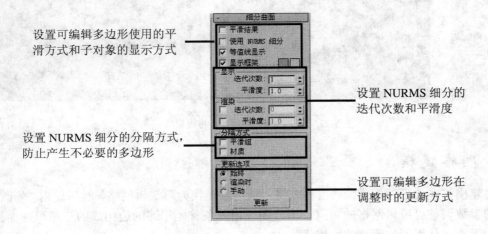

设置 NURMS 细分的迭代次数和平滑度

设置 NURMS 细分的分隔方式，防止产生不必要的多边形

设置可编辑多边形在调整时的更新方式

图 5-20　"细分曲面"卷展栏

提示　　选中"细分曲面"卷展栏中的"使用 NURMS 细分"复选框后，系统将使用 NURMS 细分方式对可编辑多边形进行平滑处理。下方"显示"和"渲染"区中的参数用于设置在视图中或渲染时 NURMS 细分的迭代次数和平滑度。图 5-21 所示为 NURMS 细分对可编辑多边形的影响效果。

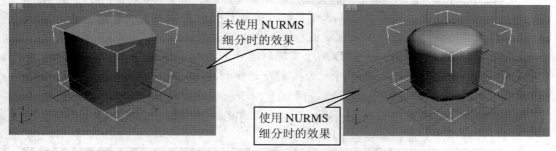

图 5-21　NURMS 细分对可编辑多边形的影响效果

📖　　**"软选择"卷展栏：**该卷展栏中的参数用于控制当前子对象对周围子对象的影响程度。如图 5-22 所示，选中卷展栏中的"使用软选择"复选框，然后设置"衰减"编辑框的值，确定软选择的影响范围；再选中球体的某一顶点，并向右移动，此时该顶点周围没有被选中的顶点也会随之移动一定的距离。

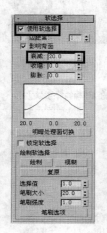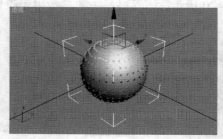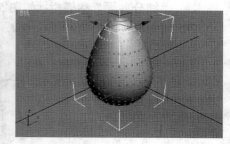

图 5-22　开启软选择功能后的效果

5.1.2　网格建模

　　网格建模与多边形建模类似，也是先将三维对象转换为可编辑网格，然后使用"修改"面板中的参数调整可编辑网格的顶点、边、面（由三条首尾相连的边构成的三角形曲面）、多边形和元素，从而创建所需的三维模型。

　　可编辑网格的修改工具主要集中在"编辑几何体"和"曲面属性"两个卷展栏中，下面分别介绍一下这两个卷展栏。

1."编辑几何体"卷展栏的作用

　　如图 5-23 所示，该卷展栏中集成了网格建模中大多数的编辑工具，各工具的作用和用法与多边形建模类似，在此不多做介绍。

用于可编辑网格子对象的
创建、删除、附加、分离、
断开、改向等处理

对可编辑网格的子对象进
行各种切片处理

用于可编辑网格中面、多
边形和元素子对象的细分
和炸开处理

用于可编辑网格中各子对
象的挤出和切角处理

用于可编辑网格中顶点子
对象的焊接处理

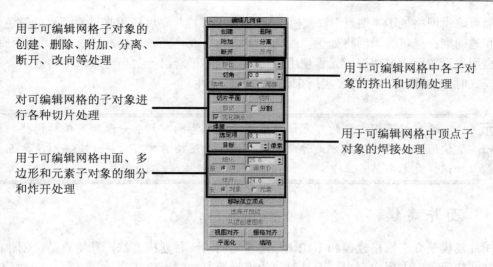

图 5-23　"编辑几何体"卷展栏

需要注意的是，使用"剪切"工具进行切片时，若选中"优化端点"复选框，系统会自动设置剪切线端点为原表面的附属顶点，以保持曲面的连续性；未选中"优化端点"复选框时，曲面在剪切线端点处断开，图 5-24 所示为调整剪切线位置后两种剪切方式下曲面的效果。

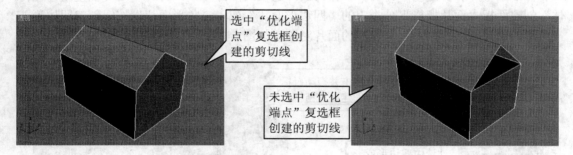

选中"优化端点"复选框创建的剪切线

未选中"优化端点"复选框创建的剪切线

图 5-24　"优化端点"复选框对剪切效果的影响

2. "曲面属性"卷展栏的作用

可编辑网格处于不同的子对象修改模式时，"曲面属性"卷展栏的界面也不同相同，如图 5-25 所示。

修改对象设为"顶点"时的操作界面

修改对象设为"面"、"多边形"或"元素"时的操作界面

修改对象设为"边"时的操作界面

图 5-25　不同的子对象修改模式对应的"曲面属性"卷展栏

当可编辑网格处于"顶点"修改模式时,"曲面属性"卷展栏用来设置顶点的颜色、照明度和透明度;当可编辑网格处于"面"、"多边形"或"元素"修改模式时,"曲面属性"卷展栏用来设置面、多边形、元素使用的材质 ID 和平滑组号;当可编辑网格处于"边"修改模式时,"曲面属性"卷展栏用来设置边的可见性。

提示   通常情况下,边的可见性对渲染效果无影响,只有分配给可编辑网格的材质使用"线框"渲染方式时,边的可见性在渲染时才有效果(有关材质方面的知识详见本书第 6 章)。

5.1.3 面片建模

面片建模是介于网格建模和 NURBS 建模之间的一种建模方法,其特点是:创建的三维模型结构简单,占用内存少,而且对边的编辑控制非常方便。

1. 创建可编辑面片

与多边形建模类似,使用面片建模法创建模型时,首先要创建面片对象,然后再将面片对象转化为可编辑面片。

标准基本体和扩展基本体均可以作为面片建模的面片对象。此外,还可以使用"几何体"创建面板"面片栅格"分类中的"四边形面片"或"三角形面片"按钮创建四边形或三角形的面片栅格,作为面片建模的面片对象,如图 5-26 所示。

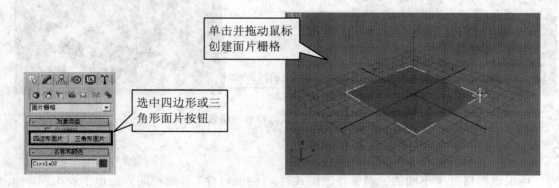

图 5-26 创建四边形面片

提示   按可编辑多边形的转化方法将面片对象转化为可编辑面片后,就可以编辑其子对象。可编辑面片有顶点、边、面片、元素和控制柄 5 种子对象,其中,控制柄是可编辑面片特有的子对象,只能对其进行移动、旋转和缩放处理(调整控制柄的位置或角度,可以调整该位置处曲面的曲率,如图 5-27 所示)。

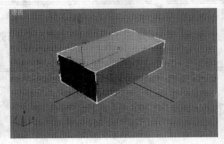
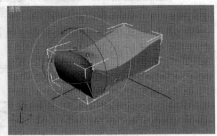

图 5-27　调整可编辑面片中控制柄的角度

2.　编辑面片对象

面片建模的子对象编辑工具集中在"选择"、"软选择"、"几何体"和"曲面属性"四个卷展栏中，各参数的作用与多边形建模中的参数类似，使用时可参照多边形建模中的相关介绍进行操作。在此只介绍一下边的延展处理和面片的倒角处理，具体如下。

📖　**边的延展处理：**如图 5-28 所示，设置可编辑面片的修改对象为"边"，并选中要进行延展处理的边子对象，然后按住【Shift】键进行移动、旋转或缩放，即可通过边的延展处理创建新曲面。这也是面片建模特有的子对象处理方法。

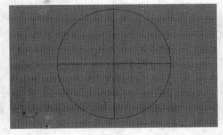

图 5-28　对可编辑面片的边子对象进行移动延展

📖　**面片的倒角处理：**如图 5-29 所示，设置可编辑面片的修改对象为"面片"，并选中要进行倒角处理的面片子对象；然后在"几何体"卷展栏中的"法线"区中设置倒角处理的法线方向，在"倒角平滑"区中设置倒角面与对象原始面相交处的平滑方式；最后，依次在"挤出"和"倒角"编辑框中设置挤出高度和轮廓值即可。

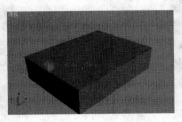
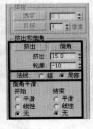

图 5-29　对面片子对象进行倒角处理

课堂练习——创建吊灯模型

在本练习中，我们将创建图 5-30 所示吊灯模型。其中，要创建中间的主灯罩和灯箍，可首先创建一个半球体，然后将其转换为可编辑面片，再通过挤出面片，对面片倒角，以及为面片增加"壳"修改器来获得。

要创建侧灯的灯罩和灯头，可首先创建一个胶囊，然后将其转换为可编辑多边形，并删除两端的多边形子对象，再对底部的边界子对象进行封口处理，接下来对封口面中的多边形子对象进行多次倒角处理，并沿样条线进行挤出处理，最后再为对象添加"网格平滑"和"壳"修改器。

要创建灯架，可首先创建一个圆柱体，并转换为可编辑多边形，然后依次对所选边进行切角处理，对所选多边形进行多次倒角处理；要创建主灯和灯架间的连接杆，可创建四个圆环和一个圆柱体，并适当调整其角度和位置。

图 5-30　吊灯模型的效果

（1）启动 3ds Max，并将顶视图切换为底视图，然后使用"球体"工具在底视图中创建一个球体，作为创建主灯的基本几何体，球体的参数和效果如图 5-31 所示。

图 5-31　创建一个球体

（2）如图 5-32 所示，为球体添加"编辑面片"修改器，将其转换为可编辑面片；然后设置修改对象为"面片"，并选中球体顶面中的面片子对象；再设置"几何体"卷展栏中"挤出"编辑框的值为 100，并按【Enter】键，将选中的面片挤出 100 个单位；最后，单击"几何体"卷展栏中的"删除"按钮，删除选中的面片。

提示 选择球体顶面中的面片子对象时，可先单击选中工具栏中的"窗口/交叉"按钮，然后在前视图或左视图中框选图 5-32 所示区域的面片子对象即可。

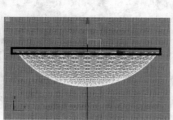

图 5-32 将球体顶面挤出 100 个单位

（3）在前视图中框选图 5-33 左图所示的面片子对象，并参照前述操作将其挤出 5 个单位；然后设置"几何体"卷展栏中"挤出"编辑框的值为 2、"轮廓"编辑框的值为 − 2，并按【Enter】键，对选中的面片进行一次倒角处理。参照前述操作对选中面片再进行一次倒角处理（"挤出"和"轮廓"编辑框的值均为 − 2），创建主灯的灯箍，效果如图 5-33 右图所示。

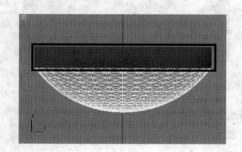

图 5-33 创建主灯的灯箍

（4）如图 5-34 左图所示，为可编辑面片添加"壳"修改器，以增加主灯的厚度，从而完成主灯的创建，修改器的参数和修改效果如图 5-34 中图和右图所示。

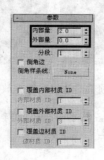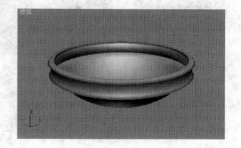

图 5-34 为可编辑面片添加"壳"修改器

（5）将底视图切换为顶视图，然后使用"胶囊"工具在顶视图中创建一个胶囊，作为创建侧灯的基本几何体，胶囊的参数和效果如图 5-35 中图和右图所示。

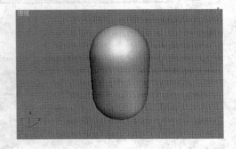

图 5-35　创建一个胶囊

（6）为胶囊添加"编辑多边形"修改器，将其转换为可编辑多边形；设置修改对象为"多边形"，然后删除图 5-36 中图所示的多边形子对象，效果如图 5-36 右图所示。

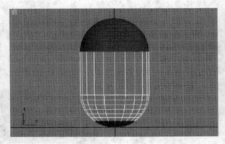

图 5-36　删除胶囊的部分多边形

（7）设置可编辑多边形的修改对象为"边界"，选中图 5-37 中图所示的边界子对象，然后将其均匀缩放到原大小的 85%，效果如图 5-37 右图所示。

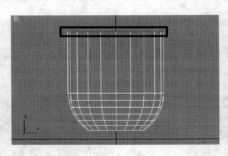

图 5-37　对可编辑多边形顶部的边界进行缩放处理

（8）选中图 5-38 左图所示的边界子对象，然后单击"编辑边界"卷展栏中的"封口"按钮，进行封口处理，效果如图 5-38 右图所示。

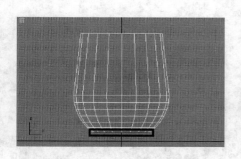

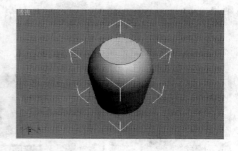

图 5-38　对可编辑多边形底部的边界进行封口处理

（9）设置可编辑多边形的修改对象为"多边形"，选中步骤（8）创建的封口曲面；单击"编辑多边形"卷展栏中"倒角"按钮右侧的"设置"按钮，在打开的"倒角多边形"对话框中设置"高度"和"轮廓量"编辑框的值分别为 0 和 – 3.5，然后单击"确定"按钮，对封口曲面进行一次倒角处理，效果如图 5-39 右图所示。

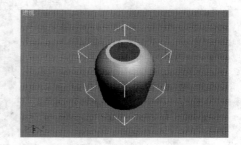

图 5-39　对封口曲面进行一次倒角处理

（10）参照前述操作，对步骤（9）处理过的封口曲面再进行 6 次倒角处理（倒角的高度和轮廓量依次为：4.5 和 0，0 和 – 3，4.5 和 0，0 和 – 2.5，4.5 和 0，0 和 – 2），制作侧灯底部的灯箍，效果如图 5-40 所示。

（11）使用"线"工具在前视图中创建一条图 5-41 所示的曲线。

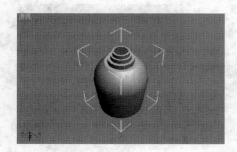

图 5-40　进行 6 次倒角处理后的效果　　　　　　图 5-41　创建一条曲线

（12）选中可编辑多边形底面的多边形子对象，单击"编辑多边形"卷展栏中"沿样条线挤出"按钮右侧的"设置"按钮，在打开的"沿样条线挤出多边形"对话框中单击"拾取样条线"按钮，拾取步骤（11）创建的曲线；再参照图 5-42 中图所示设置沿样条线挤出的参数，效果如图 5-42 右图所示。

 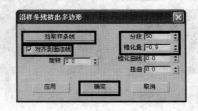 

图 5-42　对底面多边形进行沿样条线挤出处理

（13）为可编辑多边形依次添加"网格平滑"和"壳"修改器，修改器的参数如图 5-43 中间两图所示，修改后的效果如图 5-43 右图所示。至此就完成了侧灯的创建。

   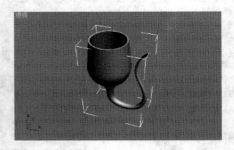

图 5-43　为侧灯添加"网格平滑"和"壳"修改器

（14）在顶视图中创建一个半径为 40、高度为 10、边数为 30 的圆柱体，并转化为可编辑多边形；然后设置修改对象为"边"，并选中图 5-44 左图所示的边子对象，再单击"编辑边"卷展栏中"切角"按钮右侧的"设置"按钮，在打开的"切角边"对话框中设置"切角量"为 0.5。单击"确定"按钮，效果如图 5-44 右图所示。

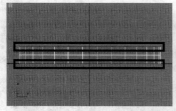  

图 5-44　对边进行切角处理

（15）设置可编辑多边形的修改对象为"多边形"，选中圆柱体顶面中的多边形子对象，然后参照前述操作进行四次倒角处理（倒角的高度和轮廓量依次为：0 和 -35，100 和 0，0 和 10，10 和 15，5 和 0），效果如图 5-45 所示。

（16）选中图 5-46 左图所示的多边形子对象，然后单击"多边形属性"卷展栏中"平滑组"区中的"4"按钮，设置其平滑组号为 4，如图 5-46 右图所示。

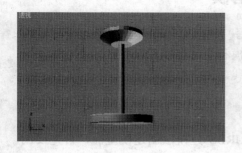 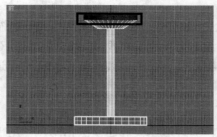 

图 5-45　对圆柱体顶面进行 4 次倒角处理　　　　　图 5-46　设置多边形的平滑组号

（17）参照前述操作，设置图 5-47 左图所示多边形子对象的平滑组号为 3，调整平滑组号后的效果如图 5-47 右图所示。至此就完成了吊灯架的创建。

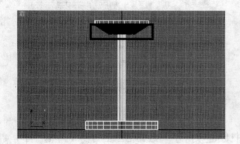  

图 5-47　继续调整吊灯架多边形的平滑组号

（18）在顶视图中创建一个圆柱体，在前视图中创建四个圆环，然后调整各圆柱体、圆环的角度和位置，并进行群组，创建主灯和吊灯架间的连接杆。圆柱体、圆环的参数和连接杆的效果如图 5-48 所示。

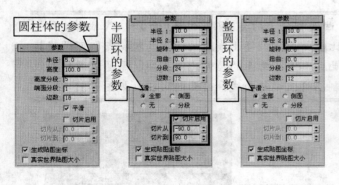 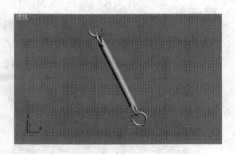

图 5-48　用圆柱体和圆环组建连接杆

（19）通过旋转克隆创建出其他的连接杆和侧灯，然后取消吊灯各部分的隐藏状态，并调整其位置和角度，即可组建吊灯模型。添加材质并渲染后的效果如图 5-30 所示。

5.2 NURBS 建模

NURBS（"Non-uniform Rational B-Spline" 的缩写）建模的全称为非均匀有理 B 样条线建模，是一种编辑曲线创建模型的方法。与网格建模和面片建模相比较，NURBS 建模法能够更好地控制物体表面的曲线，从而创建出更逼真、生动的造型。

5.2.1 创建 NURBS 对象

与网格建模、多边形建模等建模法相同，使用 NURBS 建模法创建模型前，首先要创建 NURBS 对象。创建 NURBS 对象的方法有两种，具体如下。

📖 **使用创建按钮创建 NURBS 对象**：如图 5-49 所示，在"几何体"创建面板的"NURBS 曲面"分类和"图形"创建面板的"NURBS 曲线"分类中分别列出了 NURBS 曲面和 NURBS 曲线的创建按钮。选中相应的 NURBS 创建按钮，然后按照正常曲线和曲面的创建方法进行操作，即可创建 NURBS 曲线或 NURBS 曲面。

图 5-49　NURBS 对象的创建按钮

📖 **将二维或三维对象转换为 NURBS 对象**：选中创建好的二维或三维对象，然后单击鼠标右键，从弹出的快捷菜单中选择"转换为"＞"NURBS 对象"菜单项，即可其转换为 NURBS 对象。需要注意的是，在 3ds Max 9 创建的对象中，只有标准基本体、面片物体、扩展基本体中的棱柱和环形结，以及除螺旋线和截面外的样条线可以转化为 NURBS 对象，其他对象不可以。

提示　NURBS 曲线和 NURBS 曲面都分为两类，即点曲线（面）和 CV 曲线（面）。其中，点曲线和点曲面控制比较简单，调整曲线或曲面上的控制点即可调整其形状，如图 5-50 所示；CV 曲线和 CV 曲面的控制比较复杂，需通过调整曲线和曲面上由控制点组成的控制晶格来调整曲线、曲面的形状，如图 5-51 所示。

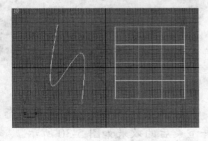

图 5-50　"点曲线"和"点曲面"的控制点

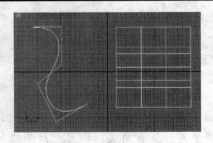

图 5-51　"CV 曲线"和"CV 曲面"的控制点

5.2.2 编辑 NURBS 对象

创建好 NURBS 对象后，就可以使用"修改"面板中的参数编辑 NURBS 对象了。下面集体介绍一下各参数卷展栏。

1. "常规"卷展栏

"常规"卷展栏是 NURBS 建模的主要工作区，利用该卷展栏中的参数可以附加对象、创建 NURBS 对象的子对象及调整 NURBS 对象的显示方式，如图 5-52 所示。在此着重介绍如下几个参数。

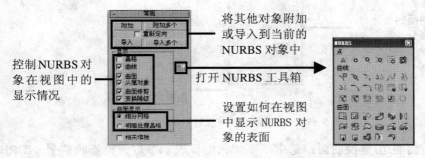

控制 NURBS 对象在视图中的显示情况

将其他对象附加或导入到当前的 NURBS 对象中

打开 NURBS 工具箱

设置如何在视图中显示 NURBS 对象的表面

图 5-52 "常规"卷展栏和 NURBS 工具箱

- 📖 **导入**：该按钮用来将其他对象合并到当前 NURBS 对象中。它与"附加"按钮的区别是：使用"附加"按钮合并其他对象时会删除对象原来的修改参数，而使用"导入"按钮则不会。

- 📖 **NURBS 创建工具箱** ：单击该按钮可以打开图 5-52 右图所示的 NURBS 工具箱（其快捷键为【Ctrl+T】组合键）。通过此工具箱中的按钮，可以很方便地为 NURBS 对象创建点、曲线或平面。

2. "显示线参数"卷展栏

如图 5-53 所示，"显示线参数"卷展栏中的参数主要用来设置 NURBS 对象中 U 向等参线和 V 向等参线的数量及 NURBS 对象在视图中的显示方式。

图 5-54 所示为不同显示方式下 NURBS 对象在透视视图中的显示效果。

图 5-53 "显示线参数"卷展栏

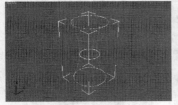

只显示等参线时的效果

只显示网格时的效果

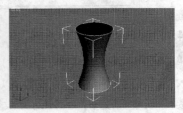

等参线和网格都显示时的效果

图 5-54 选中各单选按钮后的效果

3. "曲面近似"卷展栏

如图 5-55 所示，"曲面近似"卷展栏中的参数主要用于细化 NURBS 对象表面的网格，使 NURBS 对象具有较好的平滑效果，且占用内存少。在此着重介绍如下几个参数。

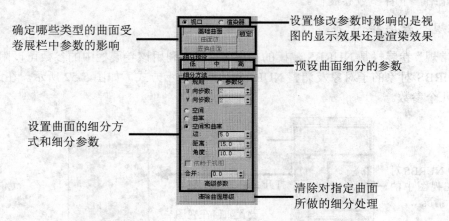

图 5-55　"曲面近似"卷展栏

- 📖 **基础曲面/曲面边/置换曲面：**选中"基础曲面"表示参数调整影响整个 NURBS 对象；选中"曲面边"表示参数调整只影响具有曲面边的曲面；选中"置换曲面"表示参数调整只影响应用置换贴图或置换修改器的曲面。
- 📖 **规则/参数化：**这两种方式都是根据卷展栏中"U 向步数"和"V 向步数"编辑框的值对 NURBS 对象的表面进行细分，规则细分方式快速但不准确，参数化细分方式准确，但模型较复杂，占用内存较多。
- 📖 **空间：**将 NURBS 对象的表面细分为一个个的三角形曲面，细分程度由"边"编辑框的值决定。
- 📖 **曲率：**根据 NURBS 对象表面各位置的曲率进行细分，细分程度由"距离"和"角度"编辑框的值决定。
- 📖 **合并：**设置 NURBS 对象各曲面间缝隙的大小，默认为 0（无间隙）。

提示　　"U/V 向步数"表示曲面在水平/垂直方向的线条数；"边"用来指定曲面细分时三角形的最大高度，数值越小，准确性越高，渲染时间越长；"距离"用来指定近似值偏离实际曲面的程度；"角度"用来指定近似曲面间的最大角度。

4. "曲线近似"卷展栏

如图 5-56 所示，该卷展栏中的参数主要用来调整 NURBS 对象中曲线的步数，以调整曲线的平滑度。其中，"步数"表示曲线中两点间的分段数，数值越大，曲线越平滑，如图 5-57 所示。默认选中"自适应"复选框（即根据曲线在

图 5-56　"曲线近似"卷展栏

5.2.2　编辑 NURBS 对象

创建好 NURBS 对象后，就可以使用"修改"面板中的参数编辑 NURBS 对象了。下面集体介绍一下各参数卷展栏。

1. "常规"卷展栏

"常规"卷展栏是 NURBS 建模的主要工作区，利用该卷展栏中的参数可以附加对象、创建 NURBS 对象的子对象及调整 NURBS 对象的显示方式，如图 5-52 所示。在此着重介绍如下几个参数。

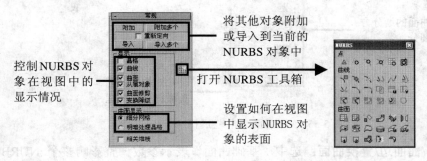

控制 NURBS 对象在视图中的显示情况

将其他对象附加或导入到当前的 NURBS 对象中

打开 NURBS 工具箱

设置如何在视图中显示 NURBS 对象的表面

图 5-52　"常规"卷展栏和 NURBS 工具箱

📖 **导入**：该按钮用来将其他对象合并到当前 NURBS 对象中。它与"附加"按钮的区别是：使用"附加"按钮合并其他对象时会删除对象原来的修改参数，而使用"导入"按钮则不会。

📖 **NURBS 创建工具箱**：单击该按钮可以打开图 5-52 右图所示的 NURBS 工具箱（其快捷键为【Ctrl+T】组合键）。通过此工具箱中的按钮，可以很方便地为 NURBS 对象创建点、曲线或平面。

2. "显示线参数"卷展栏

如图 5-53 所示，"显示线参数"卷展栏中的参数主要用来设置 NURBS 对象中 U 向等参线和 V 向等参线的数量及 NURBS 对象在视图中的显示方式。

图 5-54 所示为不同显示方式下 NURBS 对象在透视视图中的显示效果。

图 5-53　"显示线参数"卷展栏

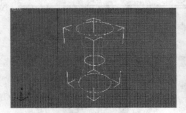

只显示等参线时的效果

只显示网格时的效果

等参线和网格都显示时的效果

图 5-54　选中各单选按钮后的效果

3."曲面近似"卷展栏

如图 5-55 所示，"曲面近似"卷展栏中的参数主要用于细化 NURBS 对象表面的网格，使 NURBS 对象具有较好的平滑效果，且占用内存少。在此着重介绍如下几个参数。

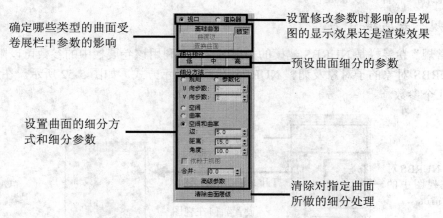

图 5-55 "曲面近似"卷展栏

左侧标注（从上到下）：
- 确定哪些类型的曲面受卷展栏中参数的影响
- 设置曲面的细分方式和细分参数

右侧标注（从上到下）：
- 设置修改参数时影响的是视图的显示效果还是渲染效果
- 预设曲面细分的参数
- 清除对指定曲面所做的细分处理

📖 **基础曲面/曲面边/置换曲面**：选中"基础曲面"表示参数调整影响整个 NURBS 对象；选中"曲面边"表示参数调整只影响具有曲面边的曲面；选中"置换曲面"表示参数调整只影响应用置换贴图或置换修改器的曲面。

📖 **规则/参数化**：这两种方式都是根据卷展栏中"U 向步数"和"V 向步数"编辑框的值对 NURBS 对象的表面进行细分，规则细分方式快速但不准确，参数化细分方式准确，但模型较复杂，占用内存较多。

📖 **空间**：将 NURBS 对象的表面细分为一个个的三角形曲面，细分程度由"边"编辑框的值决定。

📖 **曲率**：根据 NURBS 对象表面各位置的曲率进行细分，细分程度由"距离"和"角度"编辑框的值决定。

📖 **合并**：设置 NURBS 对象各曲面间缝隙的大小，默认为 0（无间隙）。

提示　"U/V 向步数"表示曲面在水平/垂直方向的线条数；"边"用来指定曲面细分时三角形的最大高度，数值越小，准确性越高，渲染时间越长；"距离"用来指定近似值偏离实际曲面的程度；"角度"用来指定近似曲面间的最大角度。

4."曲线近似"卷展栏

如图 5-56 所示，该卷展栏中的参数主要用来调整 NURBS 对象中曲线的步数，以调整曲线的平滑度。其中，"步数"表示曲线中两点间的分段数，数值越大，曲线越平滑，如图 5-57 所示。默认选中"自适应"复选框（即根据曲线在

图 5-56 "曲线近似"卷展栏

不同位置的曲率自动调整其步数，以达到最好的平滑效果）。

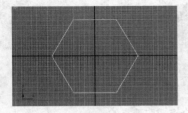
"步数"为 1 时的效果

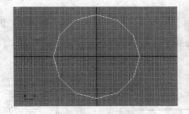
"步数"为 2 时的效果

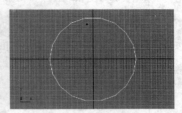
"步数"为 3 时的效果

图 5-57　步数对曲线平滑度的影响

5. "曲面公用"卷展栏

设置 NURBS 对象的修改对象为"曲面"时，在"修改"面板将显示出"曲面公用"卷展栏，如图 5-58 所示，用以编辑曲面，在此着重介绍如下几个参数。

- 📖 **硬化**：单击此按钮会删除曲面中所有的点，使曲面变为不能变形的刚性曲面，以减少 NURBS 对象使用的内存。
- 📖 **创建放样**：单击此按钮可打开"创建放样"对话框，如图 5-59 所示。在对话框中设置好放样方式和曲线的数量，然后单击"确定"按钮，即可以指定方式在选中曲线上创建指定数量的等参放样曲线。
- 📖 **创建点**：此按钮用于在选中曲面上创建点，单击此按钮会弹出"创建点曲面"对话框，如图 5-60 所示，设置好"U 向/V 向数量"后单击"确定"即可。
- 📖 **转化曲面**：此按钮用于将选中曲面转化为点曲面或 CV 曲面。另外，也可以使用此按钮在曲面中创建等参放样曲线。

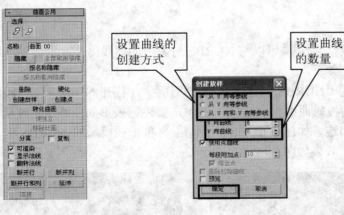

图 5-58　"曲面公用"卷展栏　　图 5-59　"创建放样"对话框　　图 5-60　"创建点曲面"对话框

- 📖 **断开行/断开列/断开行和列**：沿行方向、列方向或行和列的方向断开曲面。
- 📖 **延伸**：单击此按钮后可以调整曲面各边的位置，以延伸曲面。

6. "点"卷展栏

设置 NURBS 对象的修改对象为"点"时，在"修改"面板将显示出"点"卷展栏，如图 5-61 所示，用以编辑曲面或曲线中的点。在此着重介绍如下几个参数。

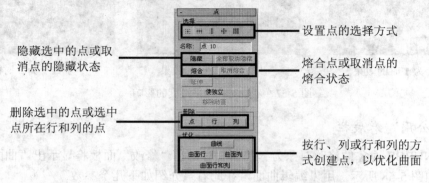

设置点的选择方式

隐藏选中的点或取消点的隐藏状态

熔合点或取消点的熔合状态

删除选中的点或选中点所在行和列的点

按行、列或行和列的方式创建点，以优化曲面

图 5-61 "点"卷展栏

- 📖 **熔合**：此处的熔合类似于多边形建模中的目标焊接。选中此按钮后，单击要熔合的点，然后移动到目标点即可。单击"取消融合"按钮可以使熔合后的点成为两个点。
- 📖 **优化**：通过单击相应按钮可以在曲线或曲面上按指定方式创建点。

5.2.3 使用 NURBS 工具箱

NURBS 工具箱为用户提供了许多创建点、曲线和曲面的工具，使用这些工具可以很方便地为 NURBS 对象添加点、曲线或曲面。下面介绍几个比较常用的工具。

1. "创建法向投影曲线"工具

使用"创建法向投影曲线"工具 可以将 NURBS 对象中的曲线沿指定曲面的法线方向投影到该曲面上，具体操作如下。

单击"常规"卷展栏中的"NURBS 创建工具箱"按钮 ，打开 NURBS 工具箱；然后单击工具箱中的"创建法向投影曲线"按钮 ，并单击要进行投影的曲线（此时从曲线引出一条白色的虚线与光标相连，如图 5-62 中图所示）；再单击被投影的 NURBS 曲面，即可将曲线投影到该曲面上，效果如图 5-62 右图所示。

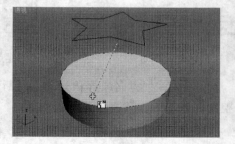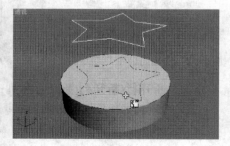

图 5-62 创建法向投影曲线

将样条线附加到 NURBS 对象中进行投影时，获得的投影曲线很可能发生变形（如图 5-62 右图所示）。因此，在投影前，一般先在可编辑样条线中将样条线中顶点的类型转换为"Bezier 角点"，然后再进行附加和法向投影操作。

如果投影曲线是闭合曲线，可利用"修改"面板"法向投影曲线"卷展栏中的"修剪"复选框，修剪投影曲线所在的曲面，下方的"翻转修剪"复选框用于翻转修剪的方向，如图 5-63 所示（设置 NURBS 对象的修改对象为"线"，并选中曲面中的投影曲线时，在"修改"面板也会出现"法向投影曲线"卷展栏）。

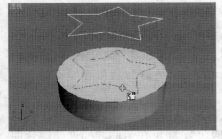

图 5-63　使用法向投影曲线修剪曲面

2. "创建曲面相交曲线"工具

使用"创建曲面相交曲线"工具 可以在 NURBS 对象中两个曲面的相交位置创建一条曲线，具体操作如下。

如图 5-64 所示，单击 NURBS 工具箱中的"创建曲面-曲面相交曲线"按钮，然后单击相交曲面中的任一曲面（此时从该曲面引出一条白色虚线与光标相连，如图 5-64 中图所示），再移动鼠标到另一曲面上单击，即可在两曲面的相交位置创建一条曲线。

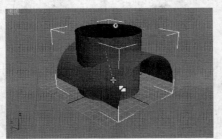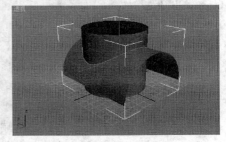

图 5-64　创建曲面-曲面相交曲线

利用"修改"面板"曲面-曲面相交曲线"卷展栏（参见图 5-65 左图）中的参数可以修剪两个相交曲面，其中，"修剪 1"和"修剪 2"复选框用于确定被修剪的曲面，"翻转修剪 1"和"翻转修剪 2"复选框用于翻转修剪的方向，图 5-65 中图所示为修剪曲面 2 的效果，图 5-65 右图所示为翻转修剪方向后的效果。

选中"修剪2"复选框的效果

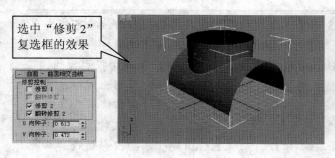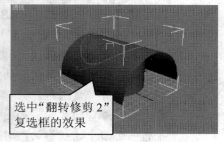

选中"翻转修剪2"复选框的效果

图 5-65　使用曲面-曲面相交曲线修剪曲面

3. "创建规则曲面"工具和"创建混合曲面"工具

使用"创建混合曲面"工具 可以将 NURBS 对象的两个曲面用混合曲面连接起来（或者在两条曲线间创建混合曲面）。使用"创建规则曲面"工具 可以在 NURBS 对象的两条曲线间创建规则曲面。由于二者的使用方法和参数基本相同，在此以"创建混合曲面"工具为例，介绍一下具体的使用方法。

如图 5-66 所示，单击 NURBS 工具箱中的"创建混合曲面"按钮 ，然后单击 NURBS 对象中的两条曲线（要连接两个曲面则单击两曲面的对应边），即可在两曲线间创建混合曲面。

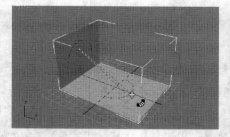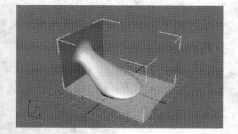

图 5-66　创建混合曲面

创建完混合曲面后，可利用"修改"面板"混合曲面"卷展栏（如图 5-67 所示）中的参数调整混合曲面的效果。下面介绍一下卷展栏中各参数的作用。

📖 **张力1/2**：这两个编辑框用于调整混合曲面两端的曲率，以调整混合曲面两端凹陷或凸起的程度，如图 5-68 所示（只有混合曲面两端的曲线附属于其他的曲面时，调整这两个编辑框的值才能产生效果）。

图 5-67　"混合曲面"卷展栏

📖 **翻转末端1/2**：这两个复选框用于翻转混合曲面两端曲线的方向，以消除混合曲面因两端曲线的方向不同而产生的扭曲变形。

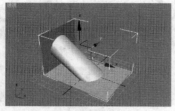

"张力"值均为 0 时的效果　　　"张力"值均为 0.5 时的效果　　　"张力"值均为 1 时的效果

图 5-68　"张力"编辑框对混合曲面的影响

　　📖　**翻转切线1/2**：这两个复选框用来翻转混合曲面两端凹陷或凸起的方向，使凹陷变为凸起，凸起变为凹陷，如图 5-69 所示。

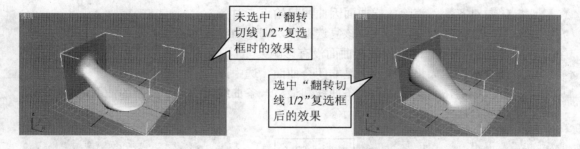

图 5-69　"翻转切线 1/2"复选框对混合曲面的影响

　　📖　**起始点 1/2**：调整第一/第二条曲线起始点的位置（混合曲面两端的曲线为闭合曲线时，这两个编辑框才可用）。

　　📖　**翻转法线**：该复选框用来翻转混合曲面的法线方向，使内外表面互换。

4. "创建 U 向放样曲面"工具

　　"U 向放样"可以看做是以曲线 Z 轴的连线作为挤出路径，以当前曲线作为该位置的挤出轮廓，在 NURBS 对象的曲线间进行挤出处理，创建 NURBS 曲面。

　　如图 5-70 所示，单击 NURBS 工具箱中的"创建 U 向放样曲面"按钮 ，并按顺序依次单击 NURBS 对象中的放样曲线；然后右击鼠标，退出 U 向放样模式，就完成了 U 向放样曲面的创建。

图 5-70　使用"创建 U 向放样曲面"工具创建 U 向放样曲面

利用"修改"面板"U 向放样曲面"卷展栏中的参数（参见图 5-71）可以调整 U 向放样曲面的效果，在此着重介绍如下几个参数。

- **U 向曲线**：该列表中按鼠标的单击顺序列出了放样曲面中各曲线的名称，通过"向上"按钮↑和"向下"按钮↓可以调整曲线的顺序；选中列表中的某条曲线，然后单击"编辑曲线"按钮，即可在视图中调整该曲线。

- **曲线属性**：该区中的参数用于调整"U 向曲线"列表中选中曲线的属性，各参数的作用与"混合曲面"卷展栏中参数的作用基本相同，在此不做介绍。

图 5-71 "U 向放样曲面"卷展栏

- **自动对齐曲线起始点**：使各曲线的起始点始终沿 U 向对齐，以消除放样曲面因曲线起始点未对齐而产生的扭曲变形（选中该复选框时，调整曲线起始点的位置对 U 向放样曲面没有影响）。

- **闭合放样**：如果放样曲面是非闭合曲面，选中此复选框后，系统会在第一条曲线和最后一条曲线间添加一段新的曲面，将放样曲面闭合起来，如图 5-72 所示。

图 5-72 "闭合放样"复选框对放样曲面的影响

- **插入**：选中放样曲面中的任意曲线，单击该按钮，然后单击另一曲线，系统就会在选中曲线前面插入该曲线，并生成新的曲面，如图 5-73 所示。

- **移除**：将选中曲线从曲面中删除，并重新组合剩余部分，如图 5-74 所示。

图 5-73 在结束位置插入六角形的效果

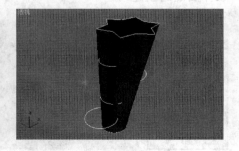

图 5-74 移除中间四条曲线后的效果

- **优化**：在 U 向放样曲面中插入 U 向等参曲线，优化放样曲面。
- **替换**：选中放样曲面中的某一曲线后，单击此按钮，再单击另一曲线，系统就会用第二条曲线替代第一条曲线，如图 5-75 所示。

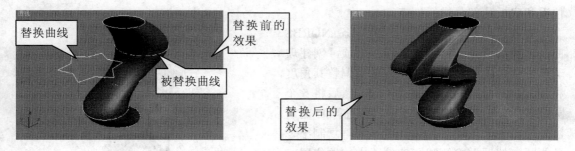

图 5-75　将第二条曲线替换为星形前后的效果

- **显示等参线**：设置是否在 NURBS 曲面中显示等参线，如图 5-76 所示。

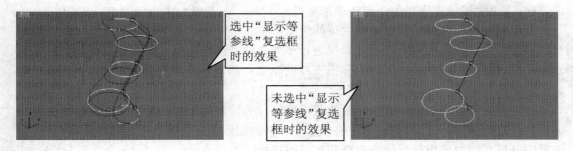

图 5-76　选中"显示等参线"复选框前后的效果

5."创建封口曲面"工具

使用"创建封口曲面"工具可以将 NURBS 对象中边界为闭合曲线的孔洞用一个曲面封闭起来，具体操作如下。

如图 5-77 左图所示，单击 NURBS 工具箱中的"创建封口曲面"按钮，然后单击要进行封口的孔洞边界，并在"修改"面板的"封口曲面"卷展栏中调整封口曲面的法线方向和起始点位置，就完成了孔洞的封口操作，效果如图 5-77 右图所示。

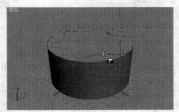

图 5-77　使用"创建封口曲面"工具进行封口

课堂练习——创建沙漏模型

在本练习中，我们将创建图 5-78 所示沙漏模型。沙漏模型可分玻璃罩、沙子、支柱、顶板和底板几部分进行创建。

要创建玻璃罩，可首先创建一条 NURBS 曲线，然后对其进行车削处理并封顶，创建玻璃罩主体。再创建 5 个圆，并适当调整其角度和位置，制作玻璃罩侧腿的轮廓；然后将 5 个圆合并到同一 NURBS 对象中，并进行 U 向放样处理，创建玻璃罩侧腿。接下来再复制出 3 条侧腿，然后调整侧腿和玻璃罩主体的位置，并合并到同一 NURBS 对象中，再在侧腿和玻璃罩主体间创建圆角连接面，完成一半玻璃罩的创建。最后，镜像克隆出另一半玻璃罩即可。

图 5-78　沙漏模型的效果

要创建沙子，可首先从玻璃罩主体的侧面分离出一条 NURBS 曲线，然后对曲线进行车削处理并封口即可。要创建支柱，可首先创建 9 个圆，并适当调整其位置，制作出支柱的轮廓；然后将 9 个圆合并到同一 NURBS 对象中，并进行 U 向放样处理即可。

要创建底板，可首先创建出底板的截面曲线，并转换为 NURBS 对象，然后对底板的截面曲线进行挤出处理并封口，再在挤出曲面和挤出曲线的封口面间创建圆角连接面即可。创建完底板后，对底板进行镜像克隆即可获得顶板。

（1）如图 5-79 左图所示，单击"图形"创建面板"NURBS 曲线"分类中的"点曲线"按钮，然后在前视图中创建图 5-79 中图所示曲线。

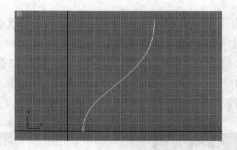

图 5-79　创建沙漏玻璃罩的截面曲线

（2）如图 5-80 所示，单击"常规"卷展栏中的"NURBS 创建工具箱"按钮，打开 NURBS 工具箱，然后单击工具箱中的"创建车削曲面"按钮，再单击步骤（1）创建的 NURBS 曲线，并选中"车削曲面"卷展栏中的"封口"复选框，创建车削曲面。

图 5-80　创建车削曲面

（3）设置 NURBS 对象的修改对象为"曲线"，然后使用"选择并移动"工具 ✛ 在前视图中调整车削对象截面曲线的位置，以调整车削对象的半径，如图 5-81 所示。

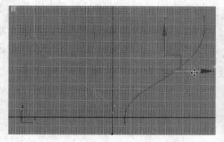

图 5-81　调整车削对象的半径

（4）使用"圆"工具在前视图中创建一个圆，然后通过移动克隆再复制出 4 个圆，并调整各圆的位置和角度，效果如图 5-82 所示。

（5）如图 5-83 所示，通过对象的右键快捷菜单将任一圆转化为 NURBS 对象，然后单击"常规"卷展栏中的"附加多个"按钮，通过打开的"附加多个"对话框附加其他圆。

图 5-82　创建五个圆　　　　　　　　　　图 5-83　转化 NURBS 对象并合并其他圆

（6）按【Ctrl+T】组合键，打开 NURBS 工具箱，然后单击工具箱中的"创建 U 向放样曲面"按钮 ⬚，并从上向下依次单击各圆，创建 U 向放样曲面，效果如图 5-84 右图所示。

（7）通过旋转克隆将步骤（6）创建的 U 向放样曲面再复制出三个，并调整各放样曲面的位置，效果如图 5-85 所示。

图 5-84　创建 U 向放样曲面　　　　　　　　　图 5-85　复制出三个放样曲面

（8）参照前述操作，将所有的 U 向放样曲面合并到步骤（3）创建的车削曲面中，然后单击 NURBS 工具箱中的 "创建圆角曲面" 按钮 ，再依次单击放样曲面和车削曲面，在放样曲面和车削曲面的相交处创建圆角过渡曲面，如图 5-86 所示。

（9）参照（步骤8）所述操作，在其他放样曲面和车削曲面的相交处创建圆角曲面，完成沙漏上半部分玻璃罩的创建；然后通过镜像克隆沿 Z 轴复制出下半部分的玻璃罩，并调整其位置，效果如图 5-87 所示，至此就完成了沙漏玻璃罩的创建。

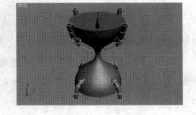

图 5-86　在放样曲面和车削曲面间创建圆角过渡面　　　　图 5-87　创建好的玻璃罩

（10）如图 5-88 所示，设置沙漏下半部分玻璃罩的修改对象为 "曲线"，并选中车削曲面的截面曲线；选中 "曲线公用" 卷展栏中的 "复制" 复选框，并单击 "分离" 按钮，将选中的曲线复制分离出来，作为沙子的截面曲线。

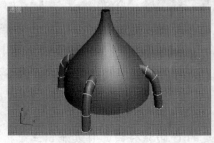

图 5-88　分离出车削曲面的截面曲线

（11）如图 5-89 左图所示，设置沙子截面曲的修改对象为"点"，然后单击"点"卷展栏中的"优化"按钮，并在曲线中图 5-89 右图所示位置单击，插入一个点。删除插入点上方的两个点，完成沙子截面曲线的调整，效果如图 5-90 所示。

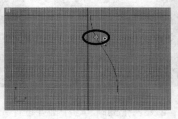

图 5-89 在沙子的截面曲线中插入一个点　　　图 5-90 沙子截面曲线的效果

（12）使用 NURBS 工具箱中的"创建车削曲面"工具 对沙子的截面曲线进行车削处理，并封口；然后进入"曲线"修改模式，调整沙子截面曲线的位置，以调整车削曲面的半径，如图 5-91 中图所示，调整后的效果如图 5-91 右图所示，至此就完成了沙子的创建。

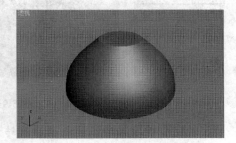

图 5-91 使用"创建车削曲面"工具创建沙子

（13）使用"圆"工具在顶视图中创建 9 个圆，并调整其位置，各圆在顶视图和前视图中的效果如图 5-92 左图和中图所示；将所有的圆合并到同一 NURBS 对象中，然后使用 NURBS 工具箱中的"创建 U 向放样曲面"工具 在各圆之间进行 U 向放样，创建沙漏的支柱，效果如图 5-92 右图所示。

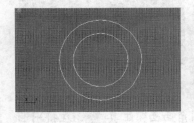

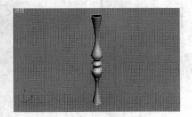

图 5-92 创建沙漏的支柱

（14）在顶视图中创建两个椭圆和一个圆，并调整其位置，效果如图 5-93 左图所示；然后将三者合并到同一可编辑样条线中，并使用"几何体"卷展栏中的"布尔"工具，对圆和椭圆进行并集运算，创建沙漏底板的截面曲线，效果如图 5-93 右图所示。

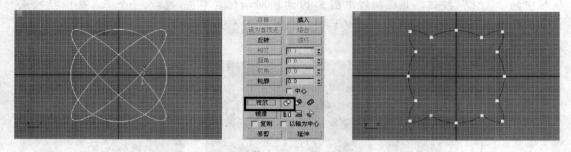

图 5-93　创建两个椭圆和一个圆并进行并集运算

（15）如图 5-94 所示，设置可编辑样条线的修改对象为"顶点"，并选中中图所示顶点子对象；然后对选中的顶点进行圆角处理，完成沙漏底板截面曲线的调整。

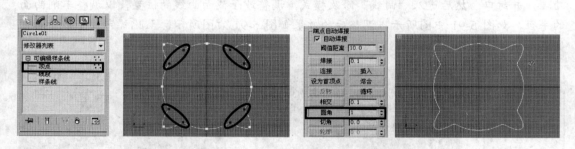

图 5-94　对顶点进行圆角处理

（16）将沙漏底板的截面曲线转化为 NURBS 对象，并打开 NURBS 工具箱；单击工具箱中的"创建挤出曲面"按钮 ，然后单击沙漏底板的截面曲线并向上拖动鼠标，到适当位置后释放左键，创建挤出曲面，如图 5-95 左侧两图所示。再在"修改"面板的"挤出曲面"卷展栏中设置挤出的数量并封口，效果如图 5-95 右图所示。

图 5-95　创建挤出曲面

（17）参照前述操作，使用 NURBS 工具箱中的"创建圆角曲面"工具 ，在挤出曲面和封口曲面的相交处创建圆角曲面，完成沙漏底板的创建，如图 5-96 所示。

（18）通过移动克隆和镜像克隆再复制出三条支柱和一个底板，并调整其位置，即可组建沙漏模型。添加材质并渲染后的效果如图 5-78 所示。

 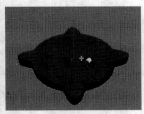 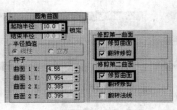 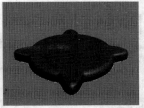

图 5-96 在挤出曲面的侧面和封口曲面间创建圆角曲面

5.3 复合建模

复合建模就是使用 3ds Max 9 提供的复合工具（位于"几何体"创建面板的"复合对象"分类中）将多个实体模型复合成一个模型的建模方法。下面介绍几种常用的复合工具。

5.3.1 使用放样工具

使用放样工具可以将二维图形沿指定的路径曲线放样成三维模型。下面以使用放样工具创建汤匙模型为例，介绍一下放样工具的使用方法。

（1）在顶视图中创建两个椭圆和一条闭合的弧形曲线，作为汤匙匙柄和匙勺的截面图形，如图 5-97 所示。

（2）在顶视图中创建一条直线，作为汤匙的放样路径，如图 5-98 所示。

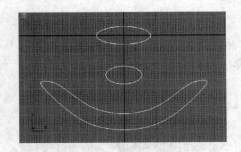

图 5-97 创建匙柄和匙勺的截面曲线

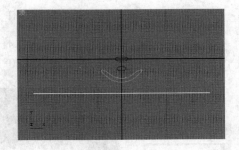

图 5-98 创建汤匙的放样路径

（3）选中汤匙的放样路径，然后单击"几何体"创建面板"复合对象"分类中的"放样"按钮，在打开的"创建方法"卷展栏中单击"获取图形"按钮，再单击较大的椭圆，进行第一次放样，如图 5-99 所示。

 提示

在获取路径曲线或截面图形时，选中"移动"单选钮，系统将删除原来的曲线；选中"实例"单选钮，系统将保留原来的曲线，且原曲线与放样对象中的曲线具有实例关系；选中"复制"单选钮，系统仍保留原来的曲线，但原曲线与放样对象中的曲线无关联关系。

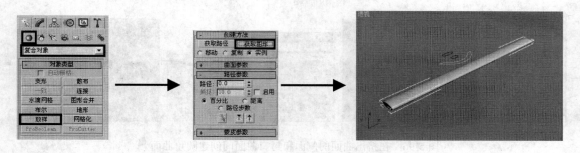

图 5-99　进行第一次放样

（4）设置"路径参数"卷展栏中"路径"编辑框的值为 60，然后再次单击"获取图形"按钮并拾取较小的椭圆，作为放样路径 60%处的截面图形，效果如图 5-100 右图所示。

（5）设置"路径"编辑框的值为 80，然后拾取闭合的弧形曲线，作为放样路径 80%处的截面图形，效果如图 5-101 所示。

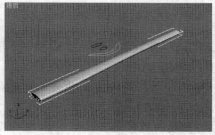
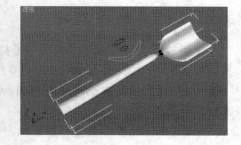

图 5-100　进行第二次放样　　　　　　　　　　　图 5-101　第三次放样的效果

（6）如图 5-102 所示，设置放样对象的修改对象为"图形"，然后选中放样对象中的闭合弧形曲线，将其绕 Z 轴旋转 180°，取消匙柄和匙勺间的扭曲变形。

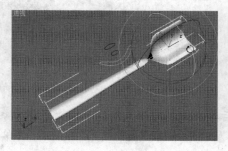
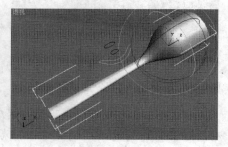

图 5-102　取消匙柄和匙勺间的扭曲变形

（7）在顶视图和前视图中分别创建图 5-103 左图和右图所示的闭合曲线，作为对汤匙进行拟合变形时 X 轴和 Y 轴的变形曲线。

（8）如图 5-104 所示，单击"变形"卷展栏中的"拟合"按钮，打开"拟合变形"对话框，然后单击对话框工具栏中的"均衡"按钮 🔒，取消其选中状态（此时可以为 X 轴和 Y 轴指定不同的变形曲线）；再使用工具栏中的"获取图形"按钮 🔊，拾取 X 轴的变形曲线。

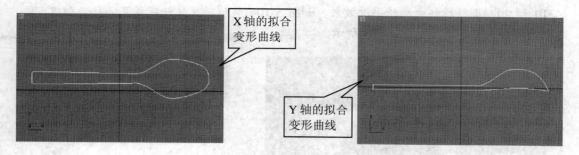

图 5-103　创建 X 轴和 Y 轴的拟合变形曲线

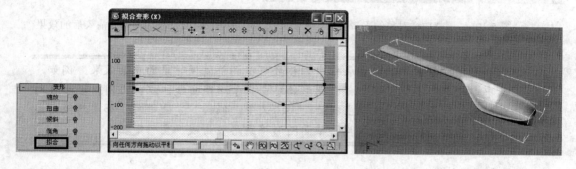

图 5-104　指定 X 轴的拟合变形曲线

（9）如图 5-105 所示，单击"拟合变形"对话框工具栏中的"显示 Y 轴"按钮，显示 Y 轴的拟合变形曲线，然后使用"获取图形"按钮 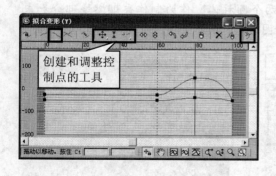，拾取 Y 轴的变形曲线。

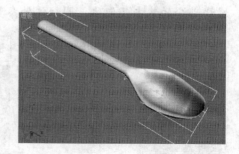

图 5-105　指定 Y 轴的拟合变形曲线

提示　如果变形效果不理想，可使用"拟合变形"对话框工具栏中的工具调整变形曲线，以调整变形效果。另外，利用"变形"卷展栏中的"缩放"、"扭曲"、"倾斜"和"倒角"按钮可以对放样对象进行缩放、扭曲、倾斜和倒角变形，用法与拟合变形类似，在此不做介绍。

（10）打开"蒙皮参数"卷展栏，设置"图形步数"和"路径步数"编辑框的值分别为 10 和 20，调整放样对象的平滑效果，如图 5-106 所示。至此就完成了汤匙的创建，添加材质并渲染后的效果如图 5-107 所示。

图 5-106　调整放样对象的平滑效果　　　　图 5-107　添加材质并渲染后的效果

 　　　　利用"蒙皮参数"卷展栏中的参数可以调整放样对象的表面效果。例如，选中"轮廓"编辑框时，截面图形始终垂直于路径曲线，以防止因路径曲线与截面图形间角度的变化产生扭曲变形；选中"倾斜"复选框时，如果路径曲线为三维图形，从始端到末端，截面图形将绕路径曲线产生一定扭曲。

5.3.2　使用连接工具

使用连接工具可以在两个对象对应的删除面之间创建曲面，将二者连接起来。下面以使用连接工具创建香烟模型为例，介绍一下连接工具的使用方法。

（1）使用"圆柱体"工具在前视图中创建两个圆柱体，作为制作香烟燃烧部分和未燃烧部分的基本几何体，圆柱体的参数和效果如图 5-108 所示。

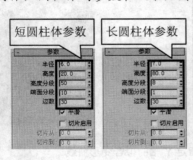
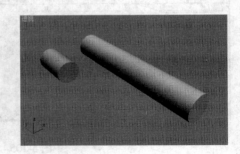

图 5-108　创建两个圆柱体

（2）通过对象的右键快捷菜单将两个圆柱体转换为可编辑多边形，然后设置修改对象为"多边形"，并删除两个圆柱体的某一端面，效果如图 5-109 所示。

（3）选中短圆柱体，为其添加"噪波"修改器，进行澡波处理，制作香烟燃烧过的部分，修改器的参数和修改效果如图 5-110 所示。

（4）调整两个圆柱体的角度和位置，使删除端面的两端相对应，如图 5-111 所示。

（5）选中长圆柱体，然后单击"几何体"创建面板"复合对象"分类中的"连接"按钮，并单击"拾取操作对象"卷展栏中的"拾取操作对象"按钮，再单击短圆柱体，将长圆柱体和短圆柱体连接起来，如图 5-112 所示。

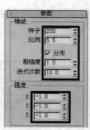

图 5-109　删除圆柱体某一端面　　　　　　　　图 5-110　对短圆柱体进行噪波处理

图 5-111　调整圆柱体的角度和位置　　　　　图 5-112　将两个圆柱体连接起来

（6）在"参数"卷展栏中参照图 5-113 左图所示，调整连接面的参数，完成香烟模型的创建，效果如图 5-113 右图所示。添加材质并渲染后的效果如图 5-114 所示。

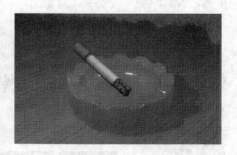

图 5-113　调整连接面的参数　　　　　　图 5-114　添加材质并渲染后的效果

提示

利用"参数"卷展栏中"插值"和"平滑"区中的参数可以调整连接面的效果，例如，"分段"编辑框用于调整连接面的分段数，"张力"编辑框用于调整连接面的凹凸效果，"桥"复选框用于控制是否对连接面进行平滑处理，"末端"编辑框用于控制是否对连接面与三维对象的连接处进行平滑处理。

5.3.3 使用布尔工具

使用布尔工具可以对两个独立的三维对象进行布尔运算，产生新的三维对象。下面以使用布尔工具创建螺丝钉模型为例，介绍一下布尔工具的使用方法。

（1）使用"切角圆柱体"工具在顶视图中创建两个切角圆柱体，作为创建螺丝钉的基本几何体，切角圆柱体的参数和效果如图 5-115 所示。

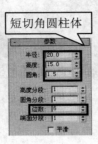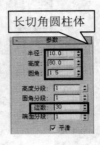

图 5-115 创建两个切角圆柱体

（2）使用"多边形"和"螺旋线"工具在顶视图中创建一个三角形和一条螺旋线，作为螺纹的截面图形和路径曲线，三角形、螺旋线的参数和效果如图 5-116 所示。

图 5-116 创建一个三角形和一条螺旋线

（3）参照前述操作，使用"几何体"创建面板"复合对象"分类中的"放样"工具对螺旋线和三角形进行放样处理，创建螺纹，如图 5-117 所示。

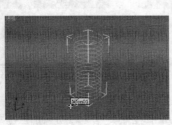

图 5-117 使用放样工具创建螺纹

（4）调整切角圆柱体和螺纹的位置，效果如图 5-118 左图所示；选中长切角圆柱体，然后单击"几何体"创建面板"复合对象"分类中的"布尔"按钮，在打开的"参数"卷展栏中设置布尔运算的类型为"差集（A－B）"；再单击"拾取布尔"卷展栏中的"拾取操作对象 B"按钮，拾取螺纹作为布尔运算的 B 对象，完成布尔运算，效果如图 5-118 右图所示。

图 5-118　使用布尔工具在切角圆柱体中制作螺纹

（5）参照"步骤 4"所述操作，对两个切角圆柱体进行并集布尔运算，完成螺丝钉模型的创建，效果如图 5-119 左图所示。添加材质并渲染后的效果如图 5-119 右图所示。

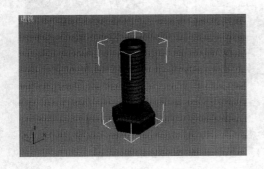

图 5-119　螺丝钉模型及添加材质渲染后的效果

5.3.4　使用图形合并工具

使用"图形合并"工具可以将二维图形沿自身法线方向投影到三维对象的表面，并产生相加或相减的效果，常用于制作模型表面的花纹。下面以使用图形合并工具创建印章的印纹为例，介绍一下图形合并工具的使用方法。

（1）打开本书提供的素材文件"印章模型.max"，在场景中已经创建了印章、印纹和一个平面，印纹的效果如图 5-120 左图所示，印章和印台的效果如图 5-120 右图所示。

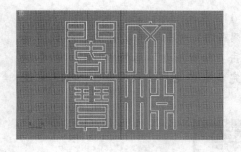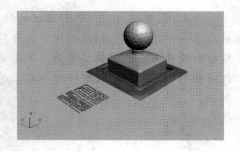

图 5-120　场景效果

（2）调整印章的位置，使印章处于印纹的正上方，如图 5-121 左图所示；选中印章的主体，然后单击"几何体"创建面板"复合对象"分类中的"图形合并"按钮，在打开的"拾取图形"卷展栏中单击"拾取图形"按钮，并拾取印纹图形，完成图形的合并，此时印章主体底面的纹理效果如图 5-121 右图所示。

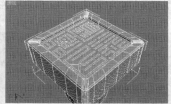

图 5-121　将印纹投影到印章主体的底面

（3）将印章主体转化为可编辑网格，并设置修改对象为"多边形"，然后选中图 5-122 中图所示多边形，并进行挤出处理（挤出高度为 1），效果如图 5-122 右图所示。

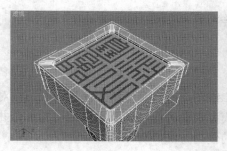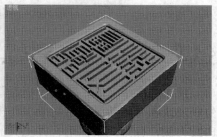

图 5-122　将印纹图形内的多边形挤出 1 个单位

（4）选中印章主体中图 5-123 左图所示的多边形子对象，然后单击"编辑几何体"卷展栏中的"分离"按钮，通过打开的"分离"对话框将选中多边形复制并分离出来，效果如图 5-123 右图所示。

图 5-123　将印章的印纹面复制并分离出来

（5）翻转分离多边形的法线方向，并调整其位置，作为印章的使用效果，如图 5-124 左图所示。至此就完成了场景的创建，添加材质并渲染后的效果如图 5-124 右图所示。

图 5-124　调整后的场景及添加材质并渲染后的效果

> **提示**
> 　　在进行图形合并时，利用"参数"卷展栏"操作"区中的参数可以设置图形合并的方式，选中"合并"单选钮时，只将二维图形投影到曲面中；选中"饼切"单选钮时，系统将自动删除投影曲线所在曲面中二维图形内或二维图形外的部分（下方的"反转"复选框用于反转被切除的部分）。

课后总结

　　本章主要介绍了 3ds Max 9 提供的曲面建模、NURBS 建模和复合建模等高级建模方法。学习曲面建模的关键是，了解如何将基本模型转换为可编辑多边形、可编辑网格或可编辑面片，知道各子对象的意义，并熟练掌握其编辑方法。

　　学习 NURBS 建模时，一是要掌握创建 NURBS 曲线和曲面的创建方法，二是要掌握 NURBS 对象的编辑方法。对于复合建模来说，关键要掌握放样工具、连接工具、布尔工具和图形合并工具的使用方法。

思考与练习

一、填空题

　　1. 可编辑多边形有_____、_____、_____、_____和_____5 种子对象。

其中，＿＿＿＿＿＿是由三条或多条首尾相连的边构成的最小单位的曲面；＿＿＿＿＿＿是指独立非闭合曲面的边缘或删除多边形产生的孔洞边缘。

2. 利用可编辑多边形"编辑顶点"卷展栏中的＿＿＿＿＿＿和＿＿＿＿＿＿按钮可以将选中的顶点焊接起来。其中，＿＿＿＿＿＿是将焊接阈值内的选中顶点焊接为一个，右侧的"设置"按钮□用于设置＿＿＿＿＿＿；＿＿＿＿＿＿是将选中顶点焊接到指定顶点上，不受焊接阈值影响。

3. 面片建模是介于＿＿＿＿＿＿＿＿＿和＿＿＿＿＿＿＿＿＿之间的一种建模方法。

4. 在 NURBS 建模中，U 向放样可以看做是以曲线＿＿＿＿＿＿的连线作为挤出路径、以当前曲线的形状作为该位置的＿＿＿＿＿＿，在各曲线之间进行＿＿＿＿＿＿处理，创建 NURBS 曲面。

5. 使用＿＿＿＿＿＿＿复合工具可以将二维图形沿自身法线方向投影到三维对象表面；使用＿＿＿＿＿＿复合工具可以在两个网格对象对应的删除面间创建曲面，将两个网格对象连接起来；使用＿＿＿＿＿＿＿复合工具可以对两个独立的三维对象进行布尔运算。

二、问答题

1. 三维对象转化为可编辑多边形的方法有哪几种？
2. 多边形的挤出处理有哪三种类型？各种挤出类型有何特点？
3. 如何对可编辑面片的边子对象进行延展处理？
4. NURBS 曲线分为哪两类？这两类曲线有何不同之处？
5. 如何设置布尔运算的类型？布尔的切割运算又有哪几种类型？

三、操作题

利用本章所学知识创建图 5-125 所示车轮模型。

提示 首先使用放样工具对曲线进行放样处理，创建轮胎和钢圈，如图 5-126 左图和中图所示；然后将钢圈中空部分的截面图形投影到钢圈中，并进行多边形建模，创建钢圈的中空部分，如图 5-126 右图所示；最后，调整二者的位置即可创建车轮模型。

图 5-125　车轮模型效果

图 5-126　车轮的创建过程

第6章 材质和贴图

本章将为读者介绍 3ds Max 9 中材质和贴图方面的知识。材质就是制作模型时使用的材料，主要用来模拟模型的各种物理特性，像颜色、反射/折射情况、透明度等；贴图就是指定到材质中的图像，主要用来模拟模型表面的纹理效果。

本章要点

6.1 使用材质编辑器

材质编辑器是创建、编辑、分配和保存材质的工作区，本节将为大家系统地介绍一下材质编辑器的构成，以及如何在材质编辑器中获取、保存和分配材质。

6.1.1 认识材质编辑器

单击工具栏中的"材质编辑器"按钮 ▓▓（或按【M】键），即可打开 3ds Max 9 的"材质编辑器"，图 6-1 所示为材质编辑器的工作界面，各组成部分的作用如下。

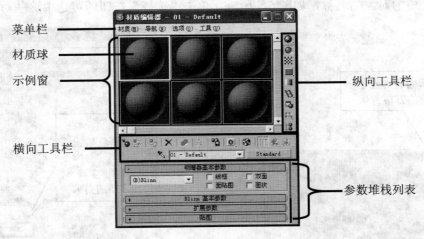

图 6-1 材质编辑器的工作界面

- 📖 **菜单栏**：利用菜单栏中的菜单项可以获取材质、调整材质编辑器的显示方式等，与材质编辑器横向工具栏和纵向工具栏的功能基本相同。
- 📖 **示例窗**：又称为"样本槽"，主要用来选择材质和预览材质的调整效果，图 6-2 右图所示为调整材质的漫反射颜色并分配给模型后示例窗的状态。

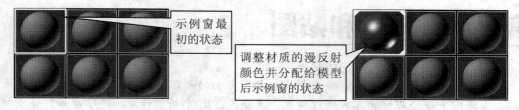

图 6-2　编辑材质并分配给模型后示例窗的变化

📖　**工具栏**：材质编辑器中有纵向和横向两个工具栏，主要用来控制示例窗的外观、获取、分配、保存材质等。下面介绍几个比较常用的工具，具体如下。

■　**背光**🔘：控制示例窗背光灯的打开或关闭，主要用于查看金属及各种光滑材质背面的反射高光效果，如图 6-3 所示。系统默认打开背光灯。

图 6-3　开启和关闭背光灯时材质球的效果

■　**背景**▦：选中时在示例窗中将显示彩色方格背景，如图 6-4 所示。主要用于观察玻璃、液体、塑料等透明或半透明材质的效果。

■　**按材质选择**▦：单击此按钮会打开"选择对象"对话框，并自动选中使用当前材质的对象的名称，如图 6-5 所示。单击"选择"按钮即可选中这些对象。

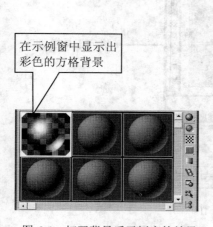

图 6-4　打开背景后示例窗的效果

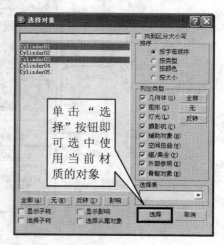

图 6-5　"选择对象"对话框

■　**材质/贴图导航器**▦：单击此按钮将打开"材质/贴图导航器"对话框，如图 6-6 所示，该对话框列出了当前材质的子材质树和使用的贴图，单击子材质或贴图，在材质编辑器的参数堆栈列表中就会显示出该子材质或贴图的参数。

■ **将材质指定给选定对象** ：将当前示例窗中的材质分配给选中的对象或子对象。
■ **重置贴图/材质为默认设置**：将当前材质或贴图的参数恢复为系统默认。

> **提示**　若材质或贴图已分配给场景中的对象，重置时将弹出图 6-7 所示"重置材质/贴图参数"对话框。如选中"影响场景和编辑器示例窗中的材质/贴图"单选钮，则场景中使用此材质的对象也受影响；如选中"仅影响编辑器示例窗中的材质/贴图"单选钮，表示只将示例窗中材质的参数恢复为系统默认。

■ **放入库**：单击此按钮将打开图 6-8 所示"入库"对话框，设置好材质名称后单击"确定"按钮，即可将当前材质添加到场景使用的材质库中。

图 6-6　材质/贴图导航器　　　图 6-7　"重置材质/贴图参数"对话框　　　图 6-8　"入库"对话框

■ **在视口中显示贴图**：控制是否在视口中显示模型贴图效果。
■ **转到父对象**：当材质属于复合材质且未处于顶级时（此按钮不可用时材质处于顶级），单击此按钮可将材质向上移动一个层级。单击"转到下一个同级项"按钮可将当前子材质切换为同一层级的另一子材质。
■ **从对象拾取材质**：选中此按钮，然后单击场景中的对象，即可获取该对象使用的材质，并加载到当前示例窗中。
■ **材质名** `01 - Default`：该下拉列表框主要用于显示和更改材质的名称。
■ **材质类型按钮** `Standard`：单击此按钮将打开"材质/贴图浏览器"对话框，通过此对话框可以更改材质的类型或获取材质。
□ **参数堆栈列表**：该区中列出了当前材质或贴图的参数，调整这些参数可调整材质或贴图的效果。

6.1.2　如何获取并重命名材质

获取材质就是为当前示例窗中的材质指定一种新的类型或指定一种创建好的材质，下面看一下具体操作。

（1）如图 6-9 左图所示，单击材质编辑器横向工具栏中的"Standard"按钮（或"获取材质"按钮），打开"材质/贴图浏览器"对话框。
（2）在"材质/贴图浏览器"对话框中的"浏览自"区中设置材质的来源，然后双击右侧材质列表中的材质名，即可获取该材质，如图 6-9 右图所示。

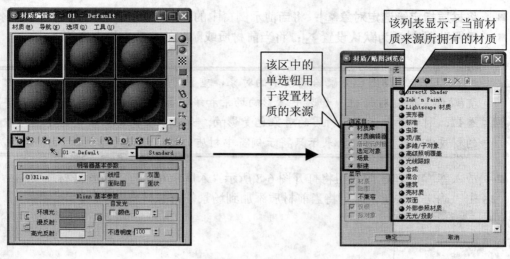

图 6-9　获取材质

提示

　　选中"材质/贴图浏览器"对话框中"浏览自"区中的"材质库"单选钮，可以获取材质库中保存的材质；选中"场景"单选钮，可以获取场景中对象所使用的材质；选中"新建"单选钮，可以更改材质的类型。另外，使用材质编辑器工具栏中的"从对象拾取材质"按钮，可以获取场景中指定对象所使用的材质。

　　更改材质名称的操作非常简单，获取材质后，在材质编辑器横向工具栏的"材质名"下拉列表框中重新输入一个材质名即可。

6.1.3　如何保存材质

　　有时需要将编辑好的材质保存起来，以方便在其他场景中调用，下面介绍一下保存材质的操作，具体如下。

　　（1）如图 6-10 所示，选中要保存的材质，单击材质编辑器横向工具栏的"放入库"按钮，在打开的"入库"对话框中单击"确定"按钮，将材质添加到材质库中。

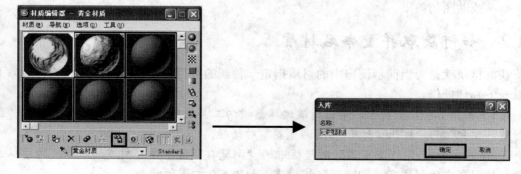

图 6-10　将材质添加到材质库中

（2）如图 6-11 所示，单击材质编辑器工具栏中的"获取材质"按钮 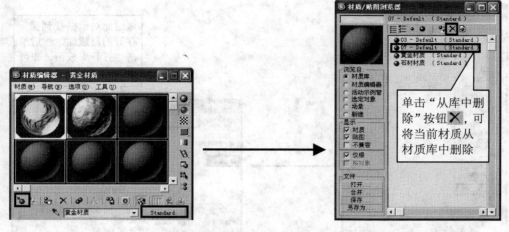 打开"材质/贴图浏览器"对话框，然后单击"浏览自"区中的"材质库"单选钮，打开场景的材质库。

单击"从库中删除"按钮 ✕，可将当前材质从材质库中删除

图 6-11　打开场景使用的材质库

（3）如图 6-12 所示，单击"材质/贴图浏览器"对话框中"文件"区中的"另存为"按钮，打开"保存材质库"对话框，设置材质库保存的位置和名称，再单击"保存"按钮，就完成了场景材质库的保存。

设置材质库保存的位置

设置材质库保存的名称

图 6-12　保存材质库

提示　　保存材质时，选中"浏览自"区中的"材质编辑器"单选钮，可以将材质编辑器中的所有材质以材质库的形式保存起来；选中"选定对象"单选钮，可以将选中对象使用的材质以材质库的形式保存起来；选中"场景"单选钮，可以将当前场景使用的所有材质以材质库的形式保存起来。

要想调用保存的材质库，只需单击"材质/贴图浏览器"对话框中"浏览自"区中的"材

质库"单选钮，然后单击"文件"区中的"打开"按钮，通过打开的"打开材质库"对话框找到保存的材质库，并单击"打开"按钮即可，如图6-13所示。

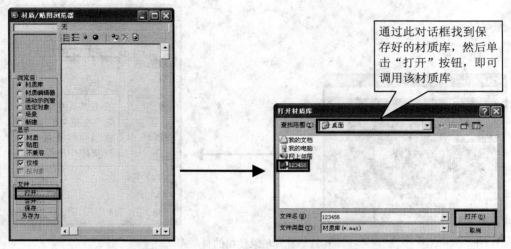

图 6-13　调用保存好的材质库

6.1.4　如何分配材质

将材质分配给场景中的对象或子对象的方法有多种，最常用的方法是选中场景中的对象或子对象，然后单击"材质编辑器"横向工具栏中的"将材质指定给选定对象"按钮 ，将材质分配给选中的对象或子对象。

另外，用鼠标直接拖动样本槽中的材质到视图中的对象上也可实现材质的分配，但此方法不能将材质分配给模型的子对象。

　提示　材质分配给对象后，示例窗周围将出现白色三角框，如图 6-2 右图所示。此时的材质为"热"材质，修改参数时场景中的对象也受影响；单击材质编辑器工具栏中的"复制材质"按钮 可断开材质和对象间的关联关系，即使材质变"冷"。

6.2　常用的材质类型

3ds Max 9 为用户提供了多种类型的材质，不同的材质具有不同的用途，本节就为大家介绍几种比较常用的材质。

6.2.1　标准材质

标准材质是 3ds Max 9 中默认且使用最多的材质，它可以提供均匀的表面颜色效果，而且可以模拟发光和半透明等效果，常用来模拟玻璃、金属、陶瓷、毛发等材料。下面介绍一下标准材质中常用的参数。

📖 **"明暗器基本参数"卷展栏**：如图 6-14 所示，
该卷展栏中的参数用于设置材质的明暗器和
渲染方式。图 6-15 所示为各明暗器的高光效
果，图 6-16 所示为各渲染方式的渲染效果。

图 6-14 "明暗器基本参数"卷展栏

  各向异性明暗器   Blinn 明暗器   金属明暗器   多层明暗器

  Oren-Nayar-Blinn   Phong 明暗器   Strauss 明暗器   半透明明暗器

图 6-15 各明暗器的高光效果

  "线框"渲染方式   "双面"渲染方式   "面贴图"渲染方式   "面"渲染方式

图 6-16 不同渲染方式下茶壶的渲染效果

📖 **"基本参数"卷展栏**：该卷展栏中的参数用于设置材质中各种光线的颜色和强度，
不同的明暗器具有不同的参数，如图 6-17 所示。

提示

  在"基本参数"卷展栏中，"环境光"、"漫反射"和"高光反射"颜色框
用于设置物体表面阴影区、漫反射区和高光反射区的颜色（图 6-18 所示为各颜
色对应的物体中的区域）；"自发光"区中的参数用于设置材质的自发光颜色和
强度；"反射高光"区中的参数用于设置高光反射区的亮度和范围，"不透明度"
编辑框用于设置材质的透明效果；"金属度"编辑框用于设置材质的金属效果。

📖 **"扩展参数"卷展栏。**如图 6-19 所示，该卷展栏中的参数用于设置材质的高级透

明效果，渲染时对象中网格线框的大小，以及物体阴影区反射贴图的暗淡效果。

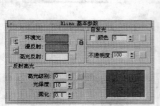
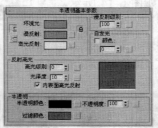
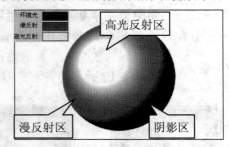

图 6-17　Blinn 明暗器和半透明明暗器的"基本参数"卷展栏　图 6-18　各灯光颜色对应的物体中的区域

提示　在"扩展参数"卷展栏中，"衰减"区中的参数用于设置材质的不透明衰减方式和衰减结束位置材质的透明度，图 6-20 所示为不同衰减方式材质的效果；"类型"区中的参数用于设置材质的透明过滤方式和折射率，图 6-21 所示为不同透明过滤方式材质的效果；"反射暗淡"区中的参数用于设置物体各区域反射贴图的强度（"暗淡级别"和"反射级别"分别用于设置物体阴影区和非阴影区反射贴图的强度，图 6-22 所示为调整"暗淡级别"时阴影区反射贴图的效果）。

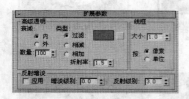

图 6-19　"扩展参数"卷展栏　　　　图 6-20　不同衰减方向材质的透明效果

图 6-21　不同透明过滤方式材质的效果

图 6-22　调整暗淡级别时阴影区反射贴图的效果

📖 **"贴图"卷展栏**：该卷展栏为用户提供了多个贴图通道，利用这些贴图通道可以为材质添加贴图，如图 6-23 所示。添加贴图后，系统将根据贴图图像的颜色和贴图通道的数量，调整材质中贴图通道对应参数的效果。

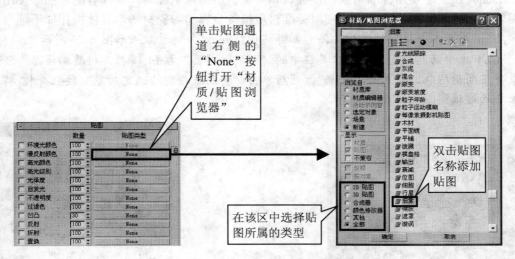

图 6-23 为贴图通道添加贴图

在"贴图"卷展栏中，不同的贴图通道具有不同的用途。

为"环境光颜色"、"漫反射颜色"和"高光颜色"通道指定贴图可以模拟物体相应区域的纹理。

为"高光级别"、"自发光"和"不透明度"通道指定贴图可以分别控制高光反射区各位置的高光级别、物体各部分的自发光强度和不透明度（贴图图像的白色区域高光强度、自发光强度和不透明度最大，黑色区域三者均为 0）。

提示

为"光泽度"通道指定贴图可以控制物体中高光出现的位置（贴图图像的白色区域无高光，黑色区域显示最强高光）。

图 6-24 "过滤色"贴图的效果

为"过滤色"通道指定贴图可以控制透明物体各部分的过滤色，常为该通道指定贴图来模拟彩色雕花玻璃的过滤色，如图 6-24 所示。

为"凹凸"通道指定贴图可以控制物体表面各部分的凹凸程度，产生类似于浮雕的效果，如图 6-25 所示。

图 6-25 "凹凸"贴图的效果

为"反射"和"折射"通道指定贴图分别可以模拟物体表面的反射效果和透明物体的折射效果。

课堂练习——创建金属和陶瓷材质

下面介绍一个使用标准材质创建金属和陶瓷材质的课堂练习，使读者能够熟练使用材质编辑器创建编辑材质，并学会使用标准材质模拟金属和陶瓷材质，具体操作如下。

（1）打开本书提供的素材文件"咖啡杯模型.max"，场景效果如图 6-26 所示。

（2）选中汤匙模型，单击工具栏中的"材质编辑器"按钮 打开材质编辑器；任选一未使用的材质球，命名为"金属"，然后单击"将材质指定给选定对象"按钮 ，将其分配给汤匙模型，如图 6-27 所示。

图 6-26　场景效果

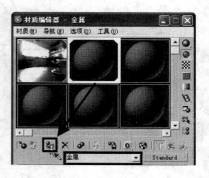

图 6-27　创建并分配金属材质

（3）如图 6-28 所示，打开"明暗器基本参数"卷展栏中的"明暗器类型"下拉列表，从中选择"金属"，设置材质使用的明暗器为金属明暗器。

（4）单击"金属基本参数"卷展栏中的"漫反射"颜色框，打开"颜色选择器：漫反射颜色"对话框，设置红绿蓝值均为 222；然后设置"高光级别"和"光泽度"编辑框的值分别为 75 和 60，如图 6-29 所示。

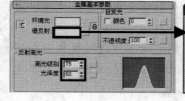

图 6-28　更改材质使用的明暗器

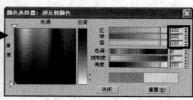

图 6-29　调整金属材质的基本参数

（5）如图 6-30 所示，打开金属材质的"贴图"卷展栏，并设置反射贴图通道中"数量"编辑框的值为 50；然后单击右侧的"None"按钮，在打开的"材质/贴图浏览器"对话框中双击"位图"项，为反射贴图通道添加位图贴图（贴图图像为配套素材"实例" > "第 6 章"中的"不锈钢.jpeg"图片），完成金属材质的编辑调整。

（6）参照前述操作，任选一未使用的材质球分配给咖啡杯和杯座，命名为"陶瓷"，创建陶瓷材质；然后设置材质使用的明暗器为"多层"明暗器，并设置"多层基本参数"卷展栏中"漫反射"、"第一高光反射"和"第二高光反射"颜色框的颜色为纯白色（红绿蓝值均为 255），再参照图 6-31 所示调整"多层基本参数"卷展栏中其他参数的值。

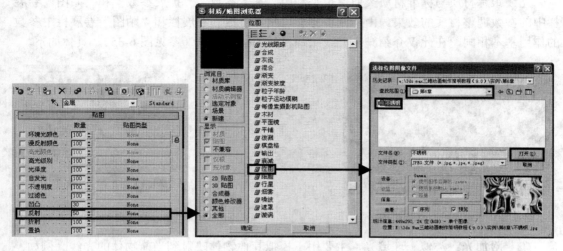

图 6-30 为金属材质的反射贴图通道添加"位图"贴图

（7）如图 6-32 所示，打开材质的"贴图"卷展栏，设置反射贴图通道中"数量"编辑框的值为 20；然后单击右侧的"None"按钮，在打开的"材质/贴图浏览器"对话框中双击"光线跟踪"项，为反射贴图通道添加光线跟踪贴图，完成陶瓷材质的编辑调整。

（8）激活透视视图，然后单击工具栏中的"快速渲染"按钮  （或按【F9】键），即可观察到汤匙和咖啡杯快速渲染的效果，如图 6-33 所示。

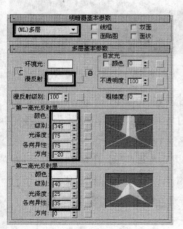

图 6-31 陶瓷材质的基本参数　　图 6-32 为陶瓷材质添加贴图　　图 6-33 添加材质后的渲染效果

6.2.2 光线跟踪材质

光线跟踪材质是一种比标准材质更高级的材质，它具有标准材质的特性，还可以创建真实的反射、折射、半透明和荧光等效果，常用来模拟玻璃、液体和金属等材质效果，图

6-34 所示为使用光线跟踪材质模拟的玻璃和金属材质的效果。

光线跟踪材质与标准材质类似，也是利用"基本参数"、"扩展参数"和"贴图"卷展栏中的参数调整材质的效果。由于两种材质"基本参数"卷展栏和"贴图"卷展栏中参数的作用基本相同，在此仅介绍一下光线跟踪材质的扩展参数（参见图 6-35），具体如下。

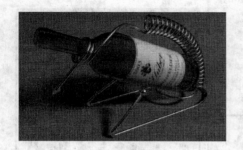

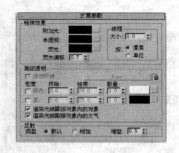

图 6-34　光线跟踪材质的渲染效果　　　　　　　　　图 6-35　"扩展参数"卷展栏

- 📖 **附加光：** 类似于环境光，主要用于模拟其他物体映射到当前物体的光线。例如，可使用该功能模拟强光下白色塑料球表面映射旁边墙壁颜色的效果。
- 📖 **半透明：** 设置材质的半透明颜色，常用来制作薄物体的透明色或模拟透明物体内部的雾状效果，图 6-36 所示为使用该功能制作的蜡烛。
- 📖 **荧光：** 设置物体的荧光颜色，下方的"荧光偏移"编辑框用于控制荧光的亮度，1.0 表示最亮，0.0 表示无荧光效果。

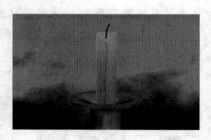

 提示　　　为光线跟踪材质设置荧光效果后，无论场景中灯光是什么颜色，分配该材质的对象只能发出类似黑色灯光下荧光的颜色。

图 6-36　"半透明"效果

- 📖 **透明环境：** 类似于环境贴图，使用该参数时，透明对象的阴影区将显示出该参数指定的贴图图像，同时透明对象仍然可以反射场景的环境或"基本参数"卷展栏指定的"环境"贴图（右侧的"锁定"按钮🔒用于控制该参数是否可用）。
- 📖 **密度：** 该参数区中，"颜色"多用来创建彩色玻璃效果，"雾"多用来创建透明对象内部的雾效果，如图 6-37 和 6-38 所示（"开始"和"结束"编辑框用于控制颜色和雾的开始、结束位置，"数量"编辑框用于控制颜色的深度和雾的浓度）。

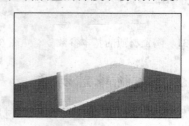

图 6-37　使用颜色密度模拟彩色玻璃效果　　　　　　图 6-38　使用雾密度模拟玻璃内的雾效果

📖 **反射**：该区中的参数用于设置具有反射特性的材质中漫反射区显示的颜色。选中"默认"单选钮时，显示的是反射颜色；选中"相加"单选钮时，显示的是漫反射颜色和反射颜色相加后的新颜色；"增益"编辑框用于控制反射颜色的亮度。

课堂练习——创建酒杯和酒材质

下面介绍一个使用光线跟踪材质创建酒杯和红酒材质的课堂练习，使读者学会使用光线跟踪材质模拟玻璃和液体，具体操作如下。

（1）打开本书提供的素材文件"酒杯模型.max"，场景效果如图 6-39 所示。

（2）参照前述操作，打开材质编辑器，任选一个未使用的材质球分配给酒杯模型，并命名为"酒杯"；然后单击"Standard"按钮，在打开的"材质/贴图浏览器"对话框中双击"光线跟踪"项，将材质改为光线跟踪材质，如图 6-40 所示。

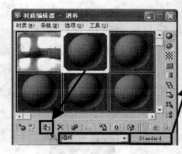

图 6-39　场景效果 　　　　　　　　　　 图 6-40　创建酒杯材质并更改材质的类型

（3）参照图 6-41 所示，在"光线跟踪基本参数"卷展栏中调整材质的漫反射颜色、反光度、透明度、折射率、高光级别和光泽度，完成酒杯材质的创建。

（4）参照前述操作，任选一个未使用的材质球分配给红酒模型，命名为"红酒"，并更改材质为光线跟踪材质，然后参照图 6-42 所示调整材质的基本参数。

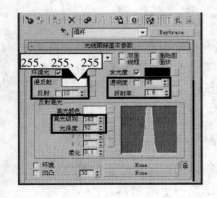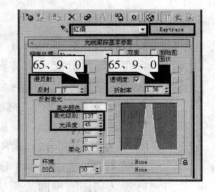

图 6-41　调整酒杯材质的基本参数 　　　　　 图 6-42　调整红酒材质的基本参数

（5）打开红酒材质的"扩展参数"卷展栏，设置"半透明"颜色框的红绿蓝值为（65，9，0），完成红酒材质的创建，如图 6-43 所示。按【F9】键进行快速渲染，即可查看分配材质后酒杯和红酒的效果，如图 6-44 所示。

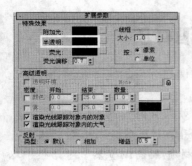

图 6-43　设置材质的半透明颜色

图 6-44　快速渲染效果

6.2.3　复合材质

标准材质和光线跟踪材质只能体现出物体表面单一材质的效果和光学性质，但真实场景中色彩要更复杂，仅使用单一的材质很难模拟出物体的真实效果。因此，3ds Max 9 为用户提供了另一类型的材质——复合材质。3ds Max 9 中常用的复合材质主要有：

📖 **双面材质：** 如图 6-45 所示，该材质包含两个子材质，"正面材质"分配给物体的外表面，"背面材质"分配给物体的内表面。

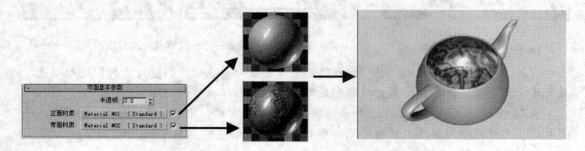

图 6-45　双面材质的参数和使用后的效果

📖 **混合材质：** 如图 6-46 所示，该材质是根据混合量（或混合曲线）将两个子材质混合在一起后分配到物体表面（也可以指定一个遮罩贴图，此时系统将根据贴图的灰度决定两个材质的混合程度，如图 6-46 右图所示）。

📖 **多维/子对象材质：** 该材质多用于为可编辑多边形、可编辑网格、可编辑面片等对象的表面分配材质，分配时，材质 ID 为 N 的子材质只能分配给对象表面中材质 ID 号为 N 的部分，如图 6-47 所示。

📖 **顶/底材质：** 如图 6-48 所示，使用此材质可以为物体的顶面和底面分配不同的子材质（物体的顶面是指法线向上的面。底面是指法线向下的面）。

📖 **无光/投影材质：** 该材质主要用于模拟不可见对象，将材质分配给对象后，渲染时对象在场景中不可见，但能在其他对象上看到其投影。

图 6-46　混合材质的参数和使用后的效果

图 6-47　多维/子对象材质的参数和使用后的效果

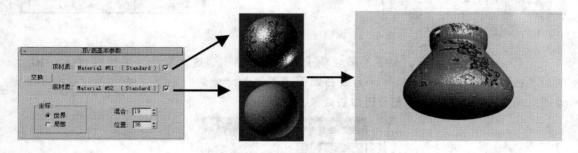

图 6-48　顶/底材质的参数和使用后的效果

课堂练习——创建磨砂雕花玻璃材质

下面介绍一个使用混合材质创建磨砂雕花玻璃的课堂练习，使读者能够熟练使用混合材质，并学会创建普通玻璃和磨砂玻璃材质，具体操作如下。

（1）打开本书提供的素材文件"茶几.max"，场景效果如图 6-49 所示。

（2）打开材质编辑器，任选一未使用的材质球分配给茶几的几面，并命名为"磨砂雕花玻璃"；再单击"Standard"按钮，更改材质为混合材质，如图 6-50 所示。

（3）如图 6-51 所示，单击"混合基本参数"卷展栏中"材质 1"的材质按钮，打开其参数面板，并命名为"磨砂玻璃"，然后设置材质的漫反射颜色为（121，173，174），不透明度、高光级别和光泽度分别为 60、164 和 85。

图 6-49　场景的效果

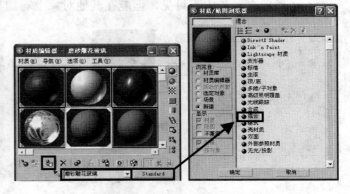

图 6-50　创建磨砂雕花玻璃并更改材质类型

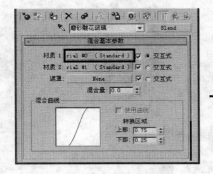

图 6-51　调整材质 1 子材质的基本参数

（4）如图 6-52 所示，设置磨砂玻璃子材质凹凸贴图通道"数量"编辑框的值为 10；然后单击右侧的"None"按钮，为凹凸贴图通道添加"噪波"贴图（贴图参数如图 6-52右图所示），模拟磨砂玻璃表面的凹凸效果。

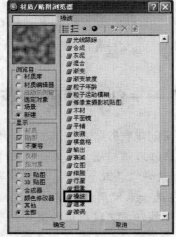

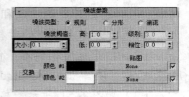

图 6-52　为磨砂玻璃子材质的凹凸贴图通道添加噪波贴图

（5）单击材质编辑器工具栏中的"转到父对象"按钮，返回磨砂玻璃子材质的参数面板，然后设置折射贴图通道的数量为 30，并单击右侧的"None"按钮，为折射贴图通道添加"薄壁折射"贴图，如图 6-53 左图所示，以模拟磨砂玻璃的折射和模糊效果（贴图参数如图 6-53 右图所示），至此就完成了磨砂玻璃子材质的调整。

（6）如图 6-54 所示，依次单击材质编辑器工具栏中的"转到父对象"按钮和"转到下一个同级项"按钮，打开材质 2 子材质的参数面板，并命名为"普通玻璃"；然后设置材质的不透明度、高光级别和光泽度分别为 10、164 和 85。

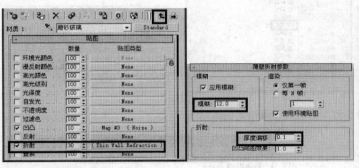

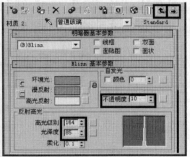

图 6-53　为折射贴图通道添加薄壁折射贴图　　　　图 6-54　调整普通玻璃的基本参数

（7）打开普通玻璃材质的"扩展参数"卷展栏，然后参照图 6-55 所示调整其扩展参数。

（8）设置材质反射和折射贴图通道的数量为 7 和 30，并分别添加"光线跟踪"和"薄壁折射"贴图（光线跟踪贴图的参数按照系统默认即可，薄壁折射贴图的参数如图 6-56 右图所示），模拟玻璃的反射和折射效果，至此就完成了普通玻璃的调整。

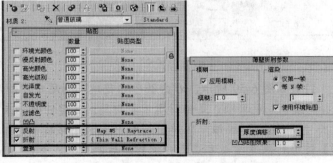

图 6-55　调整普通玻璃的扩展参数　　　　图 6-56　为凹凸和反射贴图通道添加贴图

（9）如图 6-57 所示，返回混合材质的参数面板，然后单击"遮罩"按钮，为混合材质指定一个"位图"贴图作为材质的遮罩（贴图图像为配套素材"实例"＞"第 6 章"中的"龙.jpg"图片，贴图参数如图 6-57 右图所示），至此就完成了磨砂雕花玻璃材质的创建。

（10）如图 6-58 所示，为茶几几面添加"UVW 贴图"修改器，然后单击"参数"卷展栏中"对齐"区中的"位图适配"按钮，通过打开的"选择图像"对话框，选中配套素材中的"龙.jpg"图片，根据图片调整修改器 Gizmo 线框的比例，以调整茶几几面的贴图坐标。

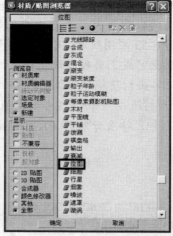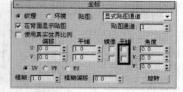

图 6-57　为材质遮罩指定位图贴图

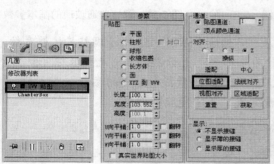

图 6-58　调整茶几几面的贴图坐标

（11）如图 6-59 所示，右击磨砂雕花玻璃材质中"材质 1"的材质按钮，从弹出菜单中选择"复制"菜单项，复制材质 1 子材质；然后任选一未使用的材质球分配给茶几几座，并右击"Standard"按钮，从弹出菜单中选择"粘贴（实例）"项，粘贴材质 1 子材质。按【F9】键进行快速渲染可查看分配材质后的效果，如图 6-60 所示。

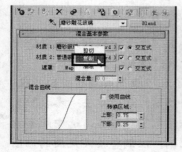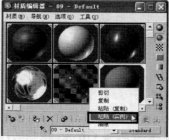

图 6-59　复制并粘贴材质 2 子材质　　　　　　　图 6-60　添加材质并渲染后的效果

6.3 贴图

简单地说贴图就是指定到材质中的图像,它主要用来模拟模型表面的物理特性,如纹理、凹凸效果、反射/折射程度等。使用好贴图可以使模型的视觉效果更真实,而且能减少模型的复杂程度,以减少建模时的操作。下面介绍一下贴图方面的知识。

6.3.1 如何添加贴图

为材质添加贴图的方法有两种:一种是单击材质编辑器"明暗器基本参数"卷展栏中漫反射、高光反射、自发光、透明度等参数右侧的空白按钮█（参见图 6-61 左图）,利用打开的"材质/贴图浏览器"对话框添加贴图;另一种是单击材质编辑器"贴图"卷展栏中贴图通道右侧的"None"按钮添加贴图（参见图 6-61 右图）,二者是等效的。

空白按钮变为"M"表示该通道已添加贴图

单击这些空白按钮,利用打开的"材质/贴图浏览器"即可为对应的贴图通道添加贴图

此卷展栏是添加贴图的主要操作窗口

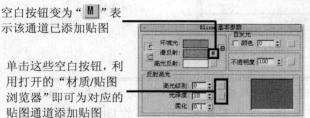

图 6-61 为材质添加贴图

6.3.2 贴图的类型

单击"明暗器基本参数"卷展栏各参数右侧的空白按钮█（或"贴图"卷展栏贴图通道右侧的"None"按钮）,可打开"材质/贴图浏览器"对话框（参见图 6-62）。在该对话框的"显示"区中列出了 3ds Max 9 中所有的贴图类型。不同类型的贴图具有不同的特点和用途,下面做一个简单的介绍。

- **2D 贴图**:该类型的贴图是二维图像,只能帖附于模型表面,没有深度,主要用于模拟物体表面的图案、商标,或作为场景背景的环境贴图。

- **3D 贴图**:三维贴图属于程序贴图,具有自己特定的贴图坐标,可以对物体的内部和外部同时进行贴图,主要用于三维空间贴图。

- **合成器**:合成器贴图又叫合成贴图,它能将多个不同类型的贴图按特殊方式混合在一起,类似于合成材质的效果。

- **颜色修改器**:颜色修改器贴图可以改变材质中像

单击这些按钮即可在贴图列表中显示出相应类型的贴图

图 6-62 材质/贴图浏览器

素的颜色，以产生新的效果。

📖 **其他：** 该贴图类型中包含薄壁折射、反射/折射、法线凹凸、光线跟踪、平面镜、每像素摄影机贴图等贴图方式，主要用于模拟物体的光学特性。

6.3.3 贴图的常用参数

在使用贴图时，必须对贴图的参数进行适当调整，才能符合实际需要，下面介绍一下各类贴图中一些通用且常用的参数。

📖 **"坐标"卷展栏：** 该卷展栏主要用来调整贴图的坐标、对齐方式、平铺次数等，图 6-63 所示为位图贴图的"坐标"卷展栏。

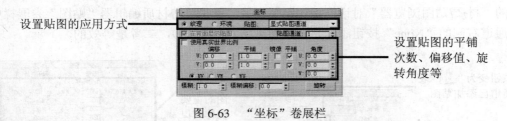

设置贴图的应用方式

设置贴图的平铺次数、偏移值、旋转角度等

图 6-63 "坐标"卷展栏

提示 除了利用"坐标"卷展栏中的参数调整贴图坐标外，为对象添加"UVW贴图"修改器，然后使用移动、旋转、缩放工具调整修改器的 Gizmo 线框，也可以调整贴图坐标，如图 6-64 所示。

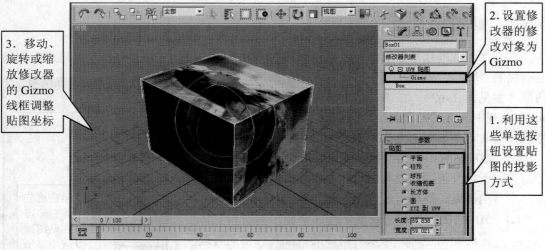

3. 移动、旋转或缩放修改器的 Gizmo 线框调整贴图坐标

2. 设置修改器的修改对象为 Gizmo

1. 利用这些单选按钮设置贴图的投影方式

图 6-64 利用"UVW贴图"修改器调整贴图坐标

📖 **"噪波"卷展栏：** 调整该卷展栏中的参数可以使贴图在像素上产生扭曲，从而使贴图图案更复杂，如图 6-65 所示。

📖 **"时间"卷展栏：** 该卷展栏中的参数用于控制动画贴图的开始时间、播放速度和结束条件等。

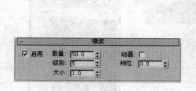  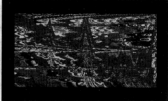

图 6-65　"噪波"卷展栏及调整参数前后贴图效果对比

6.3.4　二维贴图

二维贴图主要用于模拟对象外表面的纹理效果，3ds Max 9 中常用的二维贴图主要有位图贴图、旋涡贴图、平铺贴图和棋盘格贴图等，各贴图的用途如下。

　📖　**位图**：该贴图是最常用的二维贴图，它可以使用位图图像或 AVI、MOV 等格式的动画作为模型的表面贴图。

提示　　使用位图贴图时，利用"位图参数"卷展栏中的参数可以裁剪或缩放位图图像，如图 6-66 所示。

选中"应用"复选框和"裁剪"（或"放置"）单选钮，然后单击"查看图像"按钮

调整虚线框中控制点的位置即可裁剪或缩放位图图像

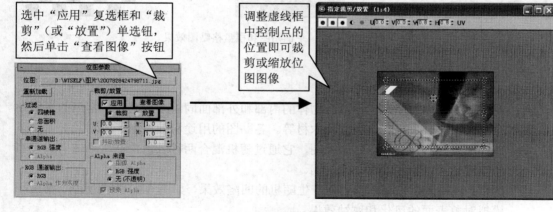

图 6-66　裁剪/缩放位图贴图图像

　📖　**渐变和渐变坡度**：渐变贴图用于产生三个颜色间的渐变效果，渐变坡度贴图用于产生更多种颜色间的渐变效果，如图 6-67 所示。

　📖　**旋涡**：该贴图通过对两种颜色（基本色和旋涡色）进行旋转交织，产生旋涡或波浪效果，如图 6-68 左图所示。

　📖　**平铺**：又称为瓷砖贴图，效果如图 6-68 中图所示。常用来模拟地板、墙砖、瓦片等物体的表面纹理。

　📖　**棋盘格**：该贴图会产生两种颜色交错的方格图案，如图 6-68 右图所示，常用于模拟地板、棋盘等物体的表面纹理。

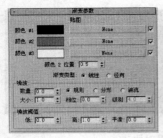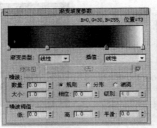

图 6-67　渐变贴图、渐变坡度贴图的参数和效果

提示　　使用渐变坡度贴图时，双击"渐变坡度参数"卷展栏中的色标"▲"，可以调整色标所在位置的颜色；在没有色标的位置单击鼠标左键，可以添加色标；用鼠标拖动色标，可调整色标在色盘中的位置。

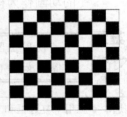

图 6-68　旋涡贴图、平铺贴图和棋盘格贴图效果

6.3.5　三维贴图

三维贴图属于程序贴图，它可以为物体的内部和外部面同时指定贴图。常用的三维贴图主要有凹痕、细胞、大理石、斑点、木材等。各贴图的用途和效果如下所示。

- 📖 **Perlin 大理石**：又称珍珠岩贴图，它通过随机混合两种颜色，产生珍珠岩大理石的纹理效果，如图 6-69 左图所示。

- 📖 **凹痕**：该贴图可以在对象表面产生随机的凹陷效果，如图 6-69 中图所示，常用于模拟对象表面的风化和腐蚀效果。

- 📖 **斑点**：如图 6-69 右图所示，该贴图主要用于模拟花岗石或类似材料的纹理。

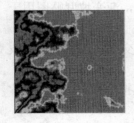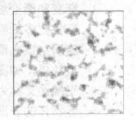

图 6-69　Perlin 大理石贴图、凹痕贴图和斑点贴图效果

- 📖 **波浪**：如图 6-70 左图所示，该贴图可以产生大量的球形波纹并随机向外扩张，主

要用于模拟水面的波纹效果。

- 📖 **大理石**：如图 6-70 中图所示，该贴图可以生成带有随机色彩的大理石效果，常用于模拟大理石地板的纹理或木纹纹理。

- 📖 **灰泥**：如图 6-70 右图所示，该贴图可以创建随机的表面图案，主要用于模拟墙面粉刷后的凹凸效果。

 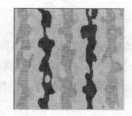 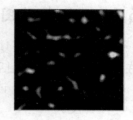

图 6-70　波浪贴图、大理石贴图和灰泥贴图效果

- 📖 **木材**：如图 6-71 左图所示，该贴图是对两种颜色进行处理，产生木材的纹理效果。

- 📖 **泼溅**：如图 6-71 中图所示，该贴图可以生成多种色彩的颜料随机飞溅的效果，主要用于模拟墙壁的纹理效果。

- 📖 **细胞**：如图 6-71 右图所示，该贴图可以生成各种效果细胞图案，常用于模拟铺满马赛克的墙壁、鹅卵石的表面和海洋的表面等。

 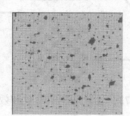 

图 6-71　木材贴图、泼溅贴图和细胞贴图效果

- 📖 **行星**：如图 6-72 左图所示，该贴图主要用来模拟行星表面陆地和水域间的随机区域。

- 📖 **烟雾**：如图 6-72 中图所示，该贴图可以创建随机的、不规则的丝状、雾状或絮状的纹理图案，常用于模拟烟雾或其他云雾状流动贴图的效果。

- 📖 **噪波**：如图 6-72 右图所示，该贴图是通过随机混合两种颜色，产生三维的湍流图案。

 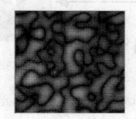 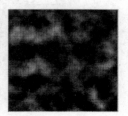

图 6-72　行星贴图、烟雾贴图和噪波贴图效果

- **衰减：**该贴图是基于物体表面各网格面片法线的角度衰减情况，生成从白色到黑色的衰减变化效果，常用于不透明度、自发光和过滤色等贴图通道。
- **粒子年龄和粒子运动模糊：**这两个贴图只能应用于粒子系统，粒子年龄贴图是根据粒子从生成到结束的生命周期，为各阶段的粒子指定不同的颜色或贴图图像；粒子运动模糊贴图是根据粒子的移动速率，更改粒子前端和末端的不透明度。

6.3.6　合成贴图

合成贴图类似于复合材质，该类贴图可以将多个不同类型的贴图按照一定的方式混合在一起。合成贴图包括 RGB 相乘、遮罩、合成和混合四种贴图。

- **RGB 相乘：**该贴图是通过对两种颜色或两个贴图进行相乘，增加贴图颜色的对比度。
- **遮罩：**该贴图是将一个贴图作为另一个贴图的蒙板，根据蒙板贴图图像的灰度决定另一贴图的哪些部分可见（黑色区域不透明，白色区域完全透明），如图 6-73 所示。

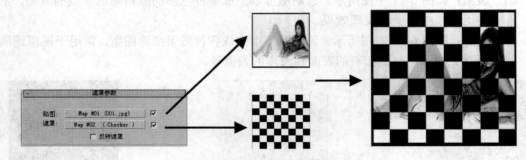

图 6-73　遮罩贴图的参数和效果

- **合成：**该贴图是将多个贴图组合在一起，利用贴图自身的 Alpha 通道，彼此覆盖，从而决定彼此间的透明度。
- **混合：**该贴图类似于混合材质，它是将两种颜色或两个贴图根据指定的贴图图像或混合曲线混合在一起，如图 6-74 所示。

图 6-74　混合贴图的参数和效果

6.3.7 颜色修改器贴图

颜色修改器贴图好比一个简单的图像处理软件，通过颜色修改器贴图可以调整指定贴图图像的颜色。

颜色修改器贴图包含"RGB 染色"、"顶点颜色"和"输出"三种贴图。其中，"RGB 染色"贴图是通过调整贴图图像中三种颜色通道的值来改变图像的颜色或色调；为对象添加"顶点颜色"贴图后可以通过"顶点绘制"修改器、"顶点属性"卷展栏等设置可编辑多边形、可编辑网格等对象中顶点子对象的颜色。

6.3.8 光学特性贴图

光学特性贴图在 3ds Max 9 中被称为"其他"贴图，主要用来设置物体的光学特性，各贴图都有比较明确的用途，具体如下。

- 📖 **薄壁折射**：该贴图只能用于折射贴图通道，以模拟透明或半透明物体的折射效果，如图 6-75 所示。

- 📖 **反射/折射**：该贴图根据使用通道的不同，效果也不相同，作为反射通道的贴图时模拟物体的反射效果，作为折射通道的贴图时模拟物体的折射效果。

图 6-75 玻璃的折射效果

- 📖 **光线跟踪**：该贴图与光线跟踪材质类似，可以为物体提供完全的反射和折射效果，但渲染的时间较长，使用时通常将贴图通道的数量设为较小的值。

- 📖 **平面镜**：此贴图只能用于反射贴图通道，以产生类似镜子的反射效果，如图 6-76 所示为为玻璃的反射贴图通道添加"平面镜"贴图的效果。

图 6-76 玻璃的反射效果

- 📖 **每像素摄影机贴图**：此贴图方式是将渲染后的图像作为物体的纹理贴图，以当前摄影机的方向贴在物体上，主要用作 2D 无光贴图的辅助贴图。

课堂练习——创建易拉罐材质

下面介绍一个使用双面材质、多维/子对象材质和位图贴图，为易拉罐模型创建材质的课堂练习。创建的过程中，关键是设置模型中各多边形子对象的材质 ID，另外需要注意双面材质和多维/子对象材质中参数的调整，具体操作如下。

（1）打开本书提供的素材文件"易拉罐模型.max"，效果如图 6-77 所示。

（2）如图 6-78 所示，打开材质编辑器，任选一未使用的材质球命名为"易拉罐"，并分配给易拉罐模型；然后单击"Standard"按钮，更改材质为双面材质。

图 6-77　易拉罐模型

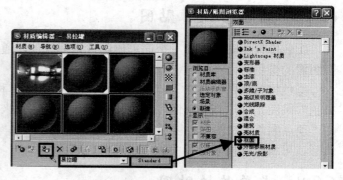

图 6-78　创建易拉罐材质并更改材质的类型

（3）单击易拉罐材质"双面基本参数"卷展栏中"正面材质"的材质按钮，打开其参数面板，并命名为"易拉罐外表面"，然后单击"Standard"按钮，更改材质为多维/子对象材质，如图 6-79 所示。

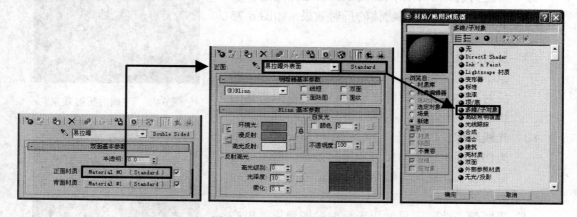

图 6-79　更改正面材质的类型

（4）如图 6-80 所示，单击"多维/子对象基本参数"卷展栏中的"设置数量"按钮，在打开的"设置材质数量"对话框中设置材质的数量为 2。

图 6-80　调整材质的数量

（5）如图 6-81 所示，打开易拉罐外表面材质中 1 号子材质的参数面板，并更改其名称为"银白色金属"；然后更改材质的明暗器类型为"金属"，并设置材质的漫反射颜色为（220，223，227），高光级别为 335，光泽度为 28。

图 6-81　调整 1 号子材质的名称、明暗器类型和基本参数

（6）如图 6-82 所示，设置银白色金属材质反射贴图通道的数量为 75，然后单击通道右侧的 "None" 按钮，为反射贴图通道添加 "位图" 贴图（贴图图像为配套素材 "实例" > "第 6 章" 中的 "银白色金属.jpg" 图片），完成银白色金属材质的调整。

（7）打开易拉罐外表面材质中 2 号子材质的参数面板，并更改其名称为 "商标"，然后参照图 6-83 所示调整商标子材质的基本参数。

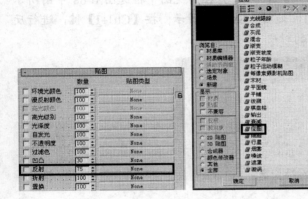

图 6-82　为反射贴图通道添加位图贴图　　　　图 6-83　调整商标子材质的参数

（8）如图 6-84 所示，为商标子材质的漫反射颜色贴图通道添加 "位图" 贴图（贴图图像为配套素材 "实例" > "第 6 章" 中的 "商标.jpg" 图片，参数如图 6-84 右图所示）。

（9）返回商标子材质的参数面板，将漫反射颜色贴图通道中的贴图拖动到自发光贴图通道中（如图 6-85 所示），并在弹出的 "复制（实例）贴图" 对话框中设置二者的关系为 "实例"，至此就完成了商标子材质的调整。

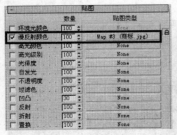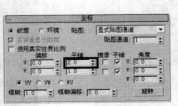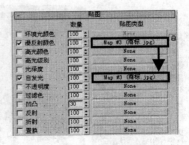

图 6-84　为漫反射颜色贴图通道添加位图贴图　　　　图 6-85　拖动复制位图贴图

（10）返回多维/子对象材质的参数面板，并在 1 号子材质上右击鼠标，从弹出的菜单

中选择"复制"菜单项，复制1号子材质，如图6-86所示。

（11）返回双面材质的参数面板，并在背面材质上右击鼠标，从弹出的菜单中选择"粘贴（实例）"菜单项，将1号材质粘贴到背面材质中，作为易拉罐内表面的材质，如图6-87所示，至此就完成了易拉罐材质的创建。

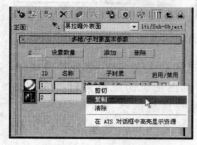

图6-86 复制1号子材质

图6-87 粘贴1号子材质

（12）设置易拉罐模型的修改对象为"多边形"，并在前视图中框选图6-88中图所示区域的多边形子对象，设置其材质ID为1，如图6-88右图所示；按【Ctrl+I】键，进行反选，并设置反选操作选中的多边形子对象的材质ID为2。

 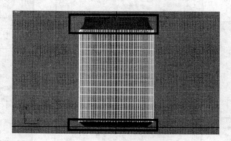 

图6-88 调整易拉罐模型中各多边形子对象的材质ID

（13）选中易拉罐模型中材质ID为2的多边形，然后单击"修改"面板的"修改器列表"下拉列表框，为选中的多边形添加"UVW贴图"修改器；再在"参数"卷展栏中设置贴图方式为"柱形"，并单击"对齐"区中的"X"单选钮和"适配"按钮，调整选中多边形的贴图坐标，如图6-89所示。至此就完成了易拉罐模型材质的创建。按【F9】键进行快速渲染，可查看分配材质后的效果，如图6-90所示。

 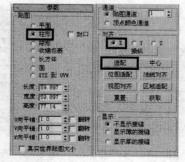 

图6-89 为易拉罐模型添加"UVW贴图"修改器　　　　图6-90 添加材质后的渲染效果

提示　　在进行快速渲染时，如果系统提示场景中某一模型没有贴图坐标，可选中该对象，然后为其添加"UVW 贴图"修改器，手动添加贴图坐标。

课后总结

本章主要介绍了 3ds Max 9 中为对象创建和分配材质方面的知识。本章学习的重点是：熟悉获取、分配和保存材质的方法，理解本章介绍的几种材质和贴图的作用，并能熟练使用这些材质和贴图创建课堂练习中介绍的材质。

思考与练习

一、填空题

1. 在编辑材质的过程中，主要通过_____来选择材质和预览材质的编辑结果，它又被称为_____。

2. 3ds Max 9 默认的材质是_____，该材质的功能齐全，除了可以提供均匀的表面颜色效果外，调整材质基本参数中的_____和_____编辑框的值，可以模拟物体的自发光和半透明效果。

3. _____材质不仅包括了标准材质的所有属性，还能创建真实的_____、_____、_____和_____等效果，常用来模拟玻璃、液体和金属等材质的效果。

4. 3ds Max 9 为用户提供了许多贴图，按性质和用途可分为 5 类，其中_____贴图只能应用在对象的表面；_____贴图主要用于模拟物体的光学特性。

二、问答题

1. 如何获取、保存和分配材质？
2. 标准材质有哪些类型的明暗器？渲染方式有哪几种？
3. 如何为材质添加贴图？过滤色、凹凸和反射贴图通道的作用是什么？
4. 3ds Max 9 中有哪些类型的贴图？各类型的贴图有什么特点和用途？
5. 本章课堂练习中为易拉罐模型添加材质时用到了哪些复合材质，其作用是什么？

三、操作题

打开本书提供的素材文件"轴承和手镯模型.max"，场景效果如图 6-91 所示。利用本章所学知识，创建轴承和手镯模型的材质，添加材质后的渲染效果如图 6-92 所示。

图 6-91　轴承和手镯模型

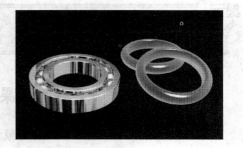

图 6-92　添加材质后的渲染效果

提示　　　　　　轴承的材质可参照本章课堂练习中金属材质的创建操作进行创建，手镯模型的材质可参照图 6-93 所示操作进行创建

1．创建光线跟踪材质并调整材质的基本参数和扩展参数

2．为材质的"漫反射"贴图通道添加"衰减"贴图

设置"半透明"颜色框的 RGB 值为（78，255，54）

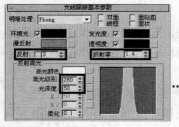

3．将衰减贴图中上颜色框的 RGB 值设为（2，142，9），下颜色框的 RGB 值设为（255、255、255）

4．按【F9】键进行快速渲染，得到最终效果

图 6-93　翡翠材质的创建流程

第7章 灯光、摄影机和渲染

本章将为读者介绍 3ds Max 9 中灯光、摄影机和渲染方面的知识。为场景创建灯光，一方面可以照亮场景，另一方面可以烘托场景的气氛，增强场景的整体效果；摄影机主要用于观察场景并记录观察视角，以及创建追踪和环游拍摄动画；渲染就是将创建好的场景处理成用户所需的图片或动画视频。

本章要点

7.1 灯光

3ds Max 9 为用户提供了一种默认的照明方式，它由两盏放置在场景对角线的泛光灯组成。用户也可以自己为场景添加灯光，此时默认的照明方式会自动关闭。本节就介绍一下创建和编辑灯光的知识。

7.1.1 如何创建灯光

为场景创建灯光的操作非常简单，下面以一个简单的实例介绍一下在 3ds Max 9 中创建灯光的方法，具体操作如下。

（1）打开本书提供的素材文件"创建灯光.max"，场景效果如图 7-1 所示。

（2）下面我们首先创建一盏聚光灯来照射对象。如图 7-2 所示，单击"灯光"创建面板"标准"分类中的"目标聚光灯"按钮，然后在前视图中单击并拖动鼠标，到适当位置后释放鼠标左键，确定目标聚光灯发光点和目标点的位置，即可创建一盏目标聚光灯。

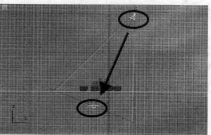

图 7-1　场景的效果　　　　　　　　　　　图 7-2　创建目标聚光灯

（3）如图 7-3 所示，选中目标聚光灯的发光点，然后在顶视图中调整其位置，以调整目标聚光灯的照射方向。

（4）打开"修改"面板，选中"常规参数"卷展栏"阴影"区中的"启用"复选框，然后在"强度/颜色/衰减"卷展栏中设置目标聚光灯的强度为 0.8，如图 7-4 所示。

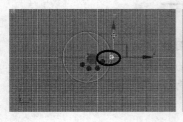
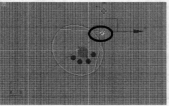

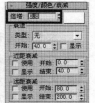

图 7-3　调整目标聚光灯的照射方向　　　　　　图 7-4　调整目标聚光灯的参数

提示　　调整灯光的照射方向时，可以先选中灯光，然后按住工具栏中的"对齐"按钮 不放，从弹出的按钮列表中选择"放置高光"按钮 ，再在照射对象上单击鼠标左键，设置高光点，系统就会根据高光点调整灯光的位置和照射方向。

（5）接下来我们再创建一盏泛光灯来照射整个场景。单击"灯光"创建面板"标准"分类中的"泛光灯"按钮，然后在前视图中图 7-5 中图所示位置单击，创建一盏泛光灯；再在顶视图中调整泛光灯的位置，如图 7-5 右图所示。

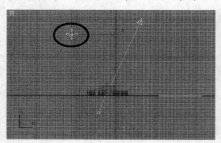
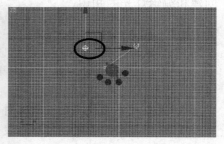

图 7-5　创建一盏泛光灯并调整其位置

（6）在"修改"面板的"强度/颜色/衰减"卷展栏中设置泛光灯的强度为 0.5，如图 7-6 所示。按【F9】键进行快速渲染，即可看到添加灯光后场景的渲染效果，如图 7-7 所示。

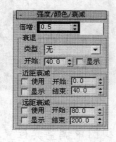

图 7-6　调整泛光灯的强度　　　　　　图 7-7　创建灯光后场景的渲染效果

7.1.2 常用灯光介绍

3ds Max 9 为用户提供了多种类型的灯光，并将其分为了"标准"和"光度学"两类，下面分别介绍一下这两类灯光的特点。图 7-8 所示为 3ds Max 9 的灯光创建面板，它列出了用户可以创建的所有灯光。

1. 标准灯光

标准灯光有聚光灯、平行光、泛光灯和天光四类，主要用于模拟家用、办公、舞台、电影和工作中使用的设备灯光以及太阳光。各类灯光的效果和用途如下。

📖 **聚光灯**：聚光灯产生的是从发光点向某一方向照射、照射范围为锥形的灯光，常用于模拟路灯、舞台追光灯等的照射效果，如图 7-9 所示。

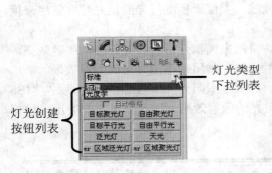

图 7-8 灯光创建面板

图 7-9 添加聚光灯后的渲染效果

知识库 根据灯光有无目标点，3ds Max 9 将聚光灯分为目标聚光灯和自由聚光灯两类，如图 7-10 和图 7-11 所示。其中，对于目标聚光灯来说，可以分别调整其发光点和目标点，非常灵活；自由聚光灯无目标点，使用起来不太方便。

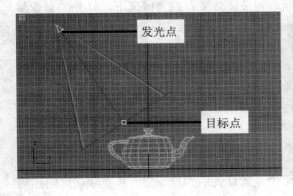

图 7-10 目标聚光灯

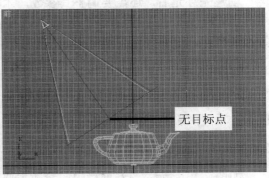

图 7-11 自由聚光灯

📖 **平行光**：同聚光灯不同，平行光产生的是圆形或矩形的平行照射光线。根据灯光有无目标点，平行光也分为目标平行光和自由平行光两种类型。目标平行光可以随意调整发光点和目标点，常用来模拟太阳光、探照灯、激光光束等的照射效果；自由平行光没有目标点，使用起来不太方便。

📖 **泛光灯**：泛光灯属于点光源，它可以向四周发射均匀的光线，照射范围大，无方向性，常用来照亮场景或模拟灯泡、吊灯等的照射效果。

📖 **天光**：天光是一种可以从四面八方同时向物体投射光线的灯光，它可以产生穿顶灯一样的柔化阴影，缺点是无法得到物体表面的高光效果。常用于模拟日光效果或制作室外建筑中的灯光。

2. 光度学灯光

光度学灯光不同于标准灯光，用户可以使用现实中的计量单位来精确定义灯光特性。光度学灯光分为点光源、线光源、面光源和 IES 日照模拟灯光几类，其效果和用途如下。

📖 **点光源**：从光源所在的点向四周发射光线，类似于标准灯光的泛光灯，常用来模拟灯泡、吊灯等的照射效果。

📖 **线光源**：从一条线段向四周发射光线，常用来模拟灯带、日光灯等的照射效果。

📖 **面光源**：从一个矩形的区域向四周发射光线，常用来模拟灯箱的照射效果。

📖 **IES 日照模拟灯光**：IES 日照模拟灯光有"IES 太阳光"和"IES 天光"两种，"IES 太阳光"主要用于模拟室外场景中太阳光的照射效果；"IES 天光"主要用来模拟大气反射太阳光的效果。

 提示　需要注意的是，在渲染使用了 IES 天光和 IES 太阳光的场景时，需要使用"光能传递"或"光跟踪器"渲染方式，且必须使用曝光控制才能表现出其效果。

7.1.3　灯光的基本参数

创建完灯光后，还需要调整其参数，才能达到最佳效果。通常情况下，灯光的参数集中在"常规参数"、"强度/颜色/衰减"、"高级效果"、"阴影参数"和"大气和效果"等参数卷展栏中，下面分别介绍一下这几个卷展栏的作用。

1. "常规参数"卷展栏

如图 7-12 所示，该卷展栏中的参数主要用于更改灯光的类型、调整目标点和发光点的间距、设置阴影的产生方式等。

2. "强度/颜色/衰减"卷展栏

如图 7-13 所示，该卷展栏中的参数主要用于设置灯光的强度、颜色和光线强度随距离的衰减情况。

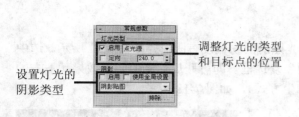

设置灯光的
阴影类型

调整灯光的类型
和目标点的位置

图 7-12　"常规参数"卷展栏

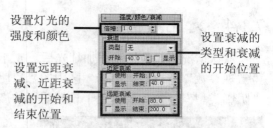

设置灯光的
强度和颜色

设置远距衰
减、近距衰
减的开始和
结束位置

设置衰减的
类型和衰减
的开始位置

图 7-13　"强度/颜色/衰减"卷展栏

 提示

使用近距衰减时，从开始位置到结束位置，灯光强度由 0 增强到设定值；使用远距衰减时，从开始位置到结束位置，灯光强度由设定值衰减为 0。

3. "阴影参数" 卷展栏

如图 7-14 所示，该参数卷展栏中的参数用于调整对象阴影和大气阴影的效果。

4. "高级效果" 卷展栏

如图 7-15 所示，该卷展栏中的参数主要用于设置灯光的影响区域，并指定灯光的投影贴图（为灯光指定投影贴图可以模拟放映机的投射光，如图 7-16 所示）。

设置大气阴
影的不透明
度和颜色值

设置对象阴影
的颜色、密度和
贴图效果

图 7-14　"阴影参数"卷展栏

为灯光指定
投影贴图

设置灯光影
响的区域

图 7-15　"高级效果"卷展栏

投影贴图的图像

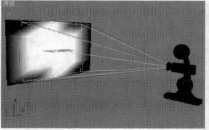

图 7-16　投影贴图的图像和渲染前后的效果

提示

除上面介绍的几个参数卷展栏外，聚光灯还有"聚光灯参数"卷展栏，平行光还有"平行光参数"卷展栏，不同的阴影类型也有不同的阴影参数卷展栏。如果读者有兴趣的话，可自行学习。

3ds Max 三维动画制作简明教程

7.1.4 灯光的阴影

默认情况下，为场景添加灯光后，被灯光照射的物体没有阴影，如图 7-17 所示。选中"常规参数"卷展栏"阴影"区中的"启用"复选框，即可开启灯光的阴影效果（下方的"阴影类型"下拉列表框用于设置阴影的产生方式），如图 7-18 所示。

图 7-17　未开启灯光阴影时的效果　　　　图 7-18　开启灯光阴影后的渲染效果

3ds Max 9 为用户提供了四种阴影产生方式，各阴影产生方式的特点如下。

阴影贴图：该方式生成的阴影边缘柔和，效果比较真实，如图 7-19 所示；其缺点是阴影的精确性不高。

图 7-19　阴影贴图效果

光线跟踪阴影：该方式通过遮挡光源投射到阴影区域的光线来产生阴影，如图 7-20 所示。这种阴影精确性高，常用于模拟日光和强光的投影效果；其缺点是阴影的边缘比较生硬，渲染速度慢。

提示

图 7-20　光线跟踪阴影效果

区域阴影：随着与物体距离的增加，该方式产生的阴影边缘会逐渐模糊，与真实的阴影效果非常接近，如图 7-21 所示；其缺点是渲染的速度非常慢。

图 7-21　区域阴影效果

高级光线跟踪：该方式既可以产生边缘柔和的阴影，也具有光线跟踪阴影精确性高的特点，与面光源配合还可以产生区域阴影的效果，如图 7-22 所示。其缺点是占用内存较大，渲染时间较长。

图 7-22　高级光线跟踪阴影效果

7.1.5 场景布光的方法和原则

为场景创建灯光又称"布光"。在动画、摄影和影视制作中，最常用的布光方法是"三点照明法"（创建三盏灯光，分别作为场景的主光源、辅助光和背景光，以照亮场景）。这种布光方法可以照亮物体的几个重要角度，从而明确地表现出场景的主体和要表达的气氛。下面以一个简单的实例介绍一下三点照明布光法的具体操作。

（1）打开本书提供的素材文件"三点照明.max"，场景效果如图 7-23 所示。

（2）单击"灯光"创建面板"标准"灯光分类中的"目标聚光灯"按钮，然后在前视图中单击并拖动鼠标，创建一盏目标聚光灯，作为场景的主光源，如图 7-24 所示。

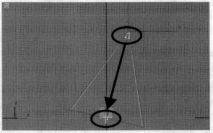

图 7-23　场景效果　　　　　　　　　　图 7-24　在前视图中创建一盏目标聚光灯

（3）如图 7-25 左图所示，在顶视图中调整主光源发光点的位置，调整其照射方向；然后在"常规参数"、"强度/颜色/衰减"和"聚光灯参数"卷展栏中参照图 7-25 右图所示调整主光源的基本参数。此时 Camera01 视图的快速渲染效果如图 7-26 所示。

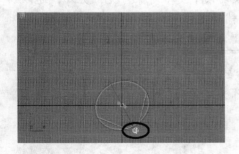
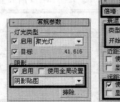

图 7-25　调整目标聚光灯的照射方向和参数

提示　　　　主光源是场景的主要照明灯光，光照强度最大，其作用是确定光照的角度和类型，并产生投射阴影。主光源的位置和照射方向由场景要表达的气氛决定，通常情况下，主光源的照射方向与摄影机的观察方向成 35°~45° 角，且主光源的位置比摄影机图标的位置稍高。

（4）选中目标聚光灯的发光点，然后通过移动克隆再复制出一盏目标聚光灯，作为场景的辅助光；再在前视图中调整辅助光发光点的高度，如图 7-27 所示。

（5）如图 7-28 左图所示，在顶视图中继续调整辅助光发光点的位置，调整其照射方向；然后在"常规参数"和"强度/颜色/衰减"卷展栏中参照图 7-28 中图所示，调整辅助光的基本参数，此时 Camera01 视图的快速渲染效果如图 7-28 右图所示。

图 7-26 创建主光源后的效果

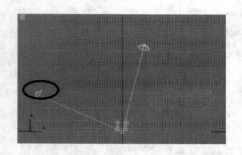

图 7-27 创建辅助光并调整其高度

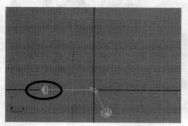 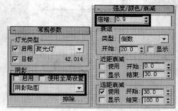 

图 7-28 调整辅助光的照射方向和基本参数

 提示 辅助光用于填充主光源的照明遗漏区，使场景中更多对象可见；另外，还可以降低阴影的对比度，使光亮部分变柔和。辅助光通常放置在比主光源稍低，且照射方向与主光源成90°角的位置，主光源与辅助光的亮度比通常为3：1。

（6）单击"灯光"创建面板"标准"灯光分类中的"泛光灯"按钮，然后在顶视图中图 7-29 中图所示位置单击鼠标，创建两盏泛光灯，作为场景的背景光；再在前视图中调整其高度，如图 7-29 右图所示。

 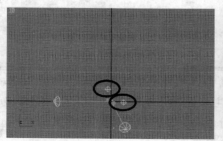 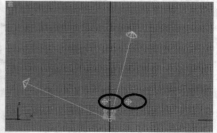

图 7-29 创建两盏泛光灯作为场景的背景光

> **提示**　背景光的作用是通过照亮对象的边缘，将目标对象与背景分开，从而衬托出主体的轮廓形状。

（7）如图 7-30 所示，单击"常规参数"卷展栏"阴影"区中的"排除"按钮，将 Ground 从泛光灯的照射对象中排除（泛光灯的其他参数按照系统默认即可）。至此就完成了为场景布光的操作，此时 Camera01 视图的快速渲染效果如图 7-31 所示。

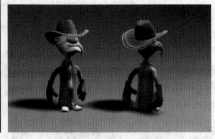

图 7-30　将地面从泛光灯的照射对象中排除　　　图 7-31　创建完灯光后的渲染效果

为场景布光时需要注意以下几点：

📖　创建灯光时，应先创建主光源，再创建辅助光，最后创建背景光和装饰灯光。

📖　设置灯光的强度时要有层次性，以体现出场景的明暗分布。

📖　场景中的灯光宜精不宜多，灯光越多，场景的显示和渲染速度越慢。

课堂练习——创建"阁楼天窗的光线"效果

在本例中，我们将创建图7-32所示的穿过阁楼天窗的光线。读者可通过此例进一步熟悉一下灯光的创建方法和使用三点照明法为场景布光的操作。

创建时，我们首先创建一盏目标平行光，以模拟太阳光的照射效果；然后在阁楼的内部创建一盏泛光灯，以照亮阁楼内部的景物；最后，创建两盏目标平行光，并为其添加体积光效果，以模拟从天窗射进阁楼的光线。

图 7-32　穿过阁楼天窗的光线

（1）打开本书提供的素材文件"阁楼模型.max"，场景效果如图 7-33 所示。

（2）单击"灯光"创建面板"标准"灯光分类中的"目标平行灯"按钮，然后在左视图中单击并拖动鼠标，创建一盏目标平行光，如图 7-34 所示。

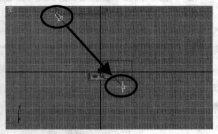

图 7-33　阁楼场景的效果　　　　　　　　　　图 7-34　创建一盏目标平行光

（3）在顶视图中参照图 7-35 所示调整目标平行光发光点和目标点的位置。

（4）选中目标平行光的发光点，然后在"修改"面板的"常规参数"、"强度/颜色/衰减"和"平行光参数"卷展栏中，参照图 7-36 所示调整目标平行光的参数，完成主光源的创建。

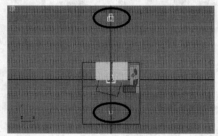

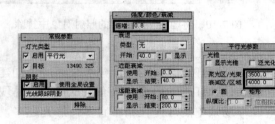

图 7-35　调整目标平行光的照射方向　　　　　图 7-36　目标平行光的参数

（5）单击"灯光"创建面板"标准"灯光分类中的"泛光灯"按钮，然后在左视图中图 7-37 所示位置单击鼠标，创建一盏泛光灯。

（6）选中泛光灯，然后参照图 7-38 所示在"修改"面板的"强度/颜色/衰减"卷展栏中调整泛光灯的参数，完成辅助光的创建。

（7）通过移动克隆将步骤（1）创建的目标平行光再复制出两个，然后参照图 7-39 所示调整其参数。

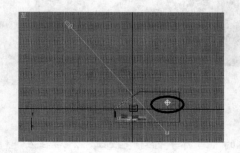

图 7-37　创建一盏泛光灯　　　　图 7-38　泛光灯的参数　　图 7-39　新建目标平行光的参数

（8）参照图 7-40 所示分别在左视图和顶视图中调整新建目标平行光发光点和目标点

的位置，使目标平行光的照射范围恰好位于两个天窗中。

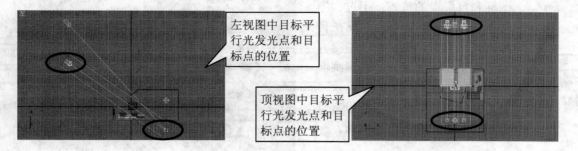

图 7-40　在左视图和顶视图中调整新建目标平行光的照射方向

（9）选中新建目标平行光的发光点，然后单击"大气和效果"卷展栏中的"添加"按钮，通过打开的"添加大气或效果"对话框为目标平行光添加体积光效果，如图 7-41 所示。

（10）选中"大气和效果"卷展栏中的"体积光"项，然后单击"设置"按钮，在打开的"环境和效果"对话框中设置体积光的参数，如图 7-42 所示。至此就完成了场景灯光的创建。此时按【F9】键进行快速渲染可看到，从阁楼的天窗中射进两束光线，如图 7-32 所示。

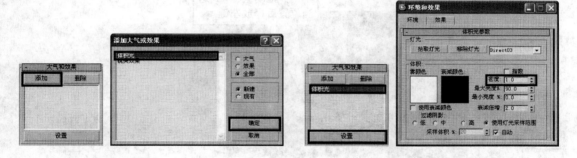

图 7-41　添加体积光大气效果　　　　　图 7-42　调整体积光的参数

7.2　摄影机

在三维动画设计中，一方面可以利用摄影机的透视功能观察物体内部的景物；另一方面可以利用摄影机记录场景的观察视角；此外，使用摄影机还可以非常方便地创建追踪、环游动画，以及模拟现实中的摄影特效。本节就来介绍一下摄影机使用方面的知识。

7.2.1　摄影机的类型和用途

3ds Max 9 为用户提供了两种类型的摄影机，具体如下。

📖　**目标摄影机**：如图 7-43 所示，目标摄影机由摄影机图标、目标点和观察区三部分

构成，用户可以分别调整摄影机
图标和目标点的位置；不过，当
摄影机图标接近目标点或在目
标点正上方时，摄影机的拍摄方
向或视角将产生翻转，拍摄画面
不稳定。

📖 **自由摄影机：** 自由摄影机没有目
标点，调整拍摄方向较麻烦。

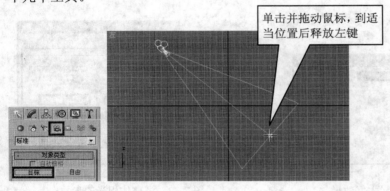

图 7-43　目标摄影机

7.2.2　创建摄影机

摄影机的创建方法非常简单，如图 7-44 所示，单击"摄影机"创建面板中的"目标"
按钮，然后在视图中单击并拖动鼠标，到适当位置后释放鼠标左键，确定摄影机图标和目
标点的位置，即可创建一个目标摄影机。

创建完摄影机后，需调整其观察方向和视野，以达到最佳观察效果。其中，调整摄影
机图标和目标点的位置可调整观察方向，使用视图控制区的工具可调整观察视野（将视图
切换为摄影机视图后即可看到摄影机视野的调整工具，如图 7-45 所示）。在此着重介绍如
下几个工具。

图 7-44　创建目标摄影机　　　　　　图 7-45　摄影机视野调整工具

提示　　　　调整好透视视图的观察效果后，按【Ctrl+C】组合键可自动创建一个与透
视视图的观察效果相匹配的目标摄影机，并将透视视图切换到该摄影机视图。
在三维动画设计中常使用该方法创建摄影机，记录场景的观察视角。

📖 **推拉摄影机**🔾：选中此按钮，然后在摄影机视图中拖动鼠标，可使摄影机图标靠
近或远离拍摄对象，以缩小或增大摄影机的观察范围。

📖 **视野**▷：选中此按钮，然后在摄影机视图中拖动鼠标，可缩小或放大摄影机的观
察区。由于摄影机图标和目标点的位置不变，因此，使用该工具调整观察视野时，
容易造成观察对象的视觉变形。

- **平移摄影机**：选中此按钮，然后在摄影机视图中拖动鼠标，可沿摄影机视图所在的平面平移摄影机图标和目标点，以平移摄影机的观察视野。
- **环游摄影机**：选中此按钮，然后在摄影机视图中拖动鼠标，可使摄影机图标绕目标点旋转（摄影机图标和目标点间的距离保持不变）。按住此按钮不放会弹出"摇移摄影机"按钮，使用此按钮可以将目标点绕摄影机图标旋转。
- **侧滚摄影机**：选中此按钮，然后在摄影机视图中拖动鼠标，可使摄影机图标绕自身 Z 轴（即摄影机图标和目标点的连线）旋转。

7.2.3 调整摄影机的参数

单击摄影机图标后，在"修改"面板中将显示出摄影机的参数，如图 7-46 所示，在此着重介绍如下几个参数。

- **镜头**：显示和调整摄影机镜头的焦距。
- **视野**：显示和调整摄影机的视角（将左侧按钮设为 、 或 时，"视野"编辑框显示和调整的分别为摄影机观察区对角、水平和垂直方向的角度）。
- **正交投影**：选中此复选框后，摄影机无法移动到物体内部进行观察，且渲染时无法使用大气效果，如图 7-47 所示。
- **备用镜头**：单击该区中的任一按钮，即可将摄影机的镜头和视野设为该备用镜头的焦距和视野。需要注意的是，小焦距多用于制作鱼眼的夸张效果，大焦距多用于观测较远的景物，以保证物体不变形。
- **类型**：该下拉列表框用于转换摄影机的类型，将目标摄影机转换为自由摄影机后，摄影机的目标点动画将会丢失。

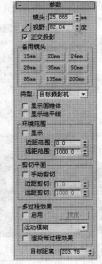

图 7-46 摄影机的参数

- **显示地平线**：选中此复选框后，在摄影机视图中将显示出一条黑色的直线，表示远处的地平线。
- **环境范围**：该区中的参数用于设置摄影机观察区中出现大气效果的范围。其中，"近距范围"和"远距范围"编辑框用于设置大气效果的出现位置和结束位置与摄影机图标的距离（选中"显示"复选框时，在摄影机的观察区将显示出表示该范围的线框）。图 7-48 所示为不同环境范围下的雾效果。

未开启时能看到长方体内部的茶壶且具有雾效果

开启后无法看到长方体内部的对象且没有雾效果

图 7-47 开启正交投影前后的效果

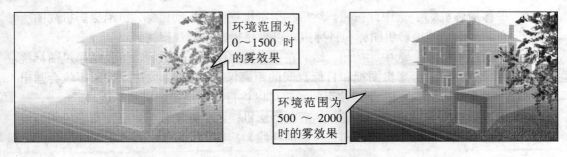

环境范围为 0～1500 时的雾效果

环境范围为 500～2000 时的雾效果

图 7-48　环境范围对雾效果的影响

- 　**剪切平面**：该区中的参数用于设置摄影机视图中显示哪一范围的对象，常利用此功能观察物体内部的场景（选中"手动剪切"复选框可开启此功能，"远距剪切"和"近距剪切"编辑框用于设置远距剪切平面和近距剪切平面与摄影机图标的距离），如图 7-49 所示。

- 　**多过程效果**：该区中的参数用于设置渲染时是否对场景进行多次偏移渲染，以产生景深或运动模糊的摄影特效。选中"启用"复选框，即可开启此功能；下方的"效果"下拉列表框用于设置使用哪一种多过程效果（选定某一效果后，在"修改"面板将显示出该效果的参数，默认选中"景深"项）。

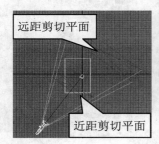

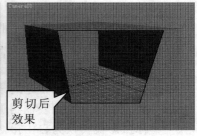

远距剪切平面

近距剪切平面

剪切前效果

剪切后效果

图 7-49　剪切平面及剪切前后摄影机视图的效果

提示

　　"景深"是指摄影机拍摄时产生清晰图像的范围，此范围外的场景在渲染图像中是模糊的；"运动模糊"是指摄影机拍摄时物体在运动的瞬间产生的视觉模糊效果。3ds Max 9 产生景深和运动模糊效果都是通过对一帧图像进行多次偏移渲染，并重叠渲染结果产生的。需要注意的是，要想渲染出运动模糊效果，必须为物体设置运动动画。

- 　**目标距离**：该编辑框用于显示和设置目标点与摄影机图标间的距离。

课堂练习——创建"山洞景深"效果

在本例中，我们将创建图7-50右图所示的山洞景深效果，图7-50左图所示为未添加景深效果时山洞的快速渲染效果。读者可通过此例进一步熟悉一下摄影机的创建方法和摄影机多过程效果的使用方法。

图 7-50　开启和未开启景深效果时山洞的快速渲染效果

　　创建时，我们首先创建一个目标摄影机，然后调整目标摄影机的观察视野，最后为目标摄影机添加景深效果，并进行快速渲染即可。

　　（1）打开本书提供的素材文件"山洞模型.max"，场景效果如图 7-51 所示。

　　（2）单击"摄影机"创建面板中的"目标"按钮，在顶视图中单击并拖动鼠标，创建一个目标摄影机，如图 7-52 所示。

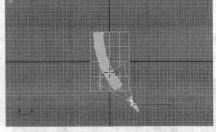

图 7-51　山洞模型的效果　　　　　　　　　　图 7-52　创建一个目标摄影机

　　（3）单击激活透视视图，然后按【C】键，将透视视图切换为摄影机视图，效果如图 7-53 所示。

　　（4）单击视图控制区的"推拉摄影机+目标点"按钮，然后在摄影机视图的任意位置单击并向上拖动鼠标，调整摄影机图标和目标点的位置，如图 7-54 所示。

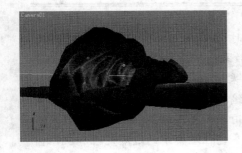

图 7-53　未调整前摄影机视图的效果　　　　图 7-54　推拉摄影机和目标点的位置

（5）单击"平移摄影机"按钮，然后在摄影机视图中单击并向右拖动鼠标，将摄影机整体向左移动一定的距离，如图 7-55 所示。

（6）单击"视野"按钮，然后在摄影机视图中单击并向上拖动鼠标，增大摄影机的观察区，如图 7-56 所示。

图 7-55　平移摄影机 图 7-56　调整摄影机的视野

（7）单击"环游摄影机"按钮，然后在摄影机视图中单击并向右拖动鼠标，调整摄影机水平方向的观察角度；再向上拖动鼠标，调整摄影机垂直方向的观察角度，最终效果如图 7-57 所示。至此就完成了摄影机观察视野的调整。

（8）选中摄影机图标，然后选中"修改"面板"参数"卷展栏中"多过程效果"区域的"启用"复选框，并选中"效果"下拉列表框中的"景深"，开启景深效果，如图 7-58 左图所示。再在打开的"景深参数"卷展栏中参照图 7-58 右图所示调整景深效果的参数。

图 7-57　调整摄影机的观察角度 图 7-58　开启景深效果并设置景深参数

提示　在"景深参数"卷展栏中，"焦点深度"区中的参数用于设置摄影机镜头焦点的位置（选中"使用目标距离"复选框时，目标点所在位置即为镜头焦点的位置）；"采样"区中的参数用于设置景深效果的质量和渲染速度（其中，"过程总数"编辑框用于设置偏移渲染的次数，"采样半径"编辑框用于设置多过程渲染中摄影机偏移范围的半径，"采样偏移"编辑框用于设置每次渲染后摄影机偏移距离的大小）；"过程混合"区中的参数用于设置各渲染结果的混合效果；"扫描线渲染器参数"区中的参数用于取消多过程渲染中的过滤处理和抗锯齿处理。

（9）激活摄影机视图，然后按【F9】键进行快速渲染，即可得到图 7-50 右图所示的山洞景深效果。

7.3　渲染

渲染就是将场景中的模型、材质、贴图和渲染效果等以图像或动画的形式表现出来，并进行输出保存。本节就来详细介绍一下渲染方面的知识。

7.3.1　渲染的方法

3ds Max 9 为用户提供了多种渲染方法，不同的渲染方法具有不同的用途，下面介绍几种比较常用的渲染方法。

- **实时渲染：** 单击工具栏中的"快速渲染（ActiveShade）"按钮![icon]，即可打开实时渲染窗口（与 ActiveShade 视图等效）。在实时渲染窗口中，渲染图像随场景的调整实时更新，便于用户观察场景中材质和灯光的调整效果。

- **产品级渲染：** 单击工具栏中的"快速渲染（产品级）"按钮![icon]，系统就会按"渲染场景"对话框（单击工具栏中的"渲染场景对话框"按钮![icon]或按【F10】键即可打开该对话框）中的设置渲染场景，并输出渲染效果。该方法主要用于快速输出渲染获得的静态图像或动画视频。

> 按【F9】键，系统将以"渲染场景"对话框中的设置渲染场景的当前帧并显示渲染效果，但不进行输出。此方法主要用于观察当前帧的最终渲染效果。

- **批处理渲染：** 选择"渲染"＞"批处理渲染"菜单，在打开的"批处理渲染"对话框中添加渲染任务，然后单击"渲染"按钮，系统就会按指定的任务顺序进行渲染输出，如图 7-59 所示。该方法主要用于输出同一场景不同观察角度的渲染效果。

1. 单击"添加"按钮添加渲染任务

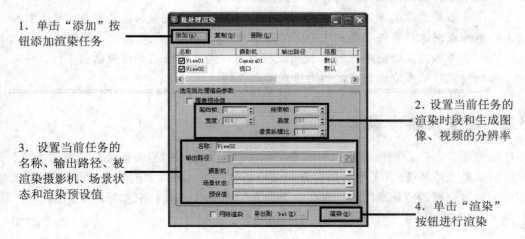

2. 设置当前任务的渲染时段和生成图像、视频的分辨率

3. 设置当前任务的名称、输出路径、被渲染摄影机、场景状态和渲染预设值

4. 单击"渲染"按钮进行渲染

图 7-59　"批处理渲染"对话框

□ **Video Post 编辑器渲染：**选择"渲染" > "Video Post"菜单，即可打开 Video Post 编辑器。在编辑器中规划好各种处理和合成工作后，单击编辑器工具栏中的"执行序列"按钮 ✖ 即可按规划对场景进行渲染输出，如图 7-60 所示。该方法主要用于对场景中不同类型的事件（像场景渲染、图像处理、图像输出等）进行合成输出。

2. 单击此按钮执行队列中的事件，完成场景的渲染输出

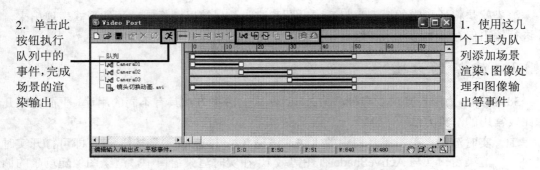

1. 使用这几个工具为队列添加场景渲染、图像处理和图像输出等事件

图 7-60　Video Post 编辑器

利用 Video Post 编辑器工具栏中的工具可以为队列添加事件、调整事件的参数、保存队列等，下面介绍几个常用工具的作用。

添加场景事件 ⬐：使用此按钮可以向队列中添加场景事件，以设置场景的渲染参数。将各摄影机分配给不同的场景事件，并按时间段组合在一起执行，即可获得一段连续的镜头切换动画，如图 7-60 所示。

添加图像输入事件 ⬐：使用此按钮可以向队列中加入各种格式的图像。当队列中有多个图像输入事件共享同一时间范围时，必须使用图像层事件进行图像合成，否则最后一个图像事件的图像将覆盖其他的图像。

添加图像过滤事件 ↻：使用此按钮可以向队列中添加图像过滤器，以处理队列中的图像或执行队列时渲染获得的图像。

添加图像层事件 ↺：使用此按钮可以将队列中选中的场景事件、图像输入事件或图像层事件合并到同一图像层事件中，按指定方式进行图像合成。

添加图像输出事件 ⬐：使用此按钮可以向队列中添加图像输出事件，将队列的执行结果输出到指定的图像或动画视频。

7.3.2　设置渲染参数

在渲染场景前，需要设置场景的渲染参数，以达到最好的渲染效果。选择"渲染" > "渲染"菜单（或按【F10】键）可打开"渲染场景"对话框，如图 7-61 所示，利用该对话框中的参数即可调整场景的渲染参数，下面介绍一下对话框中各选项卡的作用。

1. "公用"选项卡

打开"渲染场景"对话框时,默认打开该选项卡,它包括"公用参数"、"电子邮件通知"、"脚本"和"指定渲染器"四个卷展栏,各卷展栏的作用如下。

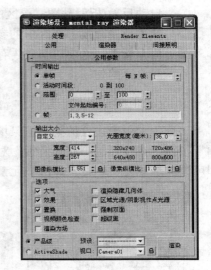

図 图 **"公用参数"卷展栏**:该卷展栏是渲染的主要参数区,其中,"时间输出"区中的参数用于设置渲染的范围;"输出大小"区中的参数用于设置渲染输出的图像或视频的宽度和高度;"选项"区中的参数用于控制是否渲染场景中的大气效果、渲染特效和隐藏对象;"高级照明"区中的参数用于控制是否使用高级照明渲染方式;"渲染输出"区中的参数用于设置渲染结果的输出类型和保存位置。

图 7-61　"渲染场景"对话框

図 **"电子邮件通知"卷展栏**:渲染复杂场景时,可在该卷展栏中设置通知邮件。当渲染到指定进度、出现故障或渲染完成后,系统就会发送邮件通知用户,用户则可以利用渲染的时间进行其他工作。

図 **"脚本"卷展栏**:该卷展栏中的参数用于指定渲染前或渲染后要执行的脚本。

図 **"指定渲染器"卷展栏**:该卷展栏中的参数用于指定渲染时使用的渲染器,默认使用扫描线渲染器进行渲染。

2. "渲染器"选项卡

该选项卡用于设置当前使用的渲染器的参数,默认打开的是扫描线渲染器的参数,如图 7-62 所示,它包含 7 个参数区,各参数区的作用如下。

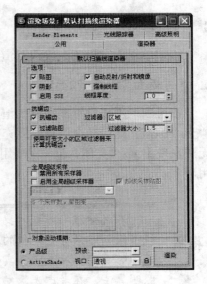

図 **选项**:该区中的参数用于控制是否渲染场景中的贴图、阴影、模糊和反射/折射效果。选中"强制线框"复选框时,系统将使用线框方式渲染场景。

図 **抗锯齿**:该区中的参数用于设置是否对渲染图像进行抗锯齿和过滤贴图处理。

図 **全局超级采样**:该区中的参数用于控制是否使用全局超级采样方式进行抗锯齿处理。使用时,渲染图像的质量会大大提高,但渲染的时间也大大增加。

图 7-62　"渲染器"选项卡

□ **对象/图像运动模糊**：这两个区中的参数用于设置使用何种方式的运动模糊效果，模糊持续的时间等。

□ **自动反射/折射贴图**：该区中的参数用于设置反射贴图和折射贴图的渲染迭代值。

□ **颜色范围限制**：该区中的参数用于设置防止颜色过亮所使用的方法。

□ **内存管理**：选中"节省内存"复选框后，系统会自动优化渲染过程，以减少渲染时内存的使用量。

3. "Render Elements"选项卡

该选项卡用来设置渲染时渲染场景中的哪些元素。如图 7-63 所示，单击选项卡中的"添加"按钮，在打开的"渲染元素"对话框中选中要添加的元素，然后单击"确定"按钮，即可添加这些元素。设置好渲染元素后，单击"渲染"按钮即可渲染指定的元素。

图 7-63　添加渲染元素

4. "光线跟踪"选项卡

该选项卡用来设置光线跟踪渲染的参数。

5. "高级照明"选项卡

该选项卡用来设置高级照明渲染的参数，它有两种渲染方式：光跟踪器和光能传递。"光跟踪器"比较适合渲染照明充足的室外场景，其缺点是渲染时间长，光线的相互反射无法表现出来；"光能传递"主要用来渲染室内效果和室内动画，通常与光度学灯光配合使用。

提示　在选择渲染方式时要注意，渲染时间较长的动画时可选择系统默认的扫描线渲染，它只考虑光源的发出光线，不计算反弹光线，渲染时间短，但渲染效果不够真实；对光照真实性要求高的场景可使用高级照明渲染，它提供了全局照明算法，在考虑光源发出光线的同时也计算反弹光线，渲染效果真实，但渲染时间长。

7.3.3 设置"环境和效果"

有效地设置渲染环境和渲染特效对于最终的渲染效果具有很重要的作用,下面介绍一下设置渲染环境和渲染特效的知识。

1. 设置渲染环境

选择"渲染">"环境"菜单(或按主键盘的【8】键)可以打开"环境和效果"对话框的"环境"选项卡,如图 7-64 所示。利用该选项卡中的参数可以设置场景的背景、曝光方式和大气效果等,下面介绍一下选项卡中各参数的作用。

图 7-64 "环境"选项卡

- 📖 **"公用参数"卷展栏**:该卷展栏中的参数用于设置场景的背景颜色、背景贴图及全局照明方式下光线的颜色、光照强度、环境光颜色。

提示 单击"背景"区中的"无"按钮,可以为场景指定背景贴图,此时场景的背景变为贴图图像。当场景中的灯光使用全局照明设置时,利用"全局照明"区中的参数可以调整场景中灯光的颜色、光照级别和环境光颜色。

- 📖 **"曝光控制"卷展栏**:该卷展栏中的参数用于设置渲染场景的曝光控制方式。其中,"曝光类型"下拉列表框用于设置场景的曝光控制方式;"处理背景与环境贴图"复选框用于控制是否对场景的背景和环境贴图应用曝光控制,如图 7-65 所示。

未选中"处理背景与环境贴图"复选框时的渲染效果

选中"处理背景与环境贴图"复选框时的渲染效果

图 7-65 "处理背景与环境贴图"复选框对场景渲染效果的影响

提示 设置场景的曝光控制方式时需注意,"对数曝光控制"多用于动画场景和使用光度学灯光、日光的场景;"自动曝光控制"多用于渲染静态图像或具有多个灯光的场景;"线性曝光控制"多用于低动力学范围的场景(如夜晚或多云的场景);"伪彩色曝光控制"多用于使用高级照明解决方案和具有放射性粒子的场景。

📖　**"大气"卷展栏：**使用该卷展栏中的参数可以为场景添加大气效果，以模拟现实中的大气现象，如图 7-66 所示。

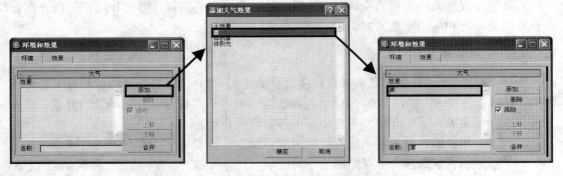

图 7-66　为场景添加大气效果

 　　3ds Max 9 为用户提供了"火效果"、"雾"、"体积雾"和"体积光"四种大气效果。"火效果"用于制作火焰、烟雾、爆炸等效果；"雾"用于制作烟、雾、蒸汽等效果，"体积雾"用于在场景中生成密度不均的三维云团；"体积光"用于制作光透过缝隙和光线中灰尘的效果。

2．添加渲染特效

　　选择"渲染" > "效果"菜单可以打开"环境和效果"对话框的"效果"选项卡（如图 7-67 左图所示）。单击选项卡中的"添加"按钮，在打开的"添加效果"对话框中双击任一渲染特效，即可将其添加到场景中，如图 7-67 所示。

图 7-67　为场景添加渲染特效

　　使用渲染特效可以为渲染图像添加后期处理效果，像摄影中的景深效果，灯光周围的光晕、射线等。3ds Max 9 为用户提供了多种渲染特效，各渲染特效的用途如下。

- **Hair 和 Fur：** 该渲染特效用来渲染添加了毛发的场景，为模型添加"Hair 和 Fur"修改器时，系统会自动添加该渲染特效。
- **镜头效果：** 利用该渲染特效可以模拟摄影机拍摄时灯光周围的光晕效果，图 7-68 所示为各种镜头效果的渲染效果。

Glow（发光）效果

Ring（光环）效果

Ray（放射）效果

Auto Secondary（自动二级）效果

Star（星）效果

Streak（条纹）效果

图 7-68　各种镜头效果的渲染效果

- **模糊：** 使用该效果可以将渲染图像变模糊，它有均匀型、方向型和径向型三种模糊方式，图 7-69 所示为不同模糊方式的效果。
- **色彩平衡：** 使用该效果可以分别调整渲染图像中红、绿、蓝颜色通道的值，以调整渲染图像的色调。

均匀型模糊

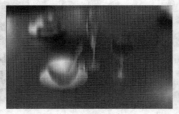

方向型模糊

径向型模糊

图 7-69　不同模糊方式的效果

- **亮度和对比度：** 使用该效果可以改变渲染图像的亮度和对比度。
- **景深：** 使用该效果可以非常方便地为摄影机视图的渲染图像添加景深效果，以突出表现场景中的某一对象（相对于摄影机自带的景深效果来说，景深渲染特效的渲染时间短，且易于控制），如图 7-70 所示。

- 📖 **文件输出**：在效果列表中添加该效果后，应用后面的效果前系统会为渲染图像创建快照，以便于用户调试各种渲染效果。
- 📖 **胶片颗粒**：使用该效果可以为渲染图像加入许多噪波点，以模拟胶片颗粒效果，如图 7-71 所示。
- 📖 **运动模糊**：使用该效果可以模拟摄影机拍摄运动物体时，物体运动瞬间的视觉模糊效果，以增强渲染动画的真实感，如图 7-72 所示。

图 7-70　景深效果

图 7-71　胶片颗粒效果

图 7-72　运动模糊效果

课堂练习——创建"薄雾中的凉亭"效果

在本例中，我们将创建图7-73所示的薄雾中的凉亭，读者可通过此例进一步熟悉设置场景的渲染环境和渲染效果的操作，以及如何渲染输出场景。

在创建时，我们先为场景的背景指定渐变贴图，以模拟天空的效果；然后为场景添加雾效果，以制作场景中的雾；再为场景添加镜头效果，以制作太阳的光晕；最后，设置场景的渲染参数进行渲染输出即可。

（1）打开本书提供的素材文件"凉亭模型.max"文件，场景效果如图 7-74 所示。

图 7-73　薄雾中的凉亭

图 7-74　场景效果

（2）选择"渲染" > "环境"菜单，打开"环境和效果"对话框的"环境"选项卡，然后单击"公用参数"卷展栏中"背景"区域的"无"按钮，指定一个"渐变"贴图，作为场景的背景，如图 7-75 左图所示；然后将背景贴图拖到材质编辑器任一未使用的材质球中，并参照图 7-75 右图所示调整渐变贴图的参数，完成渲染背景的设置。

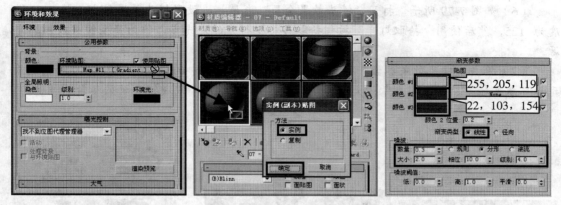

图 7-75　为渲染背景指定渐变贴图并调整其参数

（3）单击"环境"选项卡"大气"卷展栏中的"添加"按钮，为场景添加"雾"大气效果，然后参照图 7-76 右图所示调整雾效果的参数，完成雾效果的添加。

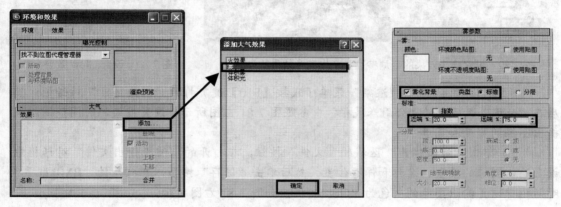

图 7-76　为场景添加雾效果

（4）打开"环境和效果"对话框的"效果"选项卡，然后单击"添加"按钮，为场景添加"镜头效果"渲染特效，如图 7-77 所示。

（5）双击"镜头效果参数"卷展栏左侧子效果列表框中的"Glow"项，设置 Glow 子效果为渲染时的镜头效果，如图 7-78 所示。

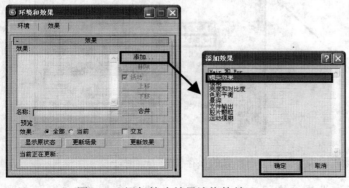

图 7-77　添加镜头效果渲染特效　　　　　　　图 7-78　指定渲染时产生的效果

（6）如图 7-79 所示，打开"镜头效果全局"卷展栏，设置镜头效果的大小为 75，强度为 125，然后使用"拾取灯光"按钮拾取目标平行光的发光点，作为产生镜头效果的光源。

（7）单击"镜头效果参数"卷展栏右侧子效果列表框中的"Glow"项，打开"光晕元素"卷展栏，然后设置光晕的大小为 25，如图 7-80 所示，完成镜头效果参数的调整。

图 7-79　设置镜头效果的全局参数和产生镜头效果的光源　　　图 7-80　设置 Glow 效果参数

（8）选择"渲染" > "渲染"菜单（或按【F10】键）打开"渲染场景"对话框；然后在"公用"选项卡的"公用卷展栏"中参照图 7-81 左图所示，设置渲染的时间范围以及输出图像的宽度和高度。

（9）单击"渲染输出"区域的"文件"按钮，在打开的"渲染输出文件"对话框中设置输出图像的类型、名称和保存位置；然后单击"保存"按钮，在打开的"BMP 配置"对话框中设置输出图像的颜色为 RGB 24 位，如图 7-81 右图所示。

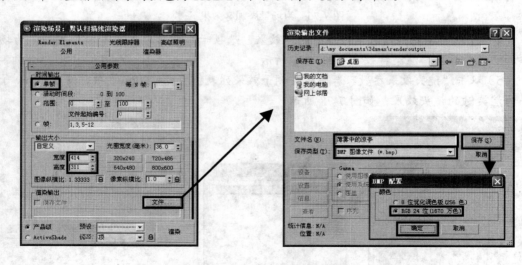

图 7-81　设置渲染参数和输出图像的保存位置

（10）在"渲染场景"对话框中设置渲染视口为 Camera01，然后单击"渲染"按钮，进行渲染输出，如图 7-82 左图所示，渲染效果如图 7-82 右图所示。

图 7-82 设置渲染视口并进行渲染

课后总结

本章主要讲述了为场景创建灯光和摄影机，以及渲染场景方面的知识。学习灯光方面的知识时，关键是了解各种灯光的用途，学会场景的布光方法，并能够根据实际情况调整灯光的照明效果；学习摄影机方面的知识时，要了解自由摄影机和目标摄影机的区别和用途，并学会摄影机的创建和调整方法。学习渲染方面的知识时，关键是了解将场景渲染输出为图像或动画视频的方法，知道如何为场景添加渲染特效，并能够熟练调整场景的环境。

思考与练习

一、填空题

1. 聚光灯产生的是从_____向某一方向照射、照射范围为_____的灯光。根据灯光有无目标点，3ds Max 9 将聚光灯分为_____聚光灯和_____聚光灯两种。

2. 默认情况下，被灯光照射的物体没有阴影，选中"常规参数"卷展栏_____区中的"启用"复选框可以开启灯光的阴影效果，_____下拉列表框用于设置阴影的产生方式。

3. 摄影机是三维动画设计中必不可少的一部分，利用摄影机的_____功能可以观察物体内部的情况；使用摄影机还可以记录场景的_____，便于恢复；此外，使用摄影机还可以非常方便地创建_____、_____动画，模拟现实中的_____特效。

4. 选择_____>_____菜单可以打开"环境和效果"对话框的"环境"选项卡，利用选项卡中_____卷展栏的参数可以设置场景的曝光控制方式；利用_____卷展栏中的参数可以为场景添加大气效果，以模拟现实中的大气现象。

　　5．利用"环境和效果"对话框_____选项卡中的参数可以为场景添加渲染特效，从而为渲染图像添加后期处理效果。例如，使用_____渲染特效可以模拟摄影机拍摄时灯光周围的光晕效果，使用_____渲染特效可以调整渲染图像的色调。

二、问答题

　　1．灯光有哪四种阴影产生方式？各种阴影产生方式有什么特点？
　　2．3ds Max 9 中有哪两种类型的摄影机？这两种类型的摄影机有什么特点？
　　3．什么是景深？什么是运动模糊？在 3ds Max 9 中如何产生这两种摄影效果？
　　4．3ds Max 9 提供了哪些类型的曝光控制方式？简要介绍各曝光控制方式的用途。
　　5．如何为场景添加大气效果？3ds Max 9 提供了哪些类型的大气效果？

三、操作题

　　打开本书提供的素材"神庙模型.max"，效果如图 7-83 所示。利用本章所学知识在场景中创建灯光、摄影机，并添加背景贴图、大气效果和镜头特效，制作出图 7-84 所示的效果图。

图 7-83　神庙场景效果　　　　　　　　图 7-84　神庙场景最终的渲染效果

　　　　创建时，可使用目标平行光模拟太阳光的照射效果，为渲染背景指定位图贴图模拟天空的效果（位图图像为配套素材中的"沙漠天空.jpg"图片），使用雾效果模拟场景中的雾，使用镜头效果中的 Glow 子效果模拟太阳的光晕效果，具体的操作可参考本章课堂练习"创建'薄雾中的凉亭'效果"。

第 8 章　动画制作

3ds Max 9 为用户提供了多种制作动画的方法，例如，可以通过记录模型、摄影机、灯光、材质等的参数修改情况制作动画，也可以使用动力学系统来制作物体的动力学动画。本章将从动画制作的基础知识、高级动画技巧、动画控制器的使用和 reactor 动画几方面入手，系统地介绍一下三维动画制作方面的知识。

本章要点

8.1　动画初步

在制作动画前，需要对动画有一个初步地了解。本节将从动画的原理和分类、如何创建动画、动画的控制等方面入手，介绍一下动画制作的基础知识。

8.1.1　动画原理和分类

下面介绍一下 3ds Max 9 制作动画的原理以及 3ds Max 9 中可以创建的动画类型。

1. 动画原理

看过露天电影的人都知道，电影放映就是使用强光照射不断移动的电影胶片，将胶片上连贯的影像投射到电影银幕上。那么，为什么这些单个的影像在连续播放时，就变成了人们看到的电影呢？

这是利用了人眼的"视觉滞留"特性，当某一事物消失后，其影像仍会在人眼的视网膜上滞留 0.1~0.4 秒左右。因此，只要将一系列相关连的静止画面以短于视觉滞留时间的间隔进行连续播放，在人眼中看到的就是连贯的动作，摇晃火把时看到一条光带就是这个原因。

在 3ds Max 9 中制作动画也是利用了这一原理，但制作过程更简单，用户只需创建出动画的起始帧、关键帧（记录运动物体关键动作的图像）和结束帧，系统就会自动计算并创建出动画起始帧、关键帧和结束帧之间的中间帧。最后，对动画场景进行渲染输出，即可生成高质量的三维动画。

提示

　　在动画中，每个静止画面称为动画的一"帧"，动画每秒钟播放静止画面的数量称为"帧频"（单位为 FPS，帧每秒）。

2. 动画分类

根据操作对象的不同，3ds Max 9 创建的动画大致可分为如下四种类型。

- 📖 **模型动画**：这类动画是通过记录不同时间点模型中修改器参数的变化情况或模型的位置、角度、缩放程度的变化情况创建的。图 8-1 所示为通过记录路径变形修改器的参数调整情况创建的三维文字沿路径运动的动画效果。

图 8-1　三维文字沿路径运动的动画效果

- 📖 **材质动画**：这类动画是通过记录不同时间点材质属性的变化创建的。
- 📖 **灯光动画**：这类动画是通过记录不同时间点灯光的照射方向、照明效果等的变化创建的。图 8-2 所示为使用自由聚光灯创建的灯光跟踪照射动画效果。

图 8-2　灯光跟踪照射动画效果

- 📖 **摄影机动画**：这类动画是通过记录不同时间点摄影机的位置、观察方向和视角的调整创建的。图 8-3 所示为使用自由摄影机创建的环游拍摄动画效果。

图 8-3　摄影机环游拍摄动画效果

提示　　制作摄影机动画时，最好使用自由摄影机。若使用目标摄影机，需使用工具栏中的"选择并链接"工具将摄影机图标和目标点链接起来；否则，当摄影机图标处于目标点正上方时，摄影机将发生翻转，拍摄画面不稳定。

8.1.2　认识"关键帧"

关键帧就是记录运动物体关键动作的图像，使用 3ds Max 9 制作动画时，关键是记录动画的关键帧，下面以制作"舞动的音符"动画为例，介绍一下 3ds Max 9 创建动画的流程及如何记录动画的关键帧，具体操作如下。

（1）打开本书提供的素材文件"音符模型.max"，场景效果如图 8-4 所示。

（2）单击 3ds Max 9 动画和时间控件中的"时间配置"按钮，在打开的"时间配置"对话框中参照图 8-5 所示设置动画的帧频和长度。

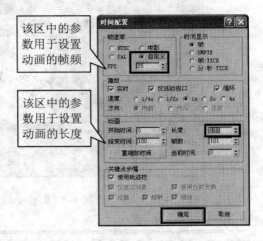

该区中的参数用于设置动画的帧频

该区中的参数用于设置动画的长度

图 8-4　场景效果

图 8-5　设置动画的长度和帧频

（3）将三个音符缩放到原来的 30%，并调整其位置，创建动画的起始帧，如图 8-6 所示。

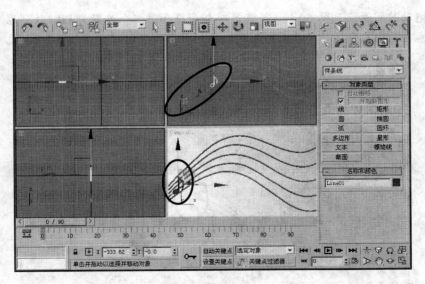

图 8-6　创建动画的起始帧

（4）单击动画和时间控件中的"自动关键点"按钮，开启动画的自动关键帧模式，然后拖动时间滑块到第 25 帧，并将第一个音符缩放到原来的 65%，然后调整第一和第二个音符的位置，创建动画的第一个关键帧，如图 8-7 所示。

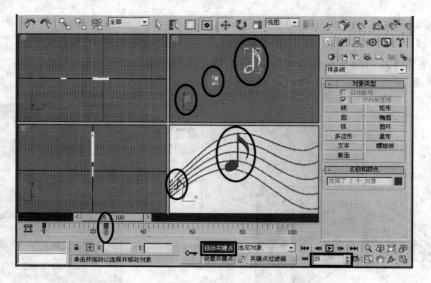

图 8-7　创建动画的第一个关键帧

> **提示**　3ds Max 9 有两种关键帧创建模式,选中"自动关键点"按钮时处于自动关键帧模式,系统会自动将场景不同时间点的变化记录为关键帧;选中"设置关键点"按钮时处于手动关键帧模式,需单击"设置关键点"按钮 ☞ 记录关键帧。

（5）拖动时间滑块到第 50 帧,并将第一个音符和第二个音符分别缩放到原来的 100% 和 65%,然后调整三个音符的位置,创建动画的第二个关键帧,如图 8-8 所示。

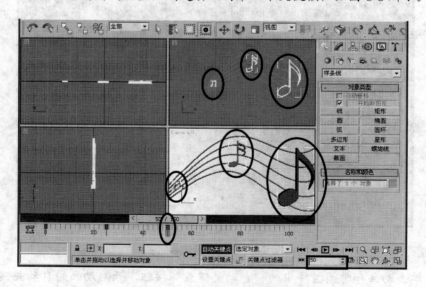

图 8-8　创建第二个关键帧

（6）拖动时间滑块到第 75 帧,并将第二个音符和第三个音符分别缩放到原来的 100%

和 65%，然后调整三个音符的位置，创建动画的第三个关键帧，如图 8-9 所示。

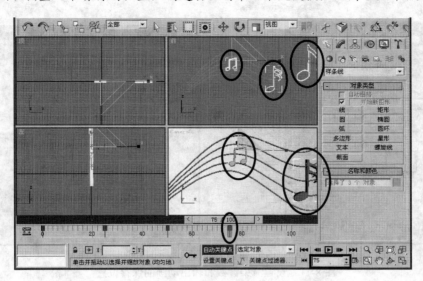

图 8-9　创建第三个关键帧

（7）拖动时间滑块到第 100 帧，并将第三个音符缩放到原来的 100%，然后调整第二个音符和第三个音符的位置，创建动画的结束帧，如图 8-10 所示。至此就完成了动画中关键帧的创建，单击"自动关键帧"按钮退出动画创建模式即可。

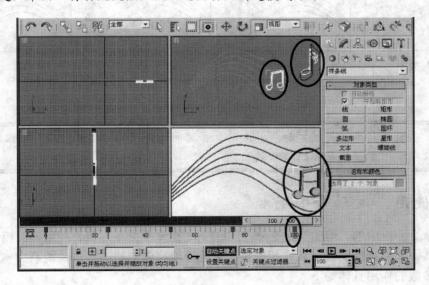

图 8-10　创建动画的结束帧

（8）选择"渲染" > "渲染"菜单，打开"渲染场景"对话框，然后在"公用"选项卡的"公用卷展栏"中参照图 8-11 左图所示，设置渲染的时间范围和输出视频的大小。

（9）单击"渲染输出"区中的"文件"按钮，在打开的"渲染输出文件"对话框中设置输出视频的类型、名称和保存位置；最后，单击"保存"按钮，在打开的"AVI 文件压缩设置"对话框中单击"确定"按钮，完成渲染输出文件的设置，如图 8-11 右图所示。

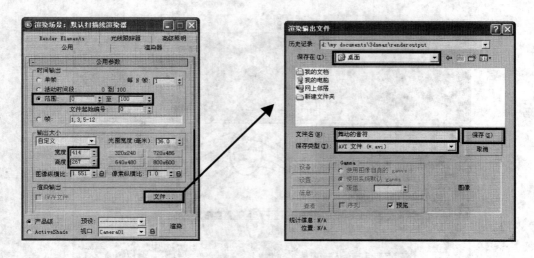

图 8-11　设置渲染参数和输出动画的保存位置

（10）在"渲染场景"对话框中设置渲染视口为 Camera01，然后单击"渲染"按钮，进行渲染输出，即可得到"舞动的音符"动画视频，效果如图 8-12 所示。

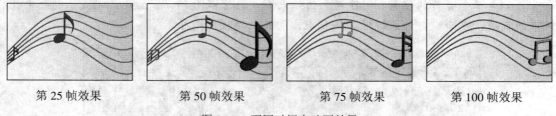

第 25 帧效果　　　　　　第 50 帧效果　　　　　　第 75 帧效果　　　　　　第 100 帧效果

图 8-12　不同时间点动画效果

> **提示**　　创建动画的关键帧时，单击动画和时间控件中的"播放动画"按钮▶，可以在视图中预览动画的播放效果。

8.1.3　使用"运动命令面板"

单击命令面板中的"运动"标签◉可以打开"运动"命令面板，利用该面板中的参数可以为物体添加动画控制器、查看和调整各关键帧处物体的动画参数、调整物体的运动轨迹等，各参数的作用具体如下。

　📖　**指定控制器：**使用该卷展栏中的参数可以为运动物体指定动画控制器，以附加其他的运动效果，图 8-13 所示为添加控制器的操作。

　📖　**PRS 参数：**如图 8-14 所示，使用该卷展栏中的参数可以添加或删除物体的位置关键帧、旋转关键帧和缩放关键帧。

　📖　**关键点信息（基本/高级）：**如图 8-15 所示，"关键点信息（基本）"卷展栏中的参数用于设置各关键帧处的动画参数及动画参数输入输出曲线的类型；"关键点信息（高级）"卷展栏中的参数用于控制动画参数在关键帧附近的变化速度。

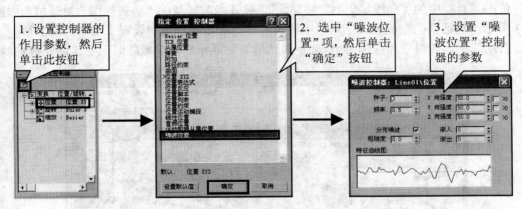

图 8-13　添加控制器操作

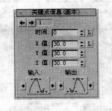

图 8-14　"PRS 参数"卷展栏　　　　图 8-15　"关键点信息（基本）"和"关键点信息（高级）"卷展栏

📖 **轨迹：** 单击此按钮可以切换到"轨迹"选项卡，此时在视图中将显示出选中运动物体的运动轨迹，如图 8-16 所示。单击选中"子对象"按钮后，即可调整物体运动轨迹中关键点的位置，以调整其形状；单击"转化为"按钮可以将物体的运动轨迹转换为可编辑样条线；使用"转化自"按钮可以指定一条曲线作为物体的运动轨迹。

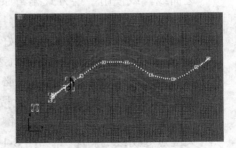

图 8-16　"轨迹"选项卡和物体的运动轨迹

8.1.4 使用 "轨迹视图"

单击工具栏中的 "曲线编辑器" 按钮 可打开当前场景的 "轨迹视图" 对话框，如图 8-17 所示。对话框的左侧列出了场景中所有对象的参数树。选中设置了动画的对象后，系统会自动选中参数树中相应的参数，并在对话框右侧显示出该参数随时间变化的轨迹曲线。

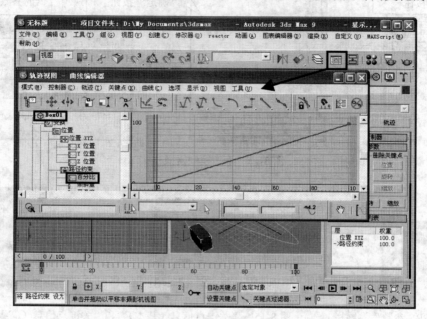

图 8-17 打开场景的 "轨迹视图" 对话框

利用对话框工具栏中的工具调整轨迹曲线的形状，即可调整对象的运动效果。下面介绍几个比较常用的轨迹曲线调整工具，具体如下。

- 📖 **移动关键点** ✥：此工具用于调整选中关键点在轨迹视图中的位置。
- 📖 **滑动关键点** ◆▷：使用此工具向左（或向右）移动关键点时，轨迹曲线中关键点左侧（或右侧）的部分将随之移动相同的距离。
- 📖 **添加关键点** ✗：使用此工具可以在轨迹曲线中插入关键点。
- 📖 **绘制曲线** ↙：使用此工具可以为选中的参数绘制轨迹曲线，或使用手绘方式编辑原有的轨迹曲线。
- 📖 **减少关键点** ⚬⚬：单击此工具将打开图 8-18 所示的 "减少关键点" 对话框。设置好阈值后，单击 "确定" 按钮，即可根据阈值精简轨迹曲线中的关键点，常用来消除手绘轨迹曲线中不必要的关键点。

图 8-18 "减少关键点" 对话框

- 📖 **将切线设置为自动** ﹀：单击此按钮，系统将调整选中关键点处切线的斜率，且关键点两侧将出现蓝色的虚线控制柄（用于手动调整关键点处切线的斜率），如图 8-19 所示。（按住此按钮不放将弹出 "将内切线设置为自动" 按钮 ﹀ 和 "将外切线设置为自动" 按钮 ﹀，分别用于调整关键点输入侧和输出侧切线的斜率）。

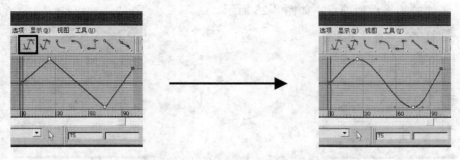

图 8-19　单击"将切线设置为自动"按钮前后效果

- **将切线设置为自定义** $\sqrt{}$ ：单击此按钮，关键点处切线的斜率不变，但关键点两侧会出现黑色的实线控制柄，如图 8-20 所示，用于手动调整关键点处切线的斜率。
- **将切线设置为快速** ：单击此按钮，系统将调整选中关键点处切线的斜率，使参数在关键点附近快速增加或快速减少，如图 8-21 所示。

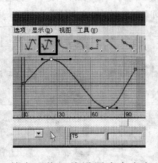 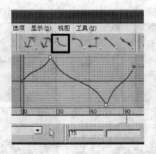

图 8-20　单击"将切线设置为自定义"按钮后效果　　图 8-21　单击"将切线设置为快速"按钮后效果

- **将切线设置为慢速** ：单击此按钮，系统将调整选中关键点处切线的斜率，使参数在关键点附近的变化变为缓慢增加或缓慢减少，如图 8-22 所示。
- **将切线设置为阶跃** ：单击此按钮，轨迹曲线在关键点处变为阶跃曲线，如图 8-23 所示，此时参数在关键点处的变化为阶跃式的突变。

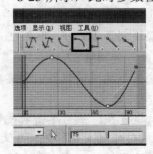 

图 8-22　单击"将切线设置为慢速"按钮后效果　　图 8-23　单击"将切线设置为阶跃"按钮后效果

- **将切线设置为线性** ：单击此按钮，关键点两侧将变为直线段，类似于可编辑样条线中的角点型顶点，如图 8-24 所示，此时参数在关键点附近匀速增加或减少。

📖 **将切线设置为平滑** ✎：单击此按钮，关键点两侧将变为平滑的曲线段，类似于样条线中的平滑型顶点，如图 8-25 所示。

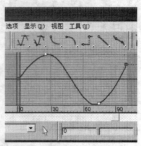

图 8-24　单击"将切线设置为线性"按钮后效果　　图 8-25　单击"将切线设置为平滑"按钮后效果

课堂练习——创建"从桌面滚落的玻璃球"动画

在本例中，我们将创建图 8-26 所示的"从桌面滚落的玻璃球"动画，读者可通过此例进一步熟悉 3ds Max 9 创建动画的流程，并学会使用轨迹视图调整物体的运动轨迹。

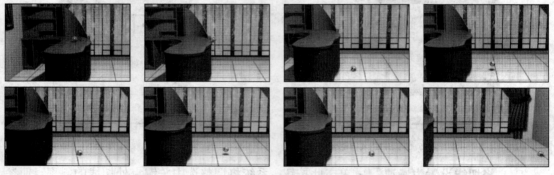

图 8-26　从桌面滚落的玻璃球动画效果

在本例中，我们首先通过记录玻璃球旋转和移动的关键帧，创建玻璃球的滚动动画；然后在轨迹视图中调整玻璃球旋转和移动的轨迹，调整玻璃球的滚动过程。具体操作如下。

（1）打开本书提供的素材文件"玻璃球模型.max"，然后单击动画和时间控件中的"自动关键点"按钮，开启动画的自动关键帧模式；再拖动时间滑块到第 100 帧，并在 Camera01 视图中将玻璃球绕 Y 轴旋转 3600°，创建玻璃球的旋转动画，如图 8-27 所示。

（2）确认时间滑块处于第 100 帧，然后在前视图中调整玻璃球的位置，创建玻璃球的移动动画，如图 8-28 所示。至此就完成了玻璃球滚动动画的创建。

（3）单击工具栏中的"曲线编辑器"按钮 ▦，打开轨迹视图；然后单击轨迹视图左侧参数树中玻璃球旋转参数的"Y 轴旋转"项，显示出 Y 轴旋转值的变化轨迹；再使用"将切线设置为快速"按钮 ◣ 和"将切线设置为慢速"按钮 ◞ 设置轨迹曲线左侧和右侧关键点处参数的变化速率分别为快速和慢速，如图 8-29 所示。

（4）参照步骤（3）所述操作，显示出玻璃球 X 轴坐标值的变化轨迹，并设置轨迹曲线左侧和右侧关键点处参数的变化速率分别为快速和慢速，如图 8-30 所示。

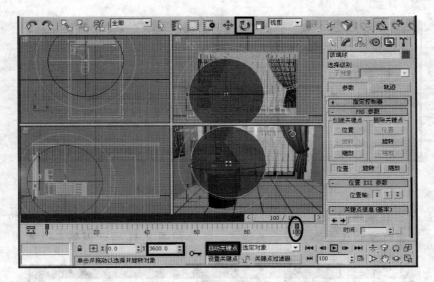

图 8-27　创建玻璃球的旋转动画

图 8-28　创建玻璃球的位置移动动画

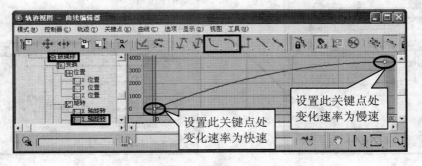

图 8-29　调整玻璃球 Y 轴的旋转轨迹

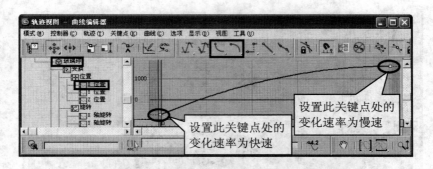

图 8-30　调整玻璃球 X 轴坐标值的变化轨迹

（5）显示出玻璃球 Z 轴坐标值的变化轨迹，然后使用轨迹视图工具栏中的"添加关键点"按钮 在轨迹曲线中添加 6 个关键点，并参照图 8-31 所示调整其位置。

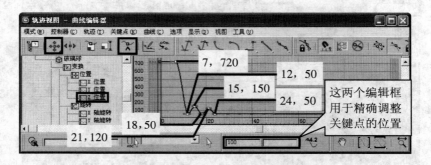

图 8-31　调整玻璃球 Z 轴坐标值的变化轨迹

（6）选择"渲染" > "渲染"菜单，打开"渲染场景"对话框，然后参照图 8-32 所示设置渲染的时间范围、输出视频的大小以及输出视频的类型、保存位置。最后，设置渲染视口为 Camera01，并单击"渲染"按钮，进行渲染即可，效果如图 8-26 所示。

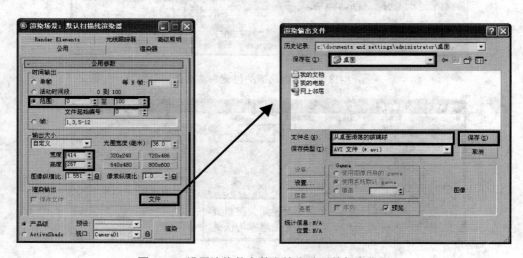

图 8-32　设置渲染的参数和输出动画的保存位置

8.2　高级动画技巧

为了便于制作动画，3ds Max 9 为用户提供了许多动画制作技巧，比较常用的是动画约束，本节就介绍一下动画约束方面的知识。

8.2.1　动画约束

动画约束就是在制作动画时，将物体 A 约束到物体 B 上，使物体 A 的运动受物体 B 的限制（物体 A 称为被约束对象，物体 B 称为约束对象，又称为目标对象）。动画约束的使用非常简单，下面以使用路径约束创建汽车沿螺旋线运动的动画为例，介绍其使用方法。

（1）打开本书提供的素材文件"汽车模型.max"，场景效果如图 8-33 所示。

（2）选中汽车模型，然后选择"动画" > "约束" > "路径约束"菜单，此时将从汽车模型引出一条白色虚线与鼠标相连，如图 8-34 所示；再单击视图中的螺旋线，将汽车模型的运动路径约束到螺旋线上（此时汽车模型的轴心将与螺旋线的起始点重合）。

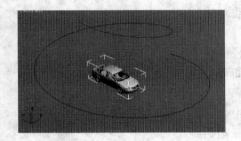
图 8-33　场景效果

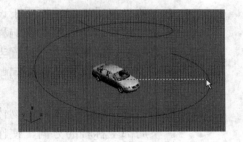
图 8-34　将汽车约束到螺旋线上

（3）打开"运动"面板，然后参照图 8-35 所示调整"路径参数"卷展栏中的参数。至此就完成了汽车路径约束动画的创建，单击动画和时间控件中的播放按钮 ▶，即可在摄影机视图中观察到汽车模型沿螺旋线运动的动画，如图 8-36 所示。

图 8-35　路径约束参数

第 0 帧时效果

第 37 帧时效果

第 66 帧时效果

图 8-36　不同时间点汽车的位置

> **提示**
>
> 　　要想删除物体中的动画约束，只需在"运动"命令面板的"位置列表"卷展栏中选中要删除的动画约束，然后单击卷展栏中的"删除"按钮即可，如图 8-37 所示。单击卷展栏中的"设置激活"按钮，在"运动"命令面板中将显示出当前动画约束的参数；调整"权重"编辑框的值可以设置当前动画约束对运动物体的影响程度（当权重值为 0 时，动画约束无任何效果）。

图 8-37　删除动画约束

8.2.2　路径约束

　　路径约束就是将一个物体约束到指定的路径曲线中，物体只能沿曲线运动。图 8-38 所示为路径约束的参数，在此着重介绍如下几个参数。

- 📖 **添加路径：**该按钮用于为物体添加更多的路径曲线。下方的"权重"编辑框用于设置当前路径曲线对物体运动轨迹和运动范围的影响程度。
- 📖 **沿路径：**该编辑框用于设置当前帧物体在路径曲线中的位置（记录该数值在不同帧的变化情况，即可创建物体沿路径运动的动画）。
- 📖 **跟随：**选中该复选框时，物体在运动的过程中会自动调整局部坐标轴的方向，使作为跟随轴的坐标轴始终与路径曲线相切（"轴"区中的参数用于设置跟随轴），如图 8-39 所示；否则，局部坐标轴的方向保持不变。

图 8-38　路径约束参数

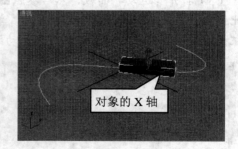

图 8-39　设置长方体的 X 轴为跟随轴时的效果

- 📖 **倾斜：**选中该复选框，物体经过路径曲线弯曲部分时将绕跟随轴旋转，用于模拟飞机转弯时的倾斜效果（"倾斜量"编辑框用于设置倾斜的方向和倾斜程度，如图 8-40 所示；"平滑度"编辑框用于控制倾斜变换的快慢，数值越小，变换越快）。
- 📖 **允许翻转：**选中该复选框，物体将绕跟随轴顺时针旋转 90°，且跟随轴的轴向发生翻转时，物体将绕跟随轴再旋转 180°。

图 8-40　不同倾斜量长方体的倾斜效果

- **恒定速度**：选中该复选框时，物体在整个路径上以恒定速度运动。
- **循环**：选中该复选框时，物体运动到路径末端后会循环回起始点（只有结束帧处"沿路径"编辑框的值大于 100 时才会出现此现象）。
- **相对**：选中该复选框时，物体从原位置开始按路径曲线的形状运动；未选中时，物体在路径曲线上（或路径曲线决定的区域）运动。

8.2.3　方向约束

方向约束是一个旋转约束，将物体 A 约束到物体 B 后，物体 A 的方向将与物体 B 的方向相匹配，且只能通过旋转物体 B 来调整物体 A 的方向（但物体 A 的位置不受方向约束的影响，可以随意调整）。

当物体 A 有多个目标对象时，其方向与所有目标对象的加权平均方向相匹配。图 8-41 所示为方向约束的参数，在此着重介绍如下几个参数。

- **将世界作为目标对象添加**：单击此按钮可以将世界坐标系添加为目标对象。
- **保持初始偏移**：选中该复选框时，物体 A 将保持自己的初始方向；取消时，物体 A 将自动调整自身的方向，以匹配目标对象的方向。
- **变换规则**：当方向约束指定到层级物体后，利用该参数区中的单选钮可以设置方向约束的影响方式（选中"局部-->局部"单选钮时，被约束对象的方向受目标对象或其子层级物体旋转变换的影响；选中"世界-->世界"单选钮时，被约束对象的方向受目标对象或其父层级物体旋转变换的影响）。

图 8-41　方向约束参数

提示　使用工具栏中的"选择并链接" 按钮将物体 A 链接到物体 B（图 8-42 所示为链接的操作）后，物体 A 和物体 B 具有层级关系，B 为 A 的父层级物体，A 为 B 的子层级物体。父层级物体的变换影响子层级物体，但子层级物体的变换不能影响父层级物体。一个物体可以有多个子层级物体，但只能有一个父层级物体。

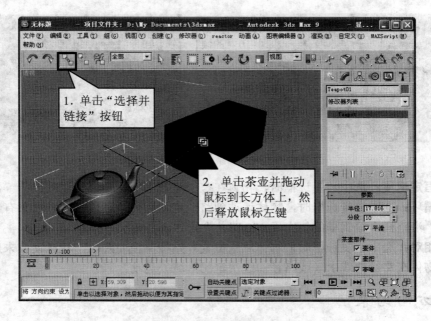

图 8-42 将茶壶链接到长方体中

8.2.4 附着约束

附着约束是将物体 A 附着于物体 B 的表面（物体 B 必须是网格对象或能转换为网格对象的对象，否则无法进行约束），以约束物体 A 的位置。图 8-43 所示为附着约束的参数，在此着重介绍如下几个参数。

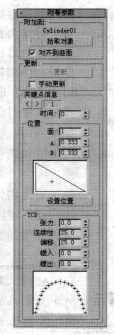

- 📖 **拾取对象**：此按钮用于更改物体 A 的附着对象。单击选中此按钮，然后单击场景中的对象即可。

- 📖 **对齐到曲面**：选中该复选框后，物体 A 局部坐标的 Z 轴始终与附着曲面的法线方向对齐。

- 📖 **位置**：该区中的参数用于调整当前关键帧处物体 A 的附着位置。其中，"面"编辑框用于设置物体 A 附着于物体 B 的哪一网格面；"A"和"B"编辑框用于设置物体 A 在网格面中的位置（单击选中"设置位置"按钮，然后用鼠标拖动物体 A，也可调整其附着位置）。

- 📖 **TCB**：该区中的参数用于调整当前关键帧处物体 A 位置变化轨迹的形状。其中，"张力"编辑框用于调整当前关键帧处轨迹曲线的尖锐程度；"连续性"编辑框用于调整关键帧两侧轨迹曲线的曲率；"偏移"编辑框用于调整轨迹曲线在当前关键帧处的偏移方向和偏移程度；"缓入"、"缓出"编辑框用于放慢物体 A 接近和离开当

图 8-43 附着约束参数

前关键帧的速度；最下方的显示窗口显示了调整后轨迹曲线的形状。

8.2.5　位置约束

位置约束就是将物体 A 的轴心与物体 B 的轴心对齐，且二者的相对位置保持不变。

图 8-44　位置约束参数

> **提示**
>
> 　　选中"位置约束"卷展栏（参见图 8-44）中的"保持初始偏移"复选框可使物体 A 返回约束前的位置。当有多个位置目标时，物体 A 的位置由各目标对象的权重所决定，如图 8-45 所示。

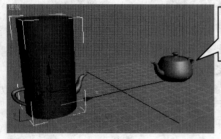

只有一个目标对象时圆柱体的位置

有两个目标对象时圆柱体的位置

图 8-45　有多个位置目标时物体 A 的位置

8.2.6　注视约束

注视约束是使物体 A 的某一局部坐标轴始终指向对象 B，以保持物体 A 对物体 B 的注视状态。常用于摄影机的跟踪拍摄和灯光的跟踪照射（有多个注视目标时，注视方向为所有目标对象的加权平均方向，如图 8-46 所示）。

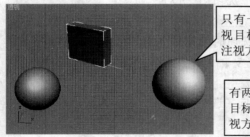

只有一个注视目标时的注视方向

有两个注视目标时的注视方向

中间的浅蓝色直线为实际的注视方向

图 8-46　有多个注视目标时对象 A 的注视方向

图 8-47 所示为注视约束的参数，在此着重介绍如下几个参数。

📖　**保持初始偏移：** 选中该复选框时，物体 A 将返回约束前的状态。

📖　**视线长度：** 设置表示物体 A 注视方向的直线的长度（选中"绝对视线长度"复选框时，编辑框的值为直线的实际长度；未选中时，编辑框的值表示直线长度占物体 A 与目标对象间距的百分比）。

- 📖 **设置方向**：选中此按钮后，可以使用工具栏中的"选择并旋转"工具 🖰 调整物体 A 的注视方向；单击"重置方向"按钮可以恢复到调整前的状态。
- 📖 **选择注视轴**：设置物体 A 的注视轴，右侧的"翻转"复选框用于翻转注视轴的轴向。
- 📖 **选择上部节点**：该区中的参数用于为注视约束指定上部节点对象，默认使用世界坐标。取消选择"世界"复选框后，可使用"NONE"按钮指定上部节点对象。

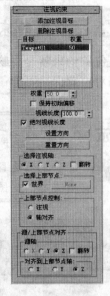

| 提示 | 选中"上部节点控制"区的"注视"单选钮时，只要注视轴与上部节点对象的轴心在同一直线上，物体 A 就绕注视轴翻转 180°；选中"上部节点控制"区的"轴对齐"单选钮时，只要注视轴与上部节点对象局部坐标中"对齐到上部节点轴"区指定的坐标轴一致，物体 A 就绕注视轴翻转 180°。 |

图 8-47 注视约束参数

8.2.7 曲面约束

曲面约束也是将物体 A 约束到物体 B 的表面。需要注意的是，物体 B 的表面必须能用参数来表示（符合条件的有球体、圆锥体、圆柱体、圆环、四边形面片、放样对象和 NURBS 对象）。另外，创建曲面约束后，不能为物体 B 添加修改器或转换为可编辑对象，否则曲面约束将不能正常使用。图 8-48 所示为曲面约束的参数，在此着重介绍如下几个参数。

- 📖 **U 向/V 向位置**：设置物体 A 在物体 B 表面的 U 向和 V 向坐标，以调整物体 A 的位置。

- 📖 **不对齐/对齐到 U/对齐到 V**：这三个单选钮用于设置物体 A 的局部坐标是否与物体 B 的表面坐标对齐。选中"对齐到U"（或"对齐到V"）单选钮时，物体 A 的 X 轴始终与物体 B 表面的 U 轴（或 V 轴）对齐，Z 轴始终与物体 B 表面的法线方向对齐。
- 📖 **翻转**：翻转物体 A 局部坐标 Z 轴的方向（选中"不对齐"单选钮时，该复选框不可用）。

图 8-48 曲面约束参数

课堂练习——创建"随波逐流的树叶"动画

在本例中，我们将创建图 8-49 所示的"随波逐流的树叶"动画。读者可通过此例进一步熟悉一下 3ds Max 9 中各种动画约束的使用方法。

第 0 帧时效果

第 100 帧时效果

第 200 帧时效果

第 300 帧时效果

图 8-49　各时间点场景效果

在本例中，我们首先通过附着约束将树叶附着到湖泊的表面，并创建树叶在湖面漂动的动画；然后使用注视约束将摄影机的拍摄方向约束到树叶中；最后，使用路径约束创建摄影机沿路径跟踪拍摄的动画。

（1）打开本书提供的素材文件"湖泊模型.max"，并选中场景中的树叶，然后选择"动画">"约束">"附着约束"菜单，并单击湖泊，将树叶附着到湖泊表面，如图 8-50 左侧两图所示；再参照图 8-50 右图所示调整附着约束的参数，使树叶位于摄影机的拍摄视野中。

图 8-50　将树叶附着约束到湖泊中

（2）开启动画的自动关键帧模式，并拖动时间滑块到第 150 帧；然后单击"运动"面板"附着参数"卷展栏中的"设置位置"按钮，将其选中（不选中该按钮无法调整树叶的位置）；再设置"面"编辑框的值为 90900，调整树叶在湖泊中的位置，如图 8-51 所示。

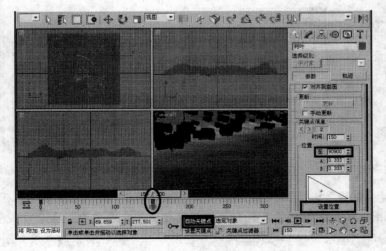

图 8-51　创建树叶在湖面的移动动画

（3）拖动时间滑块到第 300 帧，然后参照步骤（2）所述操作调整树叶的位置，使其位于湖泊的第 89800 面片中，至此就完成了树叶漂动动画的创建。

（4）退出动画的自动关键帧模式，并拖动时间滑块到第 0 帧；然后选中摄影机，并选择"动画" > "约束" > "注视约束"菜单，再单击工具栏中的"按名称选择"按钮，打开"拾取对象"对话框。选中对话框中的"树叶"，然后单击"拾取"按钮，将摄影机的拍摄方向约束到树叶中，如图 8-52 所示。

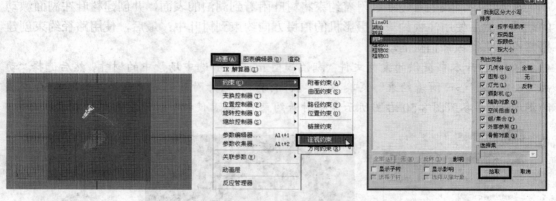

图 8-52　将摄影机注视约束到树叶中

（5）参照图 8-53 所示调整注视约束的参数，使摄影机保持最初的观察状态。

（6）确认摄影机被选中，然后选择"动画" > "约束" > "路径约束"菜单，再单击场景中的曲线，将摄影机的运动轨迹约束到该曲线中，如图 8-54 左侧两图所示；接下来参照图 8-54 右图所示调整路径约束的参数，使摄影机保持最初的观察状态。

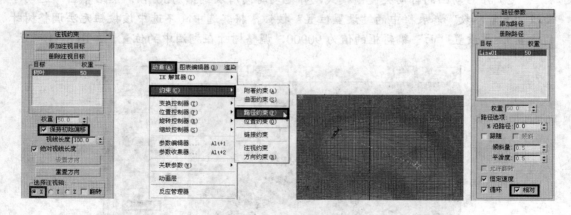

图 8-53　注视约束的参数　　　　　图 8-54　将摄影机路径约束到场景的曲线中

（7）选择"渲染" > "渲染"菜单，打开"渲染场景"对话框，然后参照图 8-55 所示调整渲染的范围、输出视频的宽度、高度、保存位置和保存类型。最后，设置渲染视口为 Camera01,并单击"渲染"按钮进行渲染即可。动画在不同时间点的效果如图 8-49 所示。

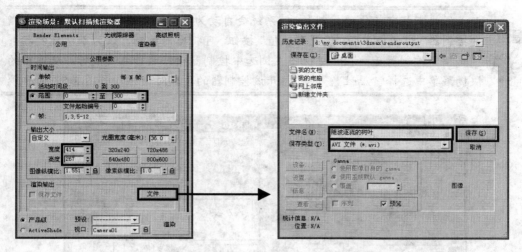

图 8-55 设置渲染参数和输出动画的保存位置

8.3 使用动画控制器

为运动物体添加动画控制器，可以在原有运动动画的基础上附加其他动画效果。本节就来介绍一下动画控制器方面的知识。

8.3.1 添加控制器

为物体添加动画控制器的方法有多种，下面介绍几种比较常用的方法，具体如下。

- 📖 **利用"动画"菜单：** 在"动画"菜单的"变换控制器"、"位置控制器"、"旋转控制器"和"缩放控制器"子菜单中包含了用户可添加的所有控制器。选中要添加控制器的物体，然后选择"动画"菜单中的相应菜单项，即可添加该控制器。
- 📖 **利用轨迹视图中的"控制器"菜单：** 在轨迹视图左侧的参数树中设置好添加控制器的物体和控制器的作用参数，然后选择"控制器">"指定"菜单，打开"指定控制器"对话框；选中要添加的控制器，然后单击"确定"按钮即可，如图 8-56 所示。

图 8-56 利用轨迹视图中的"控制器"菜单添加动画控制器

用户未指定物体的控制器时，系统会自动为物体指定默认控制器（单击"指定控制器"对话框中的"设置默认值"按钮，可将当前控制器设为默认控制器）。

指定控制器后，在轨迹视图左侧选中控制器项，然后右击鼠标，从弹出的快捷菜单中选择"属性"，即可打开该控制器的参数对话框，如图 8-57 所示。

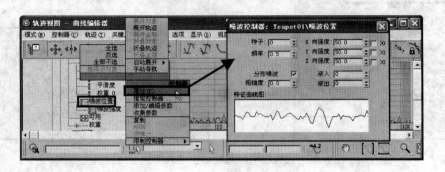

图 8-57　打开控制器的参数对话框

- **使用"运动"面板"指定控制器"卷展栏中的参数**：该方法在本章 8.1.3 节已做介绍，具体操作见图 8-13 所示。

8.3.2　控制器类型

3ds max 9 为用户提供了许多用途不同的控制器，根据控制器作用的不同，可分为变换控制器、位置控制器、旋转控制器和缩放控制器四类，在此着重介绍如下几个控制器。

- **Beizer 控制器**：该控制器是许多参数的默认控制器，它在各关键帧之间创建一条可调整的 Bezier 样条曲线，调整各关键点处曲线的曲率即可调整关键帧之间的插值。
- **TCB 控制器**：该控制器也是用来调整两个关键帧之间的插值，但它是通过调整关键点处的张力、连续性和偏移值进行调整，图 8-58 所示为该控制器的参数。
- **线性控制器**：为动画参数添加该控制器后，轨迹曲线各关键点之间的线段将变为直线段，参数在两个关键点之间线性变化。动画参数在各关键点间的变化比较规则或均匀时，常使用该控制器。例如，一种颜色过渡到另一种颜色，机械运动等。
- **噪波控制器**：为动画参数添加该控制器后，该参数将在指定范围内随机变化。常利用该控制器创建具有特殊效果的动画。图 8-59 所示为该控制器的参数。
- **列表控制器**：如图 8-60 所示，该控制器是一个合成控制器，它可以将多个控制器组合在一起，按从上到下的排列顺序进行计算，产生组合的控制效果。

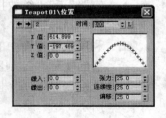

图 8-58　TCP 控制器参数

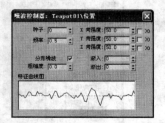

图 8-59　噪波控制器参数

📖　**音频控制器：**该控制器可以将声音文件的振幅或实时声音波形转换为可供动画参数使用的数值。

   📖　**运动捕捉控制器：**为动画参数添加该修改器后，可以利用外部设备控制参数的变化，可以使用的外部设备有鼠标、键盘、游戏杆和 MIDI 设备。

   📖　**表达式控制器：**为动画参数指定该控制器后，可以使用数学表达式控制参数的变化。

图 8-60　列表控制器参数

8.3.3　参数关联

    参数关联实际上就是用对象 A 的动画参数来控制对象 B 的动画参数（或者两者相互控制），当对象 A 的动画参数产生变化后，对象 B 的动画参数将随之产生相应的变化。下面我们以创建"转动的齿轮"动画为例，介绍一下参数关联的使用方法。

    （1）打开本书提供的素材文件"齿轮模型.max"，选中左侧的齿轮，然后右击鼠标，从弹出的菜单中选择"关联参数"，打开参数关联菜单，如图 8-61 所示。

    （2）如图 8-62 左图所示，在弹出的参数关联菜单中选择"变换" > "旋转" > "Z 轴旋转"菜单项，此时从左侧齿轮的轴心引出一条白色虚线与光标相连，如图 8-62 右图所示。

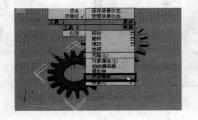  

图 8-61　打开参数关联菜单　　　　　　　图 8-62　创建参数关联的操作一

    （3）如图 8-63 所示，单击右侧的齿轮，在弹出的参数关联菜单中再选择"变换" > "旋转" > "Z 轴旋转"菜单项，打开"参数关联"对话框；然后更改对话框右下方编辑框中的参数表达式，并依次单击"双向连接"按钮 <——> 和"连接"按钮，建立双向参数关联。

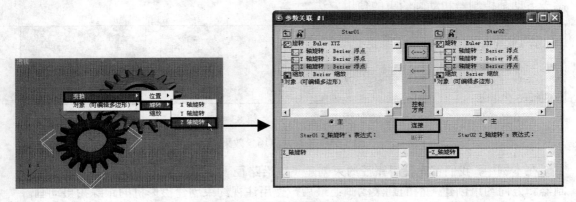

图 8-63　创建参数关联的操作二

在"参数关联"对话框中，选中"双向连接"按钮 <--> 表示左右两侧参数相互控制；选中"单向连接"按钮 <---- 表示右侧参数控制左侧参数；选中"单向连接"按钮 ----> 表示左侧参数控制右侧参数；下方编辑框用于设置参数的表达式。

（4）如图 8-64 所示，单击"自动关键点"按钮开启动画的自动关键帧模式，然后拖动时间滑块到第 100 帧，并将左侧的齿轮绕 Z 轴旋转 360°，创建齿轮的转动动画。此时单击动画和时间控件中的"播放"按钮 ▶，在透视视图中即可看到右侧齿轮随左侧齿轮转动。

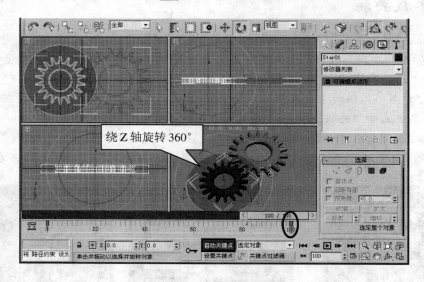

图 8-64　创建齿轮的转动动画

课堂练习——创建"飞机飞行"动画

在本例中，我们将创建图 8-65 所示的"飞机飞行"动画。读者可以通过此例进一步熟悉一下动画控制器和动画约束的使用方法。

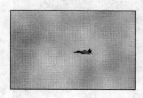　　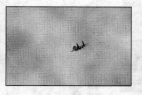　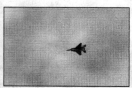

第 0 帧效果　　　　　　第 62 帧效果　　　　　　第 83 帧效果　　　　　　第 120 帧效果

图 8-65　各时间点场景效果

在本例中，我们首先使用路径约束创建飞机沿路径飞行的动画；然后使用 TCB 旋转控制器和方向约束创建飞机的翻滚动画；最后，使用注视约束创建摄影机的跟踪拍摄动画。

（1）打开本书提供的素材文件"飞机模型.max"，然后单击"辅助对象"创建面板"标准"分类中的"虚拟对象"按钮,再在顶视图中飞机模型附近单击并拖动鼠标,创建一个虚拟对象,如图 8-66 所示。

（2）单击工具栏中的"选择并链接"按钮，然后单击飞机模型并拖动鼠标到前面创建的虚拟对象上，再释放鼠标左键，将飞机模型链接到虚拟对象中，如图 8-67 所示。

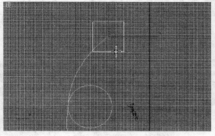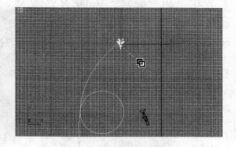

图 8-66　创建一个虚拟对象　　　　　　　　图 8-67　将飞机链接到虚拟对象中

提示　　将运动物体链接到虚拟对象后，运动物体将随虚拟对象产生相同的运动，且渲染时虚拟对象不会渲染出图像。制作复杂动画时，通常将动画分解为几个简单动画，然后使用虚拟对象创建出各简单动画，再将运动物体链接到虚拟对象即可。

（3）选中虚拟对象，然后选择"动画" > "约束" > "路径约束"菜单，再单击场景中的曲线，将虚拟对象约束到曲线上，并调整路径约束的参数，如图 8-68 所示。至此就完成了飞机沿路径飞行动画的创建。

（4）参照前述操作，使用"虚拟对象"工具在顶视图中飞机模型附近再创建一个虚拟对象，并链接到步骤（1）创建的虚拟对象中，如图 8-69 所示。

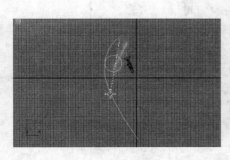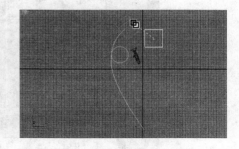

图 8-68　为虚拟对象创建路径约束　　　　　　图 8-69　创建虚拟对象并进行链接操作

（5）选中步骤（4）创建的虚拟对象，然后单击工具栏中的"对齐"按钮，再单击步骤（1）创建的虚拟对象，打开"对齐当前选择"对话框；参照图 8-70 所示调整对话框中的参数，对齐两个虚拟对象的局部坐标，以防止后面进行方向约束时飞机方向发生偏移。

（6）选中场景中的飞机模型，然后选择"动画" > "约束" > "方向约束"菜单，再单击步骤（4）创建的虚拟对象，使飞机的方向始终与该虚拟对象相匹配。

（7）选中步骤（4）创建的虚拟对象，然后打开"运动"面板，选中"指定控制器"卷展栏中的"旋转：Euler XYZ"项，再单击"指定控制器"按钮，通过打开的"指定旋转控制器"对话框为虚拟对象指定"TCP旋转"控制器（如果不指定该控制器，在后续操作时无法旋转虚拟对象），如图8-71所示。

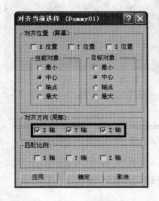 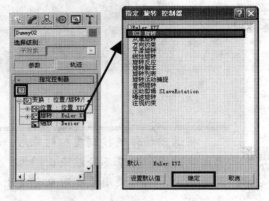

图8-70 "对齐当前选择"对话框 　　图8-71 为虚拟对象指定"TCP旋转"控制器

（8）选中动画和时间控件中的"设置关键点"按钮，开启动画的手动关键帧模式；然后拖动时间滑块到第0帧，并单击"设置关键点"按钮，记录当前帧为关键帧。再拖动时间滑块到第110帧，并记录当前帧为关键帧，如图8-72所示（此时，从第0帧到110帧，飞机沿路径曲线正常飞行）。

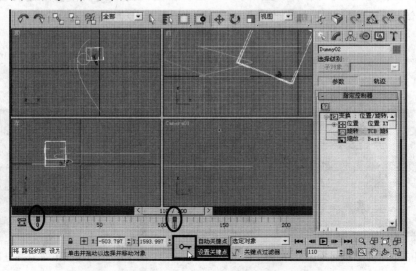

图8-72 将场景的第0帧和第110帧记录为关键帧

（9）如图8-73所示，拖动时间滑块到第130帧，然后在局部参考坐标系中将步骤（5）

创建的虚拟对象绕 Y 轴旋转 180°，并记录当前帧为关键帧（此时，从第 110 帧到第 130 帧，飞机沿路径飞行的同时绕 Y 轴旋转 180°）。

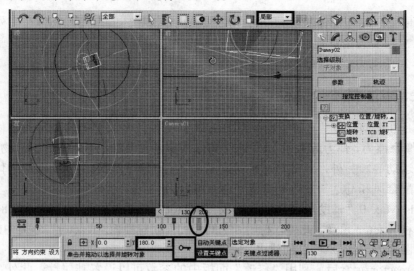

图 8-73　创建飞机的翻转动画

（10）拖动时间滑块到第 150 帧，然后在局部参考坐标系中将步骤（5）创建的虚拟对象绕 Y 轴再旋转 180°，并记录当前帧为关键帧（此时，从第 130 帧到第 150 帧，飞机在沿路径飞行的同时将绕 Y 轴再旋转 180°）。至此就完成了飞机翻转动画的创建，单击"设置关键点"按钮退出动画的手动关键帧模式即可。

（11）选中摄影机，然后选择"动画" > "约束" > "注视约束"菜单，再单击飞机，设置注视目标为飞机，注视约束的参数如图 8-74 所示，至此就完成了飞机飞行动画的创建。

（12）选择"渲染" > "渲染"菜单，打开"渲染场景"对话框，然后参照图 8-75 所示调整渲染输出动画的范围、视频大小、保存位置和保存类型。最后，设置渲染视口为 Camera01，并单击"渲染"按钮进行渲染即可。动画在不同时间点的效果如图 8-65 所示。

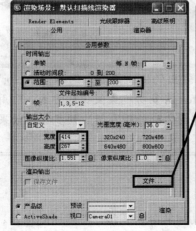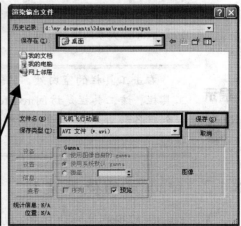

图 8-74　注视约束参数　　　　图 8-75　设置渲染参数和输出动画的保存位置

8.4 reactor 动画

为了方便用户制作物体的各种动力学动画（例如，物体的碰撞，物体在在外力下的变形等），3ds Max 9 为用户提供了一个功能强大的动力学插件——reactor。本节就介绍一下使用 reactor 制作动力学动画的知识。

8.4.1 reactor 简介

reactor 是 3ds Max 9 中一个功能强大的动力学插件，利用该插件为运动物体添加各种物理属性（像摩擦力、弹力等），可以快速简单地模拟各种复杂的物理运动，像物体的碰撞、弹跳和摩擦运动等。另外，它还可以模拟布料和各种流体的运动，以及枢连物体的约束和关节活动。配合风和马达等空间扭曲还可以模拟风和马达的物理行为。

利用 3ds Max 9 "辅助对象" 创建面板 "reactor" 分类中的工具（参见图 8-76 左图）可以创建各种 reactor 元素。此外，利用 "空间扭曲" 创建面板 "reactor" 分类中的 "Water" 按钮（参见图 8-76 右图）可以创建水。

创建好 reactor 元素后，利用 "修改" 面板中的参数可以设置其属性。此外，利用 "工具" 面板 "reactor" 选项卡中的参数（参见图 8-77）还可以预览模拟的效果，查看和编辑场景中对象的物理属性及分析对象的凹凸性等。

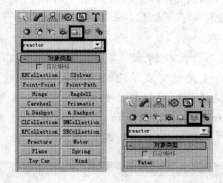

图 8-76　reactor 元素的创建按钮

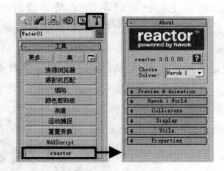

图 8-77　编辑调整 reactor 元素的工具

 提示　　右击工具栏的空白处，从弹出的快捷菜单中选择 "reactor"，可打开 reactor 工具栏。该工具栏是访问 reactor 诸多功能最便捷的方式，利用这些工具可以快速创建各种 reactor 元素、调整物体的物理属性、预览模拟效果和生成动画的关键帧。

8.4.2 reactor 的使用流程

使用 reactor 模拟物体的动力学运动通常分为 4 步：创建运动场景、创建集合对象并将场景中的物体添加到其中、设置物体的动力学属性、预览模拟效果并生成关键帧。下面以使用 reactor 模拟"风吹窗帘"动画为例，介绍一下其使用方法。

（1）打开本书提供的素材文件"窗帘模型.max"，场景效果如图 8-78 所示。

（2）右击 3ds Max 9 工具栏的空白处，在弹出的快捷菜单中选择"reactor"，打开 reactor 工具栏；然后单击"Create Rigid Body Collection"按钮 ，并在左视图中图 8-79 所示位置单击鼠标，创建一个刚体集合。

图 8-78　场景效果

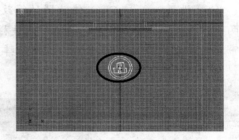

图 8-79　创建一个刚体集合

（3）选中创建的刚体集合，然后单击"修改"面板"RB Collection Properties"卷展栏中的"Add"按钮，通过打开的"Select rigid bodies"对话框将场景中的窗户、窗帘架和墙壁添加到刚体集合中，如图 8-80 所示。

> **提示**
>
> 使用 reactor 模拟动力学动画时，首先要创建集合对象，并将场景中的物体添加到集合中，以区别物体的类型。3ds Max 9 为用户提供了刚体、布料、软体、绳索和变形网格五种集合（reactor 工具栏中的 、 、 、 和 按钮分别用于创建这几种集合），刚体集合中的物体不会因外力的影响而产生变形；布料集合中的物体在外力作用下会产生布料等薄物体的变形；软体集合中的物体类似于橡胶类物体，受外力作用时，它总是力图保持原有的形状；绳索集合中的物体类似于绳索，只能拉伸，无法进行压缩；变形网格集合中的物体随角色的运动而产生变形，主要用于模拟动物和人物表面的衣物、毛发等。

（4）为窗帘添加"reactor Cloth"修改器，然后在"Properties"卷展栏中设置"Mass"编辑框的值为 5.0（即窗帘的重量为 5.0kg），如图 8-81 所示。

图 8-80　将窗户、墙壁和窗帘架添加到刚体集合中　　图 8-81　为窗帘添加"reactor Cloth"修改器

> **提示** 将物体添加到织物、软体或绳索集合中前，需先为其添加 reactor Cloth、reactor SoftBody 或 reactor Rope 修改器，否则无法添加到这几种集合中；另外，使用 reactor 模拟动力学动画时，需指定运动物体的重量，否则在模拟时无法产生运动效果。

（5）设置 reactor Cloth 修改器的修改对象为 "Vertex"，然后在前视图中选中窗帘顶部的两行顶点，并单击 "Constraints" 卷展栏中的 "Fix Vertices" 按钮，固定这两行顶点，使窗帘在模拟动画中不会因重力的作用而掉落下来，如图 8-82 所示。

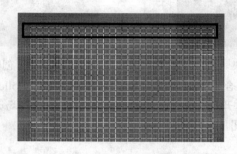

图 8-82 固定窗帘顶部的两行顶点

（6）退出 reactor Cloth 修改器的子对象修改模式，然后单击 reactor 工具栏中的 "Create Cloth Collection" 按钮，此时系统会创建织物集合并将窗帘添加到其中，如图 8-83 所示。

（7）单击 reactor 工具栏中的 "Create Wind" 按钮，然后在左视图中图 8-84 左图所示位置单击，创建 Wind 对象；再在修改面板参照图 8-84 右图所示调整 Wind 对象的参数。

图 8-83 创建织物集合并将窗帘添加到其中   图 8-84 创建风并调整风速

（8）单击 reactor 工具栏中的 "Preview Animation" 按钮，在打开的 "reactor Real-Time Preview" 对话框中选择 "Simulation" > "Play/Pause" 菜单，预览动画效果，如图 8-85 所示。

（9）单击 reactor 工具栏中的 "Create Animation" 按钮，生成动画的关键帧，至此就完成了风吹窗帘动画的创建。参照图 8-86 所示调整渲染参数，然后设置渲染视口为 Camera01，并单击 "渲染" 按钮进行渲染即可，效果如图 8-87 所示。

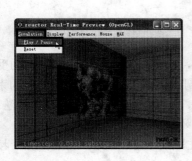

图 8-85　"reactor Real-Time Preview"对话框　　　图 8-86　设置场景的渲染参数

图 8-87　风吹窗帘动画的效果

8.4.3　reactor 对象介绍

reactor 对象又称为反应器对象，它能够以指定的方式与各种集合中的物体相互作用，以制作物体的动力学动画。3ds Max 9 为用户提供了平面、弹簧、线性缓冲器、角度缓冲器、马达、风、玩具车、断裂和水 9 种反应器对象，各反应器对象的用途如下。

- **平面：**使用 reactor 工具栏中的按钮█可以创建平面。当平面属于刚体时，在模拟动画中，任何物体无法逆向穿过平面。利用这一特性，常使用平面来限制物体的运动范围（例如，作为自由落体运动的地面、作为运动场景的墙壁等）。

- **弹簧：**使用 reactor 工具栏中的按钮█可以创建弹簧。为弹簧指定连接对象并调整其物理属性，即可模拟现实中弹簧两端物体的运动。

- **线性缓冲器和角度缓冲器：**使用 reactor 工具栏中的按钮█和█可以分别创建线性缓冲器和角度缓冲器。其中，线性缓冲器类似于长度为 0、阻尼很大的弹簧，它保持连接在它上面的对象间的相对位置不变（对象可以绕连接点自由旋转）；角度缓冲器用于约束两个刚体间的相对方向。

- **马达：**使用 reactor 工具栏中的█按钮可以创建马达。马达可以将旋转力应用于场景中任何非固定刚体，以创建刚体绕旋转轴旋转的动画。

- **风：**使用 reactor 工具栏中的按钮█可以创建风。风用于为场景添加线性外力，以模拟现实世界中风的效果。

- **玩具车：**使用 reactor 工具栏中的按钮█可以创建玩具车。玩具车用于快速的创建和模拟汽车类物体的运动，而不必设置过多约束。

- **破裂：**使用 reactor 工具栏中的按钮█可以创建破裂。破裂用于模拟对象碰撞后碎裂并产生小碎片的动画。

📖 **水**：使用 reactor 工具栏中的按钮 ≋ 可以创建水。水用于模拟自然界中的液体，以及物体在液体表面浮沉、生成波浪和涟漪的效果。

8.4.4 约束对象

在现实中，物体在运动时往往会受到一些限制。例如，一扇装有合叶的门，其运动受合叶的限制；连接在弹簧两端的对象，其运动受弹簧的限制。在 reactor 中，通常使用约束对象来限制物体的运动。下面以创建"风吹房门"动画为例，介绍一下约束对象的使用方法。

（1）打开本书提供的素材文件"门模型.max"，场景效果如图 8-88 所示。

（2）选中门和门框，然后单击 reactor 工具栏中的"Create Rigid Body Collection"按钮 🔳，此时系统会创建刚体集合，并将门和门框添加到其中，如图 8-89 所示。

图 8-88　场景效果　　　　　　　图 8-89　创建刚体集合并添加门和门框

（3）选中门，然后单击 reactor 工具栏中的"Open Property Editor"按钮 🔳，在打开的"Rigid Body Properties"对话框中设置门的 Mass（重量）为 2，如图 8-90 所示。

知识库　　"Rigid Body Properties"对话框"Physical Properties"卷展栏中的参数用于设置物体的物理属性。其中，"Mass"、"Friction"和"Elasticity"编辑框分别用于设置物体的重量、摩擦系数和弹性；选中"Inactive"复选框时，物体在受其他物体作用前处于静止状态；选中"Disable All Collisions"复选框时，物体将穿过其他物体而不发生碰撞；选中"Unyielding"复选框时，物体将按照 3ds max 中已有的动画运动，reactor 不创建其关键帧；选中"Phantom"复选框时，物体在模拟中不被显示，但物体的摩擦、碰撞动作将被保存起来用于触发声音及其他效果。

（4）选中门和门框，然后参照步骤（3）所述操作打开"Rigid Body Properties"对话框，并选中"Simulation Geometry"卷展栏中的"Bounding Box"单选钮，如图 8-91 所示。

（5）选中门和门框，然后单击 reactor 工具栏中的"Create Hinge Constraint"按钮 🔳，此时系统将创建一个铰链约束，并将门框和门分别设为父对象和子对象，如图 8-92 所示。

（6）设置铰链约束的修改对象为"Child Space"，然后参照图 8-93 中间两图所示在顶视图和前视图中调整子对象转轴的位置，再单击"Properties"卷展栏中的"Child Space"按钮，使父对象的转轴与子对象的转轴对齐。

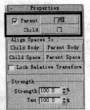

图 8-90　设置门的重量　　图 8-91　设置代理几何体　　　　图 8-92　创建铰链约束

知识库

　　"Rigid Body Properties"对话框"Simulation Geometry"卷展栏中的参数用于设置模拟过程中物体使用的代理几何体，以加快模拟速度。选中"Bounding Box"单选钮时，使用立方体作为代理几何体；选中"Bounding Sphere"单选钮时，使用球体作为代理几何体；选中"Mesh Convex Hull"单选钮时，使用物体各顶点连线构成的凸面体作为代理几何体；选中"Proxy Convex Hull"单选钮时，使用指定对象的凸面体外壳作为代理几何体（下方的"Proxy"按钮用于指定代理对象）；选中"Concave Mesh"单选钮时，使用物体的实际网格作为代理几何体；选中"Proxy Concave Mesh"单选钮时，使用指定对象的凹面体网格作为代理几何体。

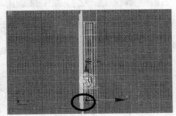

图 8-93　调整铰链约束中父对象和子对象转轴的位置

知识库

　　铰链约束用于模拟门窗合叶的效果，在模拟时，子对象和父对象的转轴始终保持匹配（若二者不匹配，模拟时系统将自动调整子对象的位置和方向，使其匹配），且子对象只能在父对象转轴所在的位置运动。
　　除了铰链约束外，使用 reactor 工具栏中的按钮 、 、 、 和 还可以创建碎布玩偶约束、点到点约束、棱柱约束、车轮约束和点到路径约束。其中，碎布玩偶约束用于模拟身体各关节（如肩膀、脚踝等）的活动；点到点约束用于将物体的运动约束到某一物体或世界坐标的某一点；棱柱约束用于将物体的运动约束到一条直线中（即子对象物体与父对象物体轴点的连线）；车轮约束用于模拟车轮的运动效果；点到路径约束用于将物体的运动约束到指定曲线。

（7）单击 reactor 工具栏中的 "Create Constraint Solver" 按钮 ，并在视图中单击，创建一个约束解算器；再使用 "修改" 面板 "Properties" 卷展栏中的 "Pick" 按钮拾取前面创建的铰链约束，使用 "RB Cllection" 按钮拾取约束解算器关联的刚体集合，如图 8-94 所示。

提示 约束解算器用于执行使约束对象工作所需的所有计算。使用约束对象限制物体的运动时，必须为其指定约束解算器，且约束对象包含的刚体必须在约束解算器关联的刚体集合中，否则约束对象在模拟动画中无效。

（8）使用 reactor 工具栏中的 "Create Wind" 按钮 在前视图中图 8-95 左图所示位置创建一个 Wind 对象，并调整 Wind 图标中箭头的方向（即风向）；然后在 "修改" 面板的 "Properties" 卷展栏中调整 "Wind Speed" 编辑框的值为 40（即风速），如图 8-95 右图所示。

图 8-94　创建约束解算器

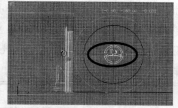

图 8-95　创建 Wind 对象

（9）打开 "工具" 面板 "reactor" 标签栏的 "Preview and Animation" 卷展栏，然后调整 "Time Scale" 编辑框的值为 2；再单击 "Preview in Window" 按钮，预览模拟动画的效果；最后，单击 "Create Animation" 按钮，生成模拟动画的关键帧，如图 8-96 所示。

（10）参照图 8-97 所示调整场景的渲染参数，然后设置渲染视口为 Camera01，并单击 "渲染" 按钮进行渲染即可得到风吹房门的动画，效果如图 8-98 所示。

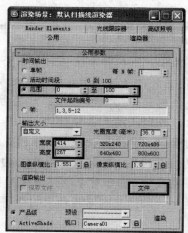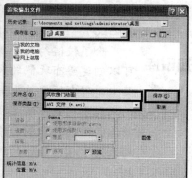

图 8-96　调整 reactor 动画的预览参数　　　　　图 8-97　设置场景的渲染参数

知识库

"工具"面板 "reactor" 标签栏 "Preview and Animation" 卷展栏中的参数用于设置 reactor 模拟动画的预览参数和关键帧的生成参数。其中，"Start Frame"编辑框用于设置生成关键帧的开始时间；"End Frame" 编辑框用于设置生成关键帧的结束时间；"Frame/Key" 编辑框用于设置每隔多少帧生成一个关键帧（数值越大，模拟动画越不精确）；"Substeps/Key" 编辑框用于设置各关键帧间的步幅数（数值越大，模拟动画越精确，占用内存越大）；"Time Scale" 编辑框用于设置 reactor 动画和 3ds Max 动画的时间比（默认为 1.0，即二者的时间比相同）。

图 8-98　风吹房门动画效果

课堂练习——创建"转动的风车"动画

在本例中，我们将创建图 8-99 所示的"转动的风车"动画。读者可通过此例进一步熟悉使用 reactor 创建动力学动画的方法。

图 8-99　转动的风车动画效果

在创建时，我们首先使用 reactor 的马达对象为风车的风叶提供旋转力；然后使用铰链约束约束风叶的转动位置；最后，生成 reactor 动画的关键帧并进行渲染即可。

（1）打开本书提供的素材文件"风车模型.max"，场景效果如图 8-100 所示。

（2）选中风车和风车的风叶，然后单击 reactor 工具栏中的"Create Rigid Body Collection"按钮，此时系统会创建刚体集合，并将风车和风车的风叶添加到其中，如图 8-101 所示。

图 8-100　场景效果　　　　　　　　　图 8-101　创建刚体集合并添加风车和风叶

（3）选中风车的风叶，然后单击 reactor 工具栏中的"Open Property Editor 按钮"，
打开"Rigid Body Properties"对话框；再在对话框中设置风叶的 Mass 为 5，代理几何体为
Bounding Box，如图 8-102 所示。参照前述操作设置风车的代理几何体为 Bounding Box，
完成刚体物理属性的设置。

（4）选中风车的风叶，然后单击 reactor 工具栏中的"Create Motor"按钮，此时
系统会创建一个马达对象，并设置旋转物体为风叶，如图 8-103 所示。

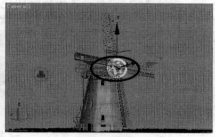 

图 8-102　调整刚体的物理属性 　　　　　　　　　　图 8-103　创建马达对象

（5）参照图 8-104 所示调整马达的 Ang Speed（角速度）、Gain（推力）和 Rotation Axis
（旋转轴），完成风车风叶旋转力的调整。

（6）选中风车和风叶，然后单击 reactor 工具栏中的"Create Hinge Constraint"按钮，
此时系统将创建铰链约束，并设置风车和风叶分别为父对象和子对象，如图 8-105 所示。

图 8-104　调整马达的参数 　　　　　　　　　图 8-105　创建铰链约束

　　　　添加约束后，在"修改"面板的修改器堆栈中设置其修改对象为 Child Space
或 Parent Space，然后使用移动和旋转工具即可调整子对象或父对象的约束点位
置和约束轴方向。默认情况下，父对象和子对象的约束轴对齐于子对象的轴心
处。

　　　　在使用约束对象前，可先将子对象物体的轴心调整到适当位置，然后添加
约束对象。本实例的素材已调整好风叶的轴心，因此不再调整约束轴。

（7）单击 reactor 工具栏中的"Create Constraint Solver"按钮，并在视图中单击，
创建一个约束解算器；再使用"修改"面板"Properties"卷展栏中的"Pick"按钮拾取前

面创建的铰链约束，使用 "RB Cllection" 按钮拾取约束解算器关联的刚体集合，如图 8-106 所示。

（8）单击 reactor 工具栏中的 "Preview Animation" 按钮 ⚫，在打开的 "reactor Real-Time Preview" 对话框中预览模拟效果，如图 8-107 所示。

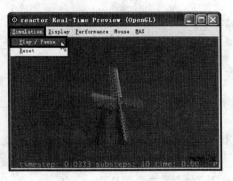

图 8-106 创建约束解算器　　　　　　　　　　　图 8-107 预览模拟效果

（9）单击 reactor 工具栏中的 "Create Animation" 按钮 ⚫，生成动画的关键帧，完成转动的风车动画的创建。参照图 8-108 所示调整渲染参数，然后设置渲染视口为 Camera01，并单击 "渲染" 按钮进行渲染即可，效果如图 8-99 所示。

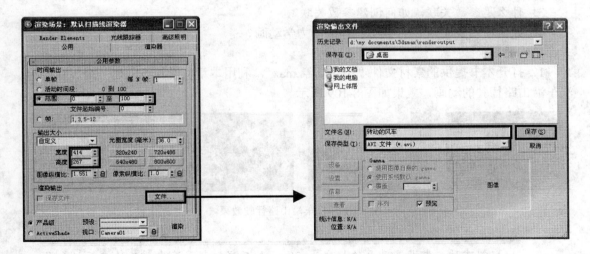

图 8-108 设置场景的渲染参数

课后总结

本章主要从动画基础、动画约束、动画控制器和 reactor 动画四方面入手，介绍了一下使用 3ds Max 9 制作动画的知识。

通过本章的学习，读者应熟悉 3ds Max 创建动画的原理和流程，熟练掌握记录动画的关键帧和调整物体运动轨迹的方法，并能够使用动画约束和动画控制器创建具有特殊效果的动画。另外，要学会使用 reactor 插件模拟物体的动力学动画。

思考与练习

一、填空题

1. 在动画中，每个静止的画面称为动画的一_____，动画每秒钟播放静止画面的数量称为_____（单位为_____）。

2. 在 3ds Max 9 中创建动画时，用户只需创建出动画的_____帧、_____帧（记录运动物体关键动作的图像）和_____帧，然后渲染场景，即可生成三维动画。

3. 动画约束就是在制作动画时，将物体 A_____到物体 B 上，使物体 A 的运动受物体 B 的限制（物体 A 称为被约束对象，物体 B 称为约束对象，又称为_____）。

4. 使用工具栏中的_____按钮可以将物体 A 链接到物体 B。此时物体 A 和物体 B 具有层级关系，B 为 A 的_____，A 为 B 的_____。

5. 利用 3ds Max 9 中的_____插件可以快速简单的模拟各种复杂的物理运动。

二、问答题

1. 在 3ds Max 9 中创建动画关键帧的方法有哪两种？

2. 什么是动画约束？简要介绍一下路径约束和注视约束的作用。

3. 什么是参数关联，如何创建参数关联？

4. 如何使用 reactor 插件模拟物体的动力学动画？

三、操作题

1. 打开本书提供的素材文件"山路场景.max"，利用本章所学知识创建一个 300 帧的汽车沿山路行驶的动画，效果如图 8-109 所示。

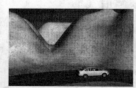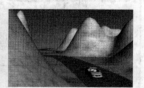

图 8-109　汽车沿山路行驶效果

提示

创建时，先设置动画的长度为 300，然后通过记录汽车前后轮在开始和结束帧绕 X 轴旋转的角度，创建车轮的旋转动画。

将前后轮链接到车身中，并参照山路的形状创建一条曲线；然后使用路径约束将车身约束到曲线上，创建汽车沿山路运动的动画（设置结束帧处汽车行驶到路径的 85%，且汽车沿路径非匀速行驶）。

最后，使用注视约束将摄影机的拍摄对象约束到车身中，并使用路径约束创建摄影机沿山路拍摄的动画（设置结束帧处摄影机运动到路径的 90%，且摄影机沿路径匀速运动）。至此就完成了汽车沿山路行驶动画的创建。

第9章　粒子系统和空间扭曲

为了便于模拟自然界中的各种粒子现象（像雨、雪、喷泉等），以及粒子现象受到的各种力，3ds Max 9 为用户提供了粒子系统和空间扭曲。本章将结合实例介绍一下使用粒子系统和空间扭曲模拟现实中粒子现象的方法。

本章要点

9.1　常用粒子系统

3ds Max9 为用户提供了多种粒子系统，使用这些粒子系统可以非常方便地模拟现实中的各种粒子现象，下面介绍一下这些粒子系统的使用方法。

9.1.1　喷射和雪

喷射和雪属于基本粒子系统，使用"几何体"创建面板"粒子系统"分类中的"喷射"和"雪"按钮可以分别创建这两种粒子系统。下面分别介绍一下它们的使用方法。

1. 喷射粒子系统

喷射粒子系统中的粒子在整个生命周期内始终朝指定方向移动，主要用于模拟雨、喷泉和火花等。

图 9-1 所示为创建喷射粒子系统的操作。创建完粒子系统后，利用"修改"面板"参数"卷展栏中的参数（参见图 9-2）可以调整粒子系统中粒子的数量、移动速度、寿命、渲染方式等，在此着重介绍如下几个参数。

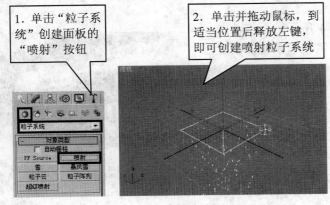

图 9-1　创建喷射粒子系统的操作

图 9-2　喷射粒子系统参数

- □ **视口计数/渲染计数**：这两个编辑框用于设置视口中或渲染图像中粒子的数量，通常将"视口计数"编辑框的值设为较低值，以减少系统的运算量和内存的使用量。
- □ **速度**：设置粒子系统中新生成粒子的初始速度，下方的"变化"编辑框用于设置各新生成粒子初始速度随机变化的最大百分比。
- □ **水滴/圆点/十字叉**：这三个单选钮用于设置粒子在视口中的显示方式。
- □ **渲染**：该区中的参数用于设置粒子的渲染方式。选中"四面体"单选钮时，粒子将被渲染为四面体；选中"面"单选钮时，粒子将被渲染为始终面向视图的方形面片。
- □ **计时**：在该区的参数中，"开始"编辑框用于设置粒子开始喷射的时间，"寿命"编辑框用于设置粒子从生成到消亡的时间长度，"出生速率"编辑框用于设置粒子生成速率的变化范围（取消选择"恒定"复选框后，该编辑框可用）。
- □ **发射器**：该区中的参数用于设置粒子发射器的大小，以调整粒子的喷射范围（粒子发射器在视口中可见，渲染时不可见）。

2. "雪"粒子系统

在雪粒子系统中，粒子的运动轨迹不是恒定的直线方向，而且粒子在移动的过程中不断翻转，大小也不断变化，常用来模拟雪等随风飘舞的粒子现象。

雪粒子系统的创建方法同喷射粒子系统相同，在此不做介绍。图 9-3 所示为雪粒子系统的参数，下面着重介绍如下几个参数。

- □ **翻滚**：设置雪粒子在移动过程中的最大翻滚值，取值范围为 0.0~1.0。当数值为 0 时，雪花不翻滚。
- □ **翻滚速率**：设置雪粒子的翻滚速度，数值越大，雪花翻滚越快。

图 9-3　雪粒子系统参数

课堂练习——创建"下雪"动画

在本例中，我们将创建图 9-4 所示的下雪动画。读者可通过此例进一步熟悉一下雪粒子系统的创建方法和粒子动画的创建流程。

在创建时，我们首先使用系统提供的"雪"工具创建一个雪粒子系统；然后指定一副位图图像作为场景的背景，并在透视视图中显示出该背景图像；再调整透视视图的视野，使雪粒子覆盖整个视图；最后，为雪粒子系统添加雪花材质并进行渲染即可。

图 9-4　下雪动画效果

（1）如图 9-5 所示，单击"几何体"创建面板"粒子系统"分类中的"雪"按钮，然后在透视视图中单击并拖动鼠标，到适当位置后释放鼠标左键，创建一个雪粒子系统。

（2）参照图9-6所示调整雪粒子系统的参数，完成雪的创建。

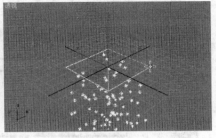

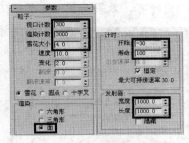

图9-5 创建雪粒子系统   图9-6 雪粒子系统参数

（3）选择"渲染"＞"环境"菜单，通过打开的"环境和效果"对话框指定一副位图图像作为场景的背景，如图9-7所示（位图图像为配套素材中的"雪景.jpg"图片）。

（4）激活透视视图，然后选择"视图"＞"视口背景"菜单，在打开的"视口背景"对话框中选中"使用环境背景"和"显示背景"复选框，使透视视图显示出场景的背景，如图9-8左图所示；再调整透视视图的视野，使雪粒子的飘落方向与背景相匹配，且雪粒子的喷射范围覆盖整个透视视图，如图9-8右图所示。

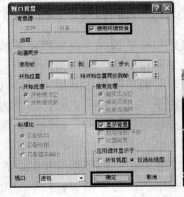

图9-7 为场景指定背景图像   图9-8 调整透视视图的视野

（5）打开材质编辑器，任选一未使用的材质球分配给雪粒子系统，并命名为雪花；然后参照图9-9所示调整雪花材质的基本参数。

（6）打开雪花材质的"贴图"卷展栏，并为"不透明度"贴图通道添加"渐变"贴图，然后参照图9-10右图所示调整渐变贴图的参数。至此就完成了雪花材质的编辑调整。

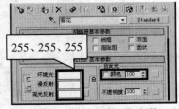

图9-9 雪花材质基本参数   图9-10 为不透明度贴图通道添加渐变材质

（7）选择"渲染"＞"渲染"菜单，打开"渲染场景"对话框，然后参照图 9-11 所示调整场景的渲染参数；最后，设置渲染视口为 Camera01，并单击"渲染"按钮，进行渲染输出即可，效果如图 9-4 所示。

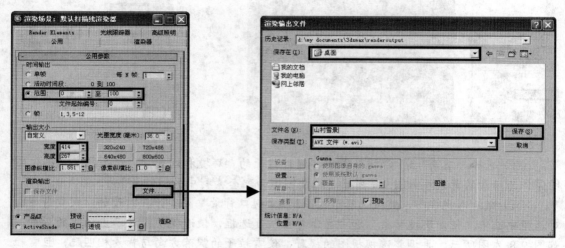

图 9-11　调整场景的渲染参数

9.1.2　超级喷射、暴风雪、粒子阵列和粒子云

超级喷射、暴风雪、粒子阵列和粒子云属于高级粒子系统。其中，超级喷射产生的是从一个点向外发射的线型（或锥型）粒子流，常用来制作飞船尾部的喷火和喷泉等效果；暴风雪产生的是一个从平面向外发射的粒子流，常用来制作气泡上升和烟雾升腾等效果；粒子阵列是从指定物体表面发射粒子，或者将指定物体崩裂为碎片发射出去，形成爆裂效果；粒子云是在指定的空间范围或指定物体内部发射粒子，常用于创建有大量粒子聚集的场景。

这几种高级粒子系统的创建方法与喷射粒子系统类似，在此不做介绍。创建完粒子系统后，利用"修改"面板各卷展栏中的参数可以调整粒子的喷射效果。由于这几种粒子系统的参数类似，在此以超级喷射粒子系统为例，介绍一下各卷展栏中参数的作用。

1．"基本参数"卷展栏

如图 9-12 所示，该卷展栏中的参数用于控制超级喷射粒子系统中粒子的发射方向、辐射面积和粒子在视图中的显示情况。在此着重介绍如下几个参数。

图 9-12　"基本参数"卷展栏

  □ **轴偏离**：设置粒子喷射方向沿 X 轴所在平面偏离 Z 轴的角度，以产生斜向喷射效果。下方的"扩散"编辑框用于设置粒子沿 X 轴所在平面从发射方向向两侧扩散的角度，产生一个扇形的喷射效果。

  □ **平面偏离**：设置粒子喷射方向偏离发射平面（X 轴所在平面）的角度，下方的"扩散"编辑框用于设置粒子从发射平面散开的角度，以产生空间喷射效果（当"轴偏离"编辑框的值为 0 时，调整这两个编辑框的值无效）。

2. "粒子生成"卷展栏

如图 9-13 所示，该卷展栏中的参数用于设置粒子的数量、大小和运动属性，在此着重介绍如下几个参数。

- **使用速率：**选中该单选钮时，可利用下方的编辑框设置每帧动画产生的粒子数。
- **使用总数：**选中该单选钮时，可利用下方的编辑框设置整个动画中产生的总粒子数。
- **发射开始/停止：**这两个编辑框用于设置粒子系统开始发射粒子的时间和结束发射粒子的时间。
- **显示时限：**设置到时间轴的多少帧时，粒子系统中的所有粒子不再显示在视图和渲染图像中。

图 9-13　"粒子生成"卷展栏

- **子帧采样：**该区中的复选框用于避免产生粒子堆积现象。其中，"创建时间"复选框用于避免粒子生成时间间隔过低造成的粒子堆积；"发射器平移"复选框用于避免平移发射器造成的粒子堆积；"发射器旋转"复选框用于避免旋转发射器造成的粒子堆积。
- **增长耗时/衰减耗时：**设置粒子由 0 增长到最大（或由最大衰减为 0）所需的时间。
- **唯一性：**利用该区中的参数可以调整粒子系统的种子值，以更改粒子的随机效果。

3. "粒子类型"卷展栏

如图 9-14 所示，该卷展栏中的参数用于设置渲染时粒子的形状及粒子贴图的类型。下面介绍一下卷展栏中各参数的作用。

- **粒子类型：**该区中的参数用于设置粒子的类型。选中"变形球粒子"单选钮时，系统会将各粒子以水滴或粒子流的形式融合在一起，常用来制作喷射或流动的液体效果；选中"实体几何体"单选钮时，可指定一个几何体作为粒子渲染时的形状。
- **标准粒子：**该区中的单选钮用于设置标准粒子的渲染方式。选中"三角形"单选钮时，粒子将被渲染为三角形面片，常用来模拟水汽和烟雾效果；选中"立方体"单选钮时，粒子将被渲染为立方体；选中"特殊"单选钮时，粒子将被渲染为由三个正方形面片垂直交叉而成的三维对象；选中"面"单选钮时，粒子将被渲染为始终面向

图 9-14　"粒子类型"卷展栏

视图的方形面片，常用来模拟泡沫和雪花效果；选中"恒定"单选钮时，粒子将被渲染为圆形面片，且面片的大小保持不变，不会随粒子与摄影机距离的变化而变化；选中"四面体"单选钮时，粒子将被渲染为四面体，常用来模拟雨滴或火花效果；选中"六角形"单选钮时，粒子将被渲染为六角形面片；选中"球体"单选钮时，粒子将被渲染为球体。

- **变形球粒子参数**：该区中的参数用于设置变形球粒子渲染时的效果。其中，"张力"编辑框用于控制粒子融合的难易程度，数值越大，越难融合；"变化"编辑框用于设置各粒子张力值随机变化的百分比；"计算粗糙度"区中的参数用于调整粒子在视口中或渲染时的粗糙程度，默认选中"自动粗糙"复选框。选中"一个相连的水滴"复选框时，渲染时只显示彼此邻接的粒子。

- **实例参数**：利用该区中的参数可指定一个物体作为粒子的渲染形状。选中"且使用子树"复选框时，指定物体的子层级物体或所在群组中的物体也属于粒子的一部分。

提示　当指定物体具有动画时，粒子也会附加该动画，"动画偏移关键点"区中的参数用于设置动画关键帧的偏移情况，选中"无"单选钮时，不发生偏移，时间滑块运行到动画的起始帧时，粒子才会附加该动画；选中"出生"单选钮时，粒子一生成就会附加该动画；选中"随机"单选钮时，可利用"帧偏移"编辑框设置关键帧随机偏移的最大范围。

- **材质贴图和来源**：该区中的参数用于设置粒子系统使用的贴图方式和材质来源。其中，"时间"和"距离"单选钮用于设置粒子的贴图方式（"时间"表示从粒子出生到将整个贴图贴在粒子表面所需的时间；"距离"表示从粒子出生到将整个贴图贴在粒子表面，粒子移动的距离）；"图标"和"实例几何体"单选钮用于设置材质的来源（选中"图标"单选钮时，使用分配给粒子发射器图标的材质；选中"实例几何体"单选钮时，使用"实例参数"区中指定物体所用的材质）。

提示　更改粒子系统的材质来源时，需单击"材质来源"按钮，以更新材质。

4. "旋转和碰撞"卷展栏

如图 9-15 所示，利用该卷展栏中的参数可以设置粒子的旋转和碰撞效果。下面着重介绍如下几个参数。

- **自旋时间/变化**：设置粒子自旋一周所需的帧数，以及各粒子自旋时间随机变化的最大百分比。
- **相位/变化**：设置粒子自旋转的初始角度，以及各粒子自旋转初始角度随机变化的最大百分比。

图 9-15　"旋转和碰撞"卷展栏

- 　　**自旋轴控制：** 该区中的参数用于设置各粒子自转轴的方向。选中"随机"单选钮时，系统将随机为各粒子指定自转轴；选中"运动方向/运动模糊"单选钮时，各粒子的自转轴为其移动方向（"拉伸"编辑框用于设置各粒子沿移动方向拉伸的倍数）；选中"用户定义"单选钮时，系统将使用"X轴"、"Y轴"和"Z轴"编辑框指定的向量作为各粒子的自旋轴。

- 　　**粒子碰撞：** 该区中的参数用于设置粒子间的碰撞效果。其中，"计算每帧间隔"编辑框用于设置渲染时每隔一帧计算粒子碰撞的次数（数值越高，粒子碰撞的模拟效果越好，运算速度越慢）；"反弹"编辑框用于设置粒子的弹性，下方的"变化"编辑框用于设置各粒子弹性随机变化的最大百分比。

5. "对象运动继承"卷展栏

　　当粒子发射器在场景中运动时，生成粒子的运动将受其影响。"对象运动继承"卷展栏中的参数用于设置具体的影响程度，如图9-16所示。

　　其中，"影响"编辑框用于设置这种影响的程度（当数值为0时，不受影响）；"倍增"编辑框用于增加这种影响的程度，下方的"变化"编辑框用于设置倍增值随机变化的最大百分比。

图9-16　"对象运动继承"卷展栏

6. "气泡运动"卷展栏

　　如图9-17所示，该卷展栏中的参数用于设置气泡在水中上升时的摇摆效果。其中，"振幅"表示粒子因气泡运动而偏离正常轨迹的幅度，下方的"变化"编辑框用于设置振幅随机变化的最大百分比；"周期"编辑框用于设置粒子完成一次摇摆晃动所需的时间，下方的"变化"编辑框用于设置周期随机变化的最大百分比；"相位"编

图9-17　"气泡运动"卷展栏

辑框用于设置粒子摇摆的初始相位，下方的"变化"编辑框用于设置相位随机变化的最大百分比。

7. "粒子繁殖"卷展栏

　　如图9-18所示，该卷展栏中的参数用于设置粒子在消亡时或与导向器碰撞时，繁殖新粒子的效果（取消选择"旋转和碰撞"卷展栏"粒子碰撞"区中的"启用"复选框后，该卷展栏中的参数可用）。在此着重介绍如下几个参数。

- 　　**粒子繁殖效果：** 该区中的参数用于设置粒子在消亡或与导向器碰撞后是否繁殖新粒子。选中"碰撞后消亡"单选钮时，粒子碰撞后将逐渐消亡（"持续"编辑框用于设置消亡持续的时间，"变化"编辑框用于设置各粒子消亡时间随机变化的最大百分比）；选中"碰撞后繁殖"单选钮时，粒子碰撞后将繁殖出新粒子；选中"消亡后繁殖"单选钮时，粒子消亡后将繁殖出新粒子；选中"繁殖拖尾"单选钮时，粒子存在的每一帧都会繁殖出新粒子，且新粒子会沿原粒子的轨迹运动。

提示　在粒子繁殖效果区中，"繁殖数目"编辑框用于设置粒子的繁殖次数；"影响"编辑框用于设置原始粒子中能够繁殖新粒子的粒子所占的百分比；"倍增"编辑框用于设置每次繁殖生成新粒子的数目，"变化"编辑框用于设置各粒子倍增值随机变化的最大百分比。

图 9-18　"粒子繁殖"卷展栏

　　📖 **混乱度：** 设置繁殖生成新粒子的运动方向相对于原始粒子运动方向随机变化的最大百分比。当数值为0时，新生成粒子与原始粒子的运动方向相同。

　　📖 **速度混乱：** 该区中的参数用于设置生成新粒子的运动速度相对于原始粒子运动速度的变化程度。其中，"因子"编辑框用于设置新粒子运动速度随机变化的最大百分比；选中"慢"单选钮时，系统将在因子范围内随机降低新粒子的运动速度；选中"快"单选钮时，系统将在因子范围内随机增加新粒子的运动速度；选中"二者"单选钮时，部分粒子的运动速度加快，部分粒子的运动速度减慢。

提示　选中"继承父粒子速度"复选框时，新粒子的运动速度将在继承原粒子速度的基础上再根据因子值随机变化，以形成拖尾效果；选中"使用固定值"复选框时，新粒子的速度将根据因子值固定变化。

　　📖 **缩放混乱：** 该区中的参数用于设置繁殖生成新粒子的大小相对于原始粒子大小的缩放变化程度。

　　📖 **寿命值队列：** 该区中的参数用于设置繁殖生成新粒子的寿命（寿命值列表中，第一个值分配给第一代粒子繁殖生成的粒子，第二个值分配给第二代粒子繁殖生成的粒子，以此类推）。

　　📖 **对象变形列表：** 该区中的参数用于设置繁殖生成新粒子的形状（变形列表中，第一个物体的形状分配给第一代粒子繁殖生成的粒子，第二个物体的形状分配给第二代粒子繁殖生成的粒子，以此类推）。

8. "加载和保存预设"卷展栏

　　该卷展栏中的参数主要用于调用或保存超级喷射粒子系统的参数，图 9-19 和图 9-20 所示分别为保存和调用参数的具体操作。

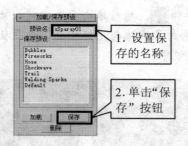

图 9-19 保存参数的操作   图 9-20 调用参数的操作

课堂练习——创建"喷泉"动画

在本例中，我们将创建图 9-21 所示的喷泉动画。读者可通过此例进一步熟悉一下超级喷射粒子系统的使用方法。

在创建时，我们首先使用"超级喷射"工具创建一个超级喷射粒子系统；然后创建一个"重力"空间扭曲，并绑定到粒子系统中，以模拟水流在重力的作用下向上喷射一段时间后向下运动的效果；再创建一个"导向板"空间扭曲，并绑定到粒子系统中，以模拟水珠碰到水面后反弹的效果；最后，为粒子系统分配材质并渲染场景即可。

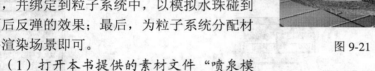

图 9-21 喷泉动画效果

（1）打开本书提供的素材文件"喷泉模型.max"，场景效果如图 9-22 所示。

（2）使用"几何体"创建面板"粒子系统"分类中的"超级喷射"按钮在顶视图中创建一个超级喷射粒子系统，并调整其位置，使粒子发射器位于喷泉的出口处，如图 9-23 所示。

图 9-22 场景效果   图 9-23 创建一个超级喷射粒子系统

（3）单击"空间扭曲"创建面板"力"分类中的"重力"按钮，然后在顶视图中单击并拖动鼠标，到适当位置后释放鼠标左键，创建一个重力空间扭曲，如图 9-24 所示。

（4）选中工具栏中的"选择并绑定到空间扭曲"按钮，然后单击重力空间扭曲并拖动鼠标到超级喷射粒子系统中（此时将从重力引出一条白色虚线与光标相连，如图 9-25 所示），再释放鼠标左键，将重力绑定到超级喷射粒子系统中。

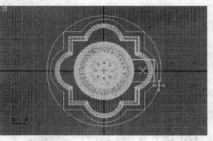

图 9-24　创建重力空间扭曲　　　　　　　　图 9-25　将重力绑定到粒子系统中

（5）参照图 9-26 所示调整重力的强度，然后参照图 9-27 所示调整超级喷射粒子系统的参数。

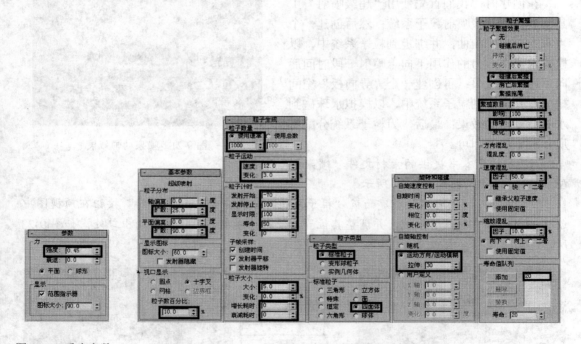

图 9-26　重力参数　　　　　　　图 9-27　超级喷射粒子系统参数

（6）单击"空间扭曲"创建面板"导向器"分类中的"导向板"按钮，然后在顶视图中单击并拖动鼠标，到适当位置后释放鼠标左键，创建一个导向板；再在前视图中调整其位置，如图 9-28 所示。

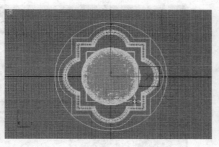
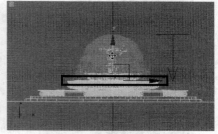

图 9-28　创建一个导向板

（7）参照图 9-29 所示调整导向板的参数，以调整导向板的弹性和影响范围；再参照步骤（4）所述操作将导向板绑定到超级喷射粒子系统中，完成喷泉模型的创建。

图 9-29　导向板参数

（8）打开材质编辑器，任选一未使用的材质球分配给超级喷射粒子系统，然后参照图 9-30 左图所示调整材质的基本参数，再为材质的"折射"贴图通道添加"薄壁折射"贴图（贴图的参数如图 9-30 右图所示），完成水珠材质的创建。

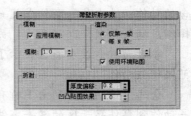

图 9-30　创建水珠材质

（9）选择"渲染" > "渲染"菜单，打开"渲染场景"对话框，然后参照图 9-31 所示调整场景的渲染参数；最后，设置渲染视口为 Camera01，并单击"渲染"按钮，进行渲染输出即可，效果如图 9-21 所示。

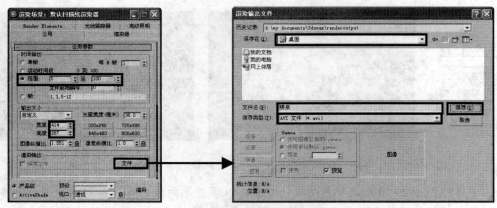

图 9-31　调整场景的渲染参数

9.1.3　PF Source

　　PF Source（Particle Flow Source 的缩写）粒子系统即"事件驱动粒子系统"。这是一种特殊的粒子系统，它将粒子的属性（如形状、速度、旋转等）复合到事件中，然后根据事件计算出粒子的行为，常用来模拟可控的粒子流现象。由于 PF Source 粒子系统的创建方法与喷射粒子系统类似，在此不做介绍。下面介绍一下 PF Source 粒子系统的参数。

1. "设置"卷展栏

　　如图 9-32 所示，在该卷展栏中，"启用粒子发射"复选　　　　　图 9-32　"设置"卷展栏
框用于控制 PF Source 粒子系统是否发射粒子；单击"粒子
视图"按钮可以打开图 9-33 所示的"粒子视图"对话框，利用该对话框中的参数可以为 PF Source 粒子系统添加事件，以控制粒子的发射情况。

提示

　　　粒子视图是使用 PF Source 粒子系统时的主要工作区，它分为菜单栏、事件显示区、参数面板、仓库、说明面板和显示工具 6 大功能区，各功能区作用如下。
　　　菜单栏：该功能区提供了用于创建、编辑和分析粒子事件的所有命令。
　　　事件显示区：该功能区显示了 PF Source 粒子系统中的所有事件和事件包含的动作。选中某一事件或某一动作，然后右击鼠标，在弹出的快捷菜单中选择相应的菜单项，即可开启、关闭、更改、添加和删除选中的事件或动作。
　　　参数面板：该功能区显示了粒子事件中选中动作的参数，利用这些参数即可编辑该动作。
　　　仓库：该功能区列出了所有可应用于 PF Source 粒子系统的动作（拖动某一动作到事件显示区的某一事件中，即可将该动作添加到该事件中；若拖动到事件显示区的空白处，则自动设置该动作为一独立的事件）。
　　　说明面板：选中仓库中某一动作后，在该功能区将显示出该动作的描述信息。
　　　显示工具：该功能区中的工具主要用于移动或缩放事件显示区，以便于调整 PF Source 粒子系统中的动作和事件。

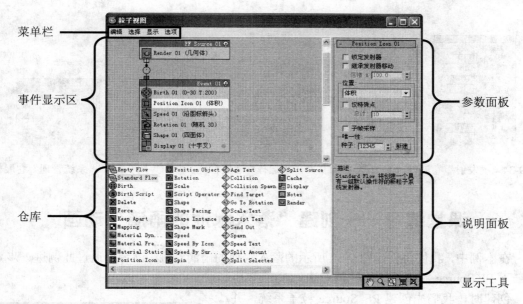

图 9-33 粒子视图

2. "发射"卷展栏

如图 9-34 所示,在该卷展栏中,"发射器图标"区中的参数用于调整发射器图标的物理属性,"数量倍增"区中的参数用于设置视口或渲染图像中显示的粒子占总粒子数的百分比。

3. "选择"卷展栏

如图 9-35 所示,该卷展栏中的参数主要用于设置 PF Source 粒子系统中粒子的选择方式以及选择 PF Source 粒子中的粒子,在此着重介绍如下几个参数。

- 📖 **粒子**⠿:单击选中此按钮后,即可通过单击鼠标或者拖曳出一个选区选择粒子。
- 📖 **事件**▤:单击选中此按钮后,可通过"按事件选择"列表中的事件选择粒子。
- 📖 **按粒子 ID 选择:** 在该区中的 ID 编辑框中设置好粒子的的 ID,然后单击"添加"按钮,即可将该粒子添加到已选中粒子中;单击"移除"按钮可从已选中的粒子中移除该粒子(选中"清除选定内容"复选框后,单击"添加"按钮将只选中 ID 编辑框中指定的粒子)。

4. "系统管理"卷展栏

如图 9-36 所示,在该卷展栏中,"粒子数量"区中的参数用于限制 PF Source 粒子系统中粒子的数量,"积分步长"区中的参数用于设置在视口中或渲染时 PF Source 粒子系统的更新频率(积分步长越小,粒子系统的模拟效果越好,系统的计算量越大)。

图 9-34 "发射"卷展栏   图 9-35 "选择"卷展栏   图 9-36 "系统管理"卷展栏

课堂练习——创建"落入水池的雨滴"动画

在本例中，我们将创建图 9-37 所示的落入水池的雨滴动画，读者可通过此例进一步熟悉一下 PF Source 粒子系统的使用方法。

创建时，我们先创建 PF Source 粒子系统，并调整粒子系统中 Event 01 事件各动作的参数，制作下落的雨滴；然后为粒子系统添加 Spawn（粒子繁殖）事件，并创建导向板和重力空间扭曲，控制繁殖生成新粒子的运动效果，制作雨滴落到水面溅起水花的动画；再为粒子系统添加 Shape Mark（图形标记）事件，使碰撞水面的粒子部分转换为方形面片，以制作雨滴在水面产生的涟漪效果；最后，为 PF Source 粒子系统添加材质并进行渲染即可。

图 9-37 落入水池的雨滴

（1）打开本书提供的素材文件"水池模型.max"，然后使用"几何体"创建面板"粒子系统"分类中的 PF Source 按钮在顶视图中创建一个 PF Source 粒子系统（粒子系统发射器图标的大小决定了粒子的喷射范围，最好使其覆盖整个水池）；然后在前视图中将粒子系统向上移动 1000 个单位，如图 9-38 所示。

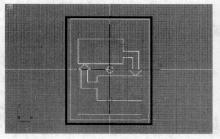

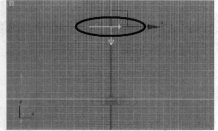

图 9-38 创建 PF Source 粒子系统并调整其位置

（2）单击"修改"面板"设置"卷展栏中的"粒子视图"按钮，打开粒子视图；然后右击事件显示区中 Event 01 事件的名称，从弹出的快捷菜单中选择"重命名"，更改 Event

01 事件的名称为"粒子发射",如图 9-39 所示。

（3）选中粒子发射事件中的 Birth 01 动作,然后在参数面板的 Birth 01 卷展栏中调整 Birth 01 动作的参数,以设置粒子发射的开始时间、结束时间和发射速率,如图 9-40 所示。

图 9-39　更改 Event 01 事件的名称 　　　　　　图 9-40　调整 Birth 01 动作参数

（4）参照步骤（4）所述操作调整粒子发射事件中 Speed 01 和 Shape 01 动作的参数,以调整粒子的运动速度和渲染方式,如图 9-41 所示。

（5）拖动粒子视图仓库区中的 Delete 动作到粒子发射事件中 Display01 动作的上方,为粒子发射事件添加粒子删除动作,如图 9-42 左图所示;然后参照图 9-42 右图所示调整粒子删除动作的参数,以调整粒子系统中粒子的寿命。至此就完成了粒子发射事件的调整。

图 9-41　调整粒子的速度、形状和显示方式 　　　图 9-42　为粒子发射事件添加 Delete 动作

（6）单击"空间扭曲"创建面板"导向器"分类中的"导向板"按钮,然后在顶视

图中单击并拖动鼠标，创建一个覆盖整个水池的导向板空间扭曲，如图 9-43 左侧两图所示；再参照图 9-43 右图所示调整导向板的参数。

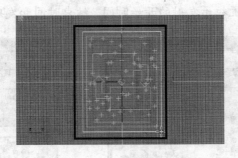

图 9-43 创建一个导向板空间扭曲

（7）参照步骤（5）所述操作，在粒子发射事件中 Delete 01 动作下方添加 Collision（碰撞测试）动作；然后单击 "Collision 01" 卷展栏中的 "按列表" 按钮，拾取步骤（6）创建的导向板，并设置碰撞后的速度类型为反弹，如图 9-44 所示。此时，PFSource 粒子系统发射的粒子碰撞到导向板后将发生反弹。

（8）拖动粒子视图仓库区中的 Spawn 动作到事件显示区的空白处，创建一个粒子繁殖事件，并命名为溅起水花，然后参照图 9-45 所示调整 Spawn 01 动作的参数。

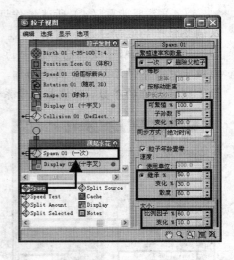

图 9-44 为粒子发射事件添加 Collision 动作   图 9-45 创建溅起水花事件

（9）参照步骤（5）所述操作，为溅起水花事件添加 Delete 动作，并参照图 9-46 所示调整 Delete 动作的参数，以调整 Spawn 动作生成新粒子的寿命。

（10）拖动溅起水花事件上端的连接点 到粒子发射事件中 Collision 动作左侧的连接点 上，将溅起水花事件连接到 Collision 动作上（此时从 Collision 动作中将引出一条带箭头的蓝色折线与溅起水花事件相连，如图 9-47 所示；当 PFSource 粒子系统中的粒子与导向板发生碰撞时，原始粒子将自动消失，并繁殖出一定数量的新粒子）。

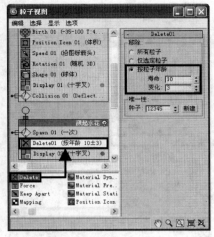
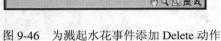

图 9-46 为溅起水花事件添加 Delete 动作   图 9-47 连接 Collision 动作和 Spawn 动作

（11）单击"空间扭曲"创建面板"力"分类中的"重力"按钮，然后在顶视图中单击并拖动鼠标，创建一个重力空间扭曲，如图 9-48 左侧两图所示（重力图标的大小和位置不影响作用效果）；再参照图 9-48 右图所示调整重力的参数。

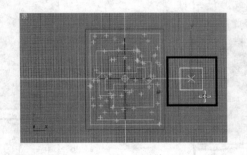

图 9-48 创建一个重力空间扭曲

（12）参照步骤（5）所述操作，在溅起水花事件中 Delete 02 动作的上方添加 Force 动作，然后单击"Force 01"卷展栏中的"按列表"按钮，拾取步骤（11）创建的重力，如图 9-49 所示。此时，溅起的水花粒子在重力的作用下将沿原方向飞行一端时间，然后下落。至此就完成了溅起水花事件的调整。

（13）参照步骤（5）所述操作，在溅起水花事件中 Spawn 01 动作的上方添加 Split Amount 动作，对与导向板碰撞的粒子进行分流，如图 9-50 所示。

（14）拖动粒子视图仓库区中的 Shape Mark 动作到事件显示区的空白处，创建一个图形标记事件，然后更改事件的名称为涟漪效果；再将涟漪效果事件与溅起水花事件中的 Split Amount 动作连接起来，如图 9-51 所示。此时，由于 Shape Mark 动作的原因，Split Amount 动作分流出的粒子在碰撞到指定对象后将变为矩形面片。

（15）选中涟漪效果事件中的 Shape Mark 动作，然后单击"Shape Mark 01"卷展栏中的"None"按钮，并单击场景中的地面，设置地面为 Shape Mark 动作的接触对象；再设置 Shape Mark 动作产生的矩形面片的长度和宽度为 20，如图 9-52 所示。

图 9-49　为溅起水花事件添加 Force 动作

图 9-50　将与导向板碰撞的粒子进行分流

图 9-51　创建涟漪效果事件

图 9-52　调整 Shape Mark 动作的参数

（16）参照步骤（6）所述操作，在涟漪效果事件中 Display 03 动作的上方添加 Scale（缩放粒子）动作，并参照图 9-53 所示调整 Scale 动作的参数。

（17）开启动画的自动关键帧模式，然后拖动时间滑块到第 30 帧，并调整涟漪效果事件中 Scale 01 动作的比例因子为 100%，再退出动画创建模式。此时产生涟漪的粒子碰撞到地面后将由指定大小的 10% 逐渐增大到 100%，经历的时间为 30 帧。

（18）参照步骤（6）所述操作，在涟漪效果事件中 Display 03 动作的下方添加 Age Test 动作，并参照图 9-54 所示调整其参数，以测试事件运行的时间。

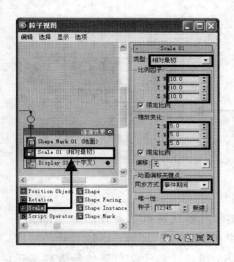

图 9-53　为涟漪效果事件添加 Scale 动作　　　　图 9-54　为涟漪效果事件添加 Age Test 动作

（19）拖动粒子视图仓库区中的 Delete 动作到事件显示区的空白处，创建一个粒子删除事件，然后更改事件的名称为删除涟漪；再将删除涟漪事件与涟漪效果事件中的 Age Test 动作连接起来，如图 9-55 所示。此时，只要系统检测到各涟漪运行的时间大于指定值，就会删除该涟漪效果。至此就完成了涟漪效果事件的调整。

（20）打开材质编辑器，任选一未使用的材质球，并命名为"水珠"，然后参照图 9-56 所示调整材质的基本参数和扩展参数，创建水珠材质。

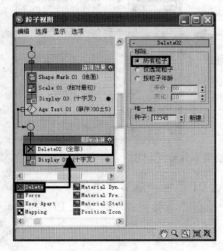

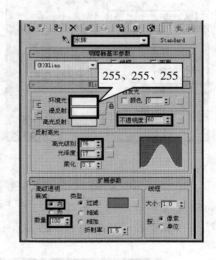

图 9-55　创建删除涟漪事件　　　　　　　　　图 9-56　创建水珠材质

（21）任选一未使用的材质球，并命名为"涟漪"，然后参照图 9-57 左图所示调整材质的基本参数；再为材质的"不透明度"和"凹凸"贴图通道添加"渐变坡度"贴图（贴图的参数如图 9-57 右图所示）。至此就完成了涟漪材质的创建。

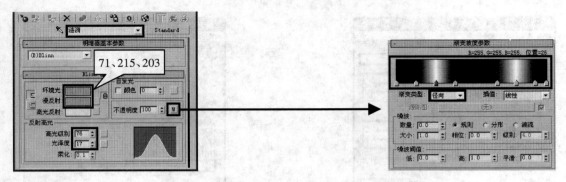

图 9-57　创建涟漪材质

（22）参照步骤（6）所述操作为粒子发射、溅起水花和涟漪效果事件添加 Material Dynamic 动作，然后单击"Material Dynamic"卷展栏中的"None"按钮，通过打开的"材质/贴图浏览器"对话框为三个事件分配材质，如图 9-58 所示（粒子发射事件和溅起水花事件分配水珠材质，涟漪效果事件分配涟漪材质）。至此就完成了落入水池的雨滴动画的制作。

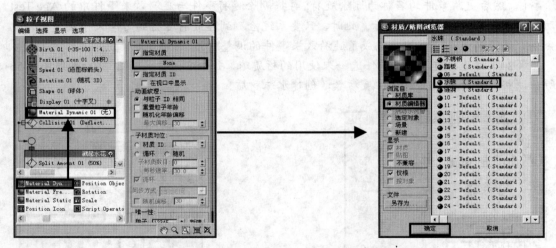

图 9-58　为粒子发射、溅起水花和涟漪效果事件分配材质

（23）如图 9-59 所示，选中粒子视图中的 PF Source 01 事件，然后右击鼠标，从弹出的快捷菜单中选择"属性"，打开"对象属性"对话框；再在"运动模糊"区设置 PF Source 粒子系统中粒子的运动模糊参数。

提示　设置喷射、雪、超级喷射、暴风雪、粒子云和粒子阵列等非事件驱动粒子系统的运动模糊参数时，只需选中粒子发射图标，然后通过对象的右键快捷菜单打开"对象属性"对话框，在"运动模糊"区中设置即可；设置 PF Source 粒子系统的运动模糊参数时，必须参照步骤（23）所述操作执行，否则无运动模糊效果。

（24）选择"渲染" > "渲染"菜单，打开"渲染场景"对话框，然后参照图 9-60 所示调整场景的渲染参数；最后，设置渲染视口为 Camera01，并单击"渲染"按钮，进行渲染输出即可，效果如图 9-37 所示。

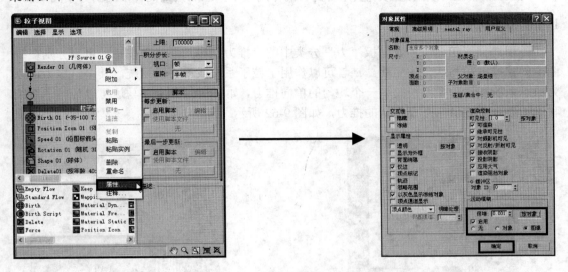

图 9-59　设置 PF Source 粒子系统中粒子的运动模糊参数

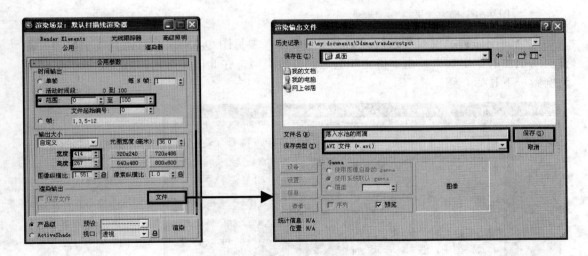

图 9-60　调整场景的渲染参数

9.2　常用空间扭曲

空间扭曲主要用来控制粒子系统中粒子的运动情况，或者为 reactor 动力学系统提供运动的动力。3ds Max 9 的"空间扭曲"创建面板为用户提供了所有空间扭曲的创建工具，下面介绍几种比较常用的空间扭曲。

9.2.1 力

力空间扭曲主要用来模拟现实中各种力的作用效果，下面介绍几种常用的力空间扭曲。

1. 推力和马达

使用"空间扭曲"创建面板"力"分类中的"推力"和"马达"按钮，可以分别在视图中创建推力和马达空间扭曲。二者可以作用于粒子系统或动力学系统，其中，推力可以为粒子系统和动力学系统提供一个均匀的单向推力，如图9-61所示；马达可以为粒子系统和动力学系统提供一个螺旋状的推力，如图9-62所示。

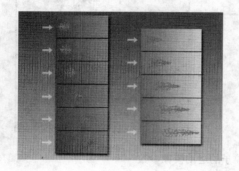

图 9-61　推力效果

图 9-62　马达效果

将空间扭曲绑定到粒子系统或动力学系统中（参见图 9-63），然后调整其参数即可调整空间扭曲的作用效果。由于推力和马达的参数类似，在此以马达的参数（参见图9-64）为例做一下具体介绍。

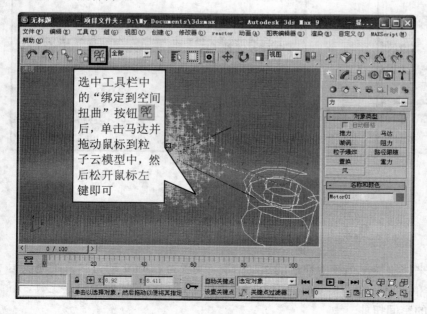

图 9-63　将马达绑定到粒子云中

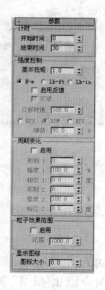

图 9-64　马达参数

- 📖 **基本扭矩**：设置马达扭曲力的强度，下方的 N-m、Lb-ft 和 Lb-in 单选钮用于设置扭矩使用的标准（N-m 为牛顿-米制标准，Lb-ft 为磅-英尺标准，Lb-in 为磅-英寸标准）。
- 📖 **启用反馈**：未选中该复选框时，马达的扭曲作用力固定不变；选中该复选框时，粒子的运动速度与马达目标转速的接近程度将影响马达的扭曲作用力。
- 📖 **可逆**：选中该复选框时，如果粒子速度超过了马达的目标转速，扭曲力将转换方向。下方的"目标转速"编辑框用于设置马达的目标转速；RPH、RPM 和 RPS 单选钮用于设置目标转速的单位，分别为转/时、转/分和转/秒。
- 📖 **增益**：设置在扭曲力作用下粒子达到目标速度的快慢程度，数值越大，速度越快。
- 📖 **周期变化**：选中该区中的"启用"复选框时，可通过下方的参数设置扭曲力强度的变化周期、变化幅度等。指定两个周期时，扭曲力将产生噪波变化。
- 📖 **粒子效果范围**：选中该区中的"启用"复选框时，马达的影响范围将限制为一个球形的空间，"范围"编辑框用于设置空间的半径。

2. 漩涡和阻力

使用"空间扭曲"创建面板"力"分类中的"漩涡"和"阻力"按钮，可以分别在视图中创建漩涡和阻力空间扭曲。二者只能应用于粒子系统，其中，漩涡可以使粒子系统中的粒子产生漩涡效果，如图 9-65 所示，常用来制作涡流现象；阻力可以在指定的范围内按照指定量降低粒子的运动速度，如图 9-66 所示，常用来模拟粒子运动时所受的阻力。

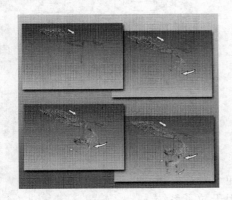

图 9-65　漩涡的作用效果

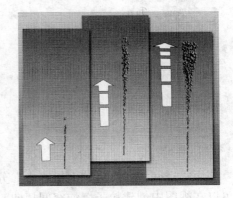

图 9-66　阻力的作用效果

图 9-67 和 9-68 所示为漩涡和阻力空间扭曲的参数，在此着重介绍如下几个参数。

- 📖 **漩涡外形**：该区中的参数用于设置漩涡的形状，其中，"锥化长度"编辑框用于设置锥形漩涡的高度，数值越小，高度越小，漩涡越紧密；"锥化曲线"编辑框用于设置漩涡的外形，数值越小，漩涡口越宽。
- 📖 **捕获和运动**：该区中的参数用于设置漩涡的旋转速度、下漏速度和影响范围。当选中"无限范围"复选框时，漩涡影响整个粒子系统，否则使用下方的设置影响粒子系统。其中，"轴向下拉"编辑框用于设置粒子在漩涡中的下降速度；"轨道速度"编辑框用于设置粒子在漩涡中的旋转速度；"径向拉力"编辑框用于设置漩涡对粒子的径向拉力;"范围"编辑框用于设置前面三种效果的影响范围;"衰减"编辑框用于设置这三种效果对粒子影响程度的衰减情况;"阻尼"编辑框用于设置这三种效果受抑制的程度。

📖 **阻尼特征:** 该区中的参数用于设置阻力的影响范围和影响效果。选中"无限范围"复选框时,阻力影响整个粒子系统,否则使用下方的设置影响粒子系统。选中"线性阻尼"单选钮时,阻力使用线性阻尼方式影响粒子系统;选中"球形阻尼"单选钮时,阻力使用球形阻尼方式影响粒子系统;选中"柱形阻尼"单选钮时,阻力使用柱形阻尼方式影响粒子系统。"径向"编辑框用于设置阻力对粒子系统的径向作用力;"切向"编辑框用于设置阻力沿粒子运动的切线方向的作用力;"轴向"编辑框用于设置阻力对粒子系统的轴向作用力。

图 9-67　漩涡参数

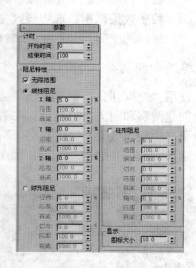

图 9-68　阻力参数

3. 粒子爆炸

使用"空间扭曲"创建面板"力"分类中的"粒子爆炸"按钮可以在视图中创建粒子爆炸空间扭曲。它可以应用于粒子系统和动力学系统,以产生粒子爆炸效果,或者为动力学系统提供爆炸冲击力。图 9-69 所示为粒子爆炸空间扭曲的参数,下面着重介绍如下几个参数。

图 9-69　粒子爆炸参数

📖 **爆炸对称:** 该区中的参数用于设置粒子爆炸的爆炸方式和炸出碎片的混乱程度。选中"球形"单选钮时,爆炸中心为球体,粒子向周围发散;选中"柱形"单选钮时,爆炸中心为柱体,粒子沿柱面发散;选中"平面"单选钮时,爆炸中心为平面,粒子向平面两侧发散;调整"混乱度"编辑框的值可以调整粒子的混乱度(当"持续时间"编辑框的值为 0 时,调整混乱度才有效）。

- 📖 **爆炸参数：** 该区中的参数用于设置粒子爆炸的开始时间、持续时间、强度、衰减方式和影响范围。选中"线性"单选钮时，爆炸强度在指定范围内线性衰减；选中"指数"单选钮时，爆炸强度在指定范围内按指数方式衰减。

4．路径跟随

使用路径跟随空间扭曲可以控制粒子的运动方向，使粒子沿指定的路径曲线流动，常用来表现山涧的小溪、水流沿曲折的路径流动等效果。图9-70所示为路径跟随的参数，在此着重介绍如下几个参数。

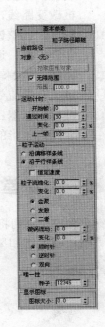

- 📖 **运动计时：** 在该参数区中，"开始帧"和"上一帧"编辑框分别用于设置路径跟随开始和结束影响粒子系统的时间；"通过时间"编辑框用于设置各粒子通过整个路径所需的时间；"变化"编辑框用于设置各粒子通过时间随机变化的最大范围。
- 📖 **沿偏移样条线：** 选中该单选钮时，粒子的运动路线受粒子喷射点与路径曲线起始点间距离的影响，只有二者重合时，粒子的运动路线才与路径曲线相同。
- 📖 **沿平行样条线：** 选中该单选钮时，粒子的运动路线始终与路径曲线相同，不受喷射点位置的影响。
- 📖 **粒子流锥化：** 该编辑框用于设置粒子在运动时偏离路径的程度（选中"会聚"单选钮时，粒子沿路径运动的同时向里汇聚，靠近路径；选中"发散"单选钮时，粒子沿路径运动的同时向外发散，远离路径；选中"二者"单选钮时，部分粒子向里汇聚，部分粒子向外发散），"变化"编辑框用于设置各粒子偏离程度随机变化的最大范围。

图9-70　路径跟随的参数

- 📖 **涡流运动：** 该编辑框用于设置粒子绕路径螺旋运动的圈数（选中"顺时针"单选钮时，粒子沿路径曲线运动的同时绕路径曲线顺时针方向旋转；选中"逆时针"单选钮时，粒子沿路径曲线运动的同时绕路径曲线逆时针方向旋转；选中"双向"单选钮时，部分粒子绕路径顺时针旋转，部分粒子绕路径逆时针旋转）。"变化"编辑框用于设置各粒子旋转圈数随机变化变化的最大范围。

5．重力和风

重力和风空间扭曲主要用来模拟现实中重力和风的效果，以表现粒子在重力作用下下落以及在风的吹动下飘飞的效果。二者的参数类似，在此以风空间扭曲为例做一下具体介绍（风的参数参见图9-71）。

- 📖 **强度：** 该编辑框用于设置风力的强度。
- 📖 **衰退：** 该编辑框用于设置风力随距离的衰减情况（当数值为 0 时，风力不发生衰减）。
- 📖 **平面/球形：** 这两个单选钮用于设置风的影响方式，选中"平面"单选钮时，风从平面向指定的方向吹（风图标中箭头的方向即可风吹动的方向）；选中"球形"单选钮时，风从一个点向四周吹，风图标的中心点为风源。

图 9-71　风的参数

- 📖 **湍流：** 调整该编辑框的值时，粒子在风的吹动下将随机改变路线，产生湍流效果（数值越大，粒子的湍流效果越明显）。
- 📖 **频率：** 调整该编辑框的值时，粒子的湍流效果将随时间呈周期性的变化（该效果非常细微，通常无法看见）。
- 📖 **比例：** 该编辑框用于缩放湍流效果。数值越小，湍流效果越平滑、越规则。数值越大，湍流效果越混乱，越不规则。
- 📖 **范围指示器：** 当衰减值大于 0 时，选中此复选框将显示出一个范围框，指示风力衰减到一半的位置。

课堂练习——创建"燃烧的香烟"动画

在本例中，我们将创建图 9-72 所示燃烧的香烟动画，读者可通过此例进一步熟悉一下超级喷射粒子系统和风空间扭曲的使用方法。

图 9-72　燃烧的香烟

创建的过程中，我们先创建一个超级喷射粒子系统，以产生香烟的烟雾粒子；然后创建一个风空间扭曲，并绑定到超级喷射粒子系统中，以产生香烟烟雾随风飘动的效果；再创建一个阻力空间扭曲，并绑定到超级喷射粒子系统中，以降低烟雾的上升速度。最后，为超级喷射粒子系统添加材质并进行渲染即可。

（1）打开本书提供的素材文件"香烟模型.max"，然后使用"几何体"创建面板"粒子系统"分类中的"超级喷射"按钮在顶视图中创建一个超级喷射粒子系统，粒子系统的发射图标位于香烟的烟蒂附近，如图 9-73 所示。

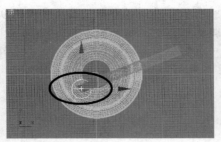
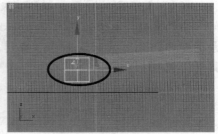

图 9-73 创建一个超级喷射粒子系统

（2）单击"空间扭曲"创建面板"力"分类中的"风"按钮，然后在前视图中单击并拖动鼠标，到时候位置后释放鼠标左键，创建一个风空间扭曲，如图 9-74 左侧两图所示；再在顶视图中调整风的方向，使风从前向后吹，如图 9-74 右图所示。

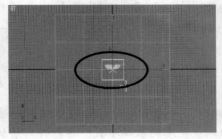
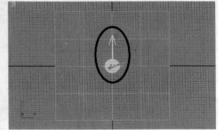

图 9-74 创建风空间扭曲

（3）参照步骤（2）所述操作，使用"空间扭曲"创建面板"力"分类中的"阻力"按钮在顶视图中创建一个阻力空间扭曲，如图 9-75 所示。

（4）选中步骤（1）创建的超级喷射粒子系统，然后依次单击工具栏中的"绑定到空间扭曲"按钮和"按名称选择"按钮，打开"选择空间扭曲"对话框；再选中对话框中的 Wind 01，并单击"绑定"按钮，将风绑定到超级喷射粒子系统中，如图 9-76 所示。参照前述操作将阻力也绑定到超级喷射粒子系统中。

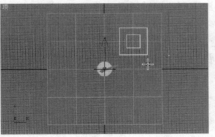

图 9-75 创建阻力空间扭曲　　　　　　图 9-76 "选择空间扭曲"对话框

（5）参照图 9-77 所示调整超级喷射粒子系统的参数；然后参照图 9-78 所示调整风空间扭曲的参数；再参照图 9-79 所示调整阻力空间扭曲的参数。至此就完成了香烟燃烧场景的制作。此时播放动画可以看到，烟雾从烟蒂产生后，越向上升，速度越慢，且随风飘动。

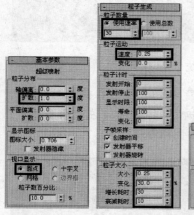
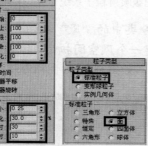
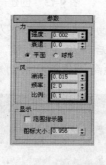

图 9-77　超级喷射粒子系统参数　　　　　图 9-78　风参数　　　　图 9-79　阻力参数

（6）打开材质编辑器，任选一未使用的材质球分配给超级喷射粒子系统，并命名为"烟雾"，然后参照图 9-80 左图所示调整材质的基本参数；再打开材质的贴图卷展栏，将"不透明度"贴图通道的数量设为 5，并为其添加"渐变"贴图，贴图参数如图 9-80 右图所示，至此就完成了烟雾材质的创建。

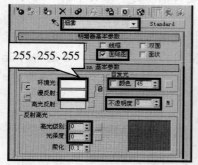
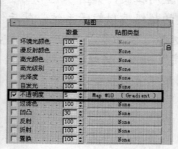
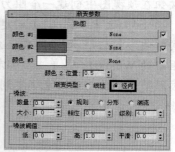

图 9-80　创建烟雾材质

（7）选择"渲染" > "渲染"菜单，打开"渲染场景"对话框，然后参照图 9-81 所示调整场景的渲染参数；最后，设置渲染视口为 Camera01，并单击"渲染"按钮，进行渲染输出即可，效果如图 9-72 所示。

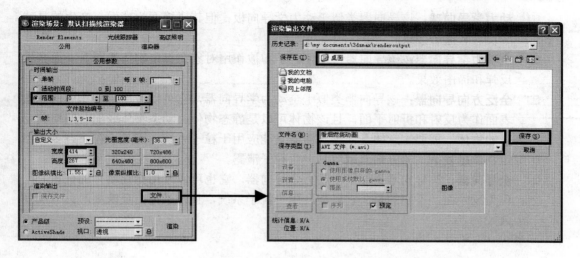

图 9-81　调整场景的渲染参数

9.2.2　导向器

导向器主要应用于粒子系统或动力学系统，以模拟粒子或物体的碰撞反弹动画。3ds max 9 为用户提供了 9 种类型的导向器，各导向器的特点如下。

- **导向板：** 该导向器的是反射面为平面的导向器，它只能应用于粒子系统，作为阻挡粒子前进的挡板。当粒子碰到它时会沿着对角方向反弹出去（如图 9-82 所示），常用来表现雨水落地后溅起水花或物体落地后摔成碎片的效果。

- **导向球：** 该导向器与导向板类似，但它产生的是球面反射效果。

- **泛方向导向板：** 该导向器也是碰撞面为平面的导向器，不同是，粒子碰撞到该导向板后，除了产生反射效果外，部分粒子还会产生折射和繁殖效果，如图 9-83 所示。

图 9-82　导向板的作用效果

图 9-83　泛方向导向板的作用效果

- **泛方向导向球：** 该导向器类似于泛方向导向板，但它产生的是球面反射和折射效果。

- **动力学导向板：** 该导向器可以作用于粒子系统和动力学系统，以影响粒子和被撞击对象的运动方向和速度，常用来模拟流体冲击实体对象的效果。

- 📖 **动力学导向球**：该导向器类似于动力学导向板，但其碰撞面为球面，产生的是球面反射和撞击效果。
- 📖 **全动力学导向器**：该导向器可以使粒子和被作用对象在指定物体的所有表面产生反弹和撞击效果。
- 📖 **全泛方向导向器**：该导向器类似于全动力学导向器，它可以使用指定物体的任意表面作为反射和折射平面，且该物体可以是静态物体、动态物体或随时间扭曲变形的物体。需要注意的是，该导向器只能应用于粒子系统；而且，粒子越多，指定物体越复杂，该导向器越容易发生粒子泄露。
- 📖 **全导向器**：该导向器类似于全动力学导向器，它也可以使用指定物体的任意表面作为反映面。不同的是，它只能应用于粒子系统，且粒子撞击反映面时只有反弹效果。

课堂练习——创建"喷到墙壁的水柱"动画

在本例中，我们将创建图 9-84 所示的喷到墙壁的水柱动画，读者可通过此例熟悉一下导向器的使用方法。

在创建的过程中，我们先创建一个粒子阵列，以产生一条水柱；然后创建一个全泛方向导向器，并指定作为反射和折射面的对象，以模拟水柱碰撞墙壁和地面后反弹并溅射的效果；再创建重力空间扭曲，并绑定到超级喷射粒子系统中，以模拟水柱在重力作用下下落的效果；最后，为粒子阵列添加材质并进行渲染即可。

图 9-84 喷到墙壁的水柱

（1）打开本书提供的素材文件"墙壁模型.max"，然后使用"几何体"创建面板"粒子系统"分类中的"粒子阵列"按钮在场景中创建一个粒子阵列粒子系统，如图 9-85 左图两图所示；选中"基本参数"卷展栏中的"使用选定子对象"复选框，然后单击"拾取对象"按钮，拾取水管作为粒子发射器，如图 9-85 右图所示。

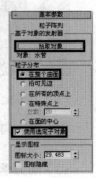

图 9-85 创建粒子阵列并指定粒子发射器

（2）设置水管的修改对象为"多边形"，并在前视图中单击出水口的圆形多边形，设置该多边形为粒子发射点。退出水管的子对象修改模式，并将水管绕 Z 轴旋转 135°。此时粒子阵列中粒子的发射效果如图 9-86 右图所示。

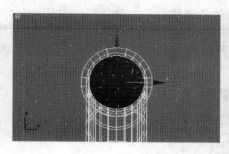

图 9-86 设置粒子阵列的粒子发射点

（3）单击"空间扭曲"创建面板"导向器"分类中的"全泛方向导向"按钮，然后在顶视图中单击并拖动鼠标，到适当位置后释放鼠标左键，创建一个全泛方向导向器。再单击"参数"卷展栏"基于对象的泛方向导向器"区中的"拾取对象"按钮，拾取场景的墙壁和地面，作为导向器的反映面，如图 9-87 所示。

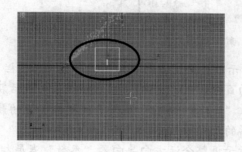

图 9-87 创建全泛方向导向器并指定反应面对象

（4）使用"空间扭曲"创建面板"力"分类中的"重力"按钮在顶视图中创建一个重力空间扭曲，如图 9-88 所示。然后使用工具栏中的"绑定到空间扭曲"按钮 将重力和全泛方向导向器绑定到粒子阵列中，此时场景中粒子的喷射效果如图 9-89 所示。

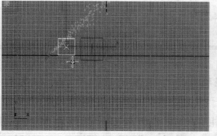

图 9-88 创建重力空间扭曲　　　　　图 9-89 绑定空间扭曲后粒子的效果

使用导向器时，如果是全动力学导向器、全泛方向导向器、全导向器等全方向导向器，导向器图标的大小、位置和方向对作用效果无影响，只需指定作为反映面的对象即可。其他导向器的作用效果受导向器图标的大小、位置和方向的影响，使用时应按需要进行调整。

　　（5）参照图9-90所示调整粒子阵列的参数，然后参照图9-91所示调整重力的参数。

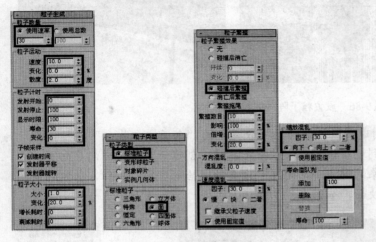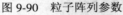

图9-90　粒子阵列参数　　　　　　　　　　　　图9-91　重力参数

　　（6）参照图9-92所示调整全泛方向导向器"参数"卷展栏"反射"区中"反射"（发生反射的粒子占总粒子的百分比）、"反弹"（粒子碰撞导向板后获得的反弹速度，取值为1时与碰撞前的速度相同）、"变化"（各粒子反弹速度随机变化的最大范围）和"混乱度"编辑框的值，以调整导向器的反弹效果。

　　（7）参照图9-93所示调整全泛方向导向器"参数"卷展栏"公用"区中"摩擦力"（设置导向器反应面的摩擦力）和"继承速度"（设置导向器的运动速度有多少应用到反射和折射粒子中）编辑框的值，以调整导向器的摩擦效果。

　　（8）参照图9-94所示调整全泛方向导向器"参数"卷展栏"仅繁殖效果"区中"繁殖数"（设置未发生反射和折射的粒子中有多少粒子产生繁殖效果）、"通过速度"（设置繁殖生成粒子的速度，数值为1时生成粒子的速度与初始速度相同）和"变化"编辑框的值，以调整粒子与导向器碰撞后的繁殖效果。

提示

　　全泛方向导向器"参数"卷展栏"折射"区中的参数用于设置粒子碰撞后的折射效果。其中，"折射"编辑框用于设置折射粒子占未发生反射的粒子的百分比；"通过速度"编辑框用于设置折射粒子的运动速度、"扭曲"编辑框用于设置折射角度；"散射"编辑框用于设置折射粒子的随机扩散程度。

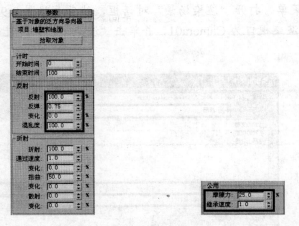

图 9-92　设置导向器的反射效果　　图 9-93　设置导向器的摩擦效果　　图 9-94　设置导向器的繁殖效果

（9）打开材质编辑器，然后任选一未使用的材质球分配给粒子阵列，并参照图 9-96 左图所示调整材质的基本参数；再打开材质的"贴图"卷展栏，为"不透明度"贴图通道添加"渐变"贴图，贴图的参数如图 9-95 右图所示。

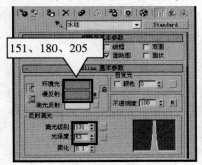

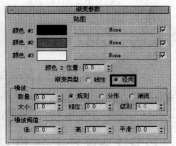

图 9-95　创建水柱材质并为不透明度通道添加贴图

（10）为水柱材质的"漫反射颜色"贴图通道添加"遮罩"贴图，然后为遮罩贴图的遮罩添加"渐变"贴图（贴图的参数参见图 9-95 右图所示），如图 9-96 所示，至此就完成了水柱材质的编辑调整。

（11）选中粒子阵列，然后右击鼠标，从弹出的快捷菜单中选择"对象属性"，打开"对象属性"对话框；再参照图 9-97 所示，在"对象属性"对话框中设置粒子阵列的运动模糊效果，至此就完成了喷到墙壁的水柱动画的制作。

图 9-96　为漫反射颜色通道添加贴图　　　　　　　　图 9-97　运动模糊参数

（12）选择"渲染"＞"渲染"菜单，打开"渲染场景"对话框，然后参照图 9-98 所示调整场景的渲染参数；最后，设置渲染视口为 Camera01，并单击"渲染"按钮，进行渲染输出即可，效果如图 9-84 所示。

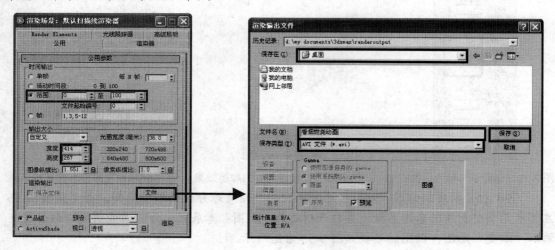

图 9-98　调整场景的渲染参数

9.2.3　几何/可变形

几何/可变形空间扭曲主要用于使三维对象产生变形效果，以制作变形动画。3ds max 9 为用户提供了 FFD（长方体）、FFD（圆柱体）、波浪、涟漪、置换、适配变形和爆炸 7 种几何/可变形空间扭曲。下面介绍一下几种比较常用的几何/可变形空间扭曲。

1. FFD（长方体）和 FFD（圆柱体）

使用"空间扭曲"创建面板"几何/可变形"分类中的"FFD（长方体）"和"FFD（圆柱体）"按钮，可以分别在视图中创建 FFD（长方体）和 FFD（圆柱体）空间扭曲，其创建方法与长方体和圆柱体类似，在此不做介绍。

创建完成后，将空间扭曲绑定到三维对象中，然后设置其修改对象为"控制点"，并调整长方体和圆柱体晶格中控制点的位置，即可调整被绑定三维对象的形状，如图 9-99 所示。

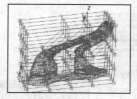

图 9-99　FFD（长方体）空间扭曲的使用效果

FFD（长方体）和 FFD（圆柱体）的参数（参见图 9-100）与 FFD 修改器类似，在此着重介绍如下几个参数。

- **仅在体内**：选中该单选钮时，只有被绑定对象位于晶格阵列的内部，才受 FFD 空间扭曲的影响。

- **所有顶点**：选中该单选钮时，无论被绑定对象处于什么位置，都会受 FFD 空间扭曲的影响（利用下方的"衰减"编辑框可以设置影响效果的衰减情况，数值为 0 时不衰减；数值为 1 时，衰减效果最强烈）。

- **张力/连续性**：这两个编辑框用于调节晶格阵列中各控制点间变形曲线的张力值和连续性，以调整三维对象变形曲面的张力和连续性。

- **选择**：该区中的参数用于设置控制点的选择方式。例如，选中"全部 X"按钮时，单击控制点会选中该控制点 X 轴向的所有控制点。

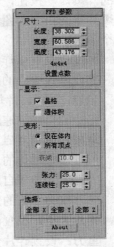

图 9-100　FFD（长方体）的参数

2. 波浪和涟漪

使用"空间扭曲"创建面板"几何/可变形"分类中的"波浪"和"涟漪"按钮，可以分别在视图中创建波浪和涟漪空间扭曲。其中，波浪可以在被绑定的对象中创建线性波浪；涟漪可以在被绑定的对象中创建同心波纹，图 9-101 所示为涟漪空间扭曲的使用效果。

波浪和涟漪空间扭曲的创建方法与长方体类似，其参数与波浪和涟漪修改器类似，在此不做介绍。需要注意的是，使用这两种空间扭曲时，被绑定对象的分段数要适当，否则无法产生所需的变形效果。

3. 爆炸

爆炸空间扭曲可以将绑定的三维对象炸成碎片，常配合各种力空间扭曲制作三维对象的爆炸动画，如图 9-102 所示。

图 9-101　涟漪空间扭曲的使用效果

图 9-102　使用爆炸空间扭曲制作的爆炸效果

爆炸空间扭曲的创建方法非常简单，单击选中"空间扭曲"创建面板"几何/可变形"分类中的"爆炸"按钮，然后在视图中单击鼠标左键，即可创建一个爆炸空间扭曲。图 9-103 所示为其参数，在此着重介绍如下几个参数。

图 9-103　爆炸的参数

- 　**强度：**设置爆炸的强度。数值越大，碎片飞行越快，靠近爆炸中心的碎片受到的影响也越强烈。
- 　**自旋：**设置碎片每秒钟自旋转的转数（除了该参数外，碎片的自旋转速度还受"衰减"和"混乱"值的影响）。
- 　**衰减：**选中"启用衰减"复选框后，调整该编辑框的值可调整爆炸的影响范围。碎片飞出此范围后不再受"强度"和"自旋"值的影响，但还会受"常规"区中"重力"值的影响。
- 　**碎片大小：**设置碎片包含面数的最大值和最小值。
- 　**重力：**设置碎片受到的地心引力的大小。该重力的方向始终平行于世界坐标的 Z 轴。
- 　**混乱：**设置爆炸的混乱度，以增强爆炸的真实性。
- 　**种子：**设置爆炸的随机性，以便在相同设置下产生不同效果。

课堂练习——创建"手雷爆炸"动画

在本例中，我们将创建图 9-104 所示手雷爆炸动画，读者可通过此例熟悉一下爆炸空间扭曲的使用方法，以及使用火效果模拟爆炸火焰的方法。

在创建时，我们先创建一个爆炸空间扭曲，并绑定到手雷中，创建手雷的爆炸效果；然后创建一个大气装置，并为其添加火效果，制作爆炸的火焰；最后，渲染输出动画即可。

（1）打开本书提供的素材文件"手雷模型.max"，场景效果如图 9-105 所示。

图 9-104　手雷爆炸效果

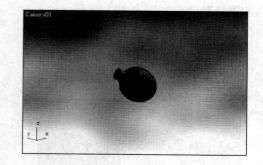

图 9-105　场景效果

（2）单击"空间扭曲"创建面板"几何/可变形"分类中的"爆炸"按钮，然后在顶视图中单击鼠标左键，创建一个爆炸空间扭曲，如图 9-106 左侧两图所示；再在前视图中调整爆炸空间扭曲的位置，使其位于手雷的中心点处，如图 9-106 右图所示（爆炸空间扭曲所在的位置即为爆炸的中心点，中心点不同，物体的爆炸效果也不同）。

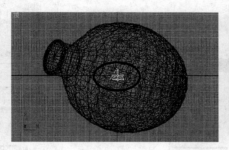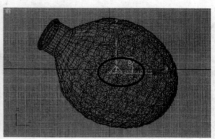

图 9-106　创建爆炸空间扭曲并调整其位置

（3）使用工具栏中的"绑定到空间扭曲"按钮 将爆炸空间扭曲绑定到手雷中，然后参照图 9-107 所示调整爆炸空间扭曲的参数，完成手雷爆炸动画的制作。

（4）单击"辅助对象"创建面板"大气装置"分类中的"球体 Gizmo"按钮，然后在顶视图中单击并拖动鼠标，到适当位置后释放鼠标左键，创建一个球形大气装置，如图 9-108 所示。再调整大气装置的位置，使其中心与爆炸空间扭曲对齐（球形大气装置的位置决定了后面制作的爆炸火焰效果的产生位置）。

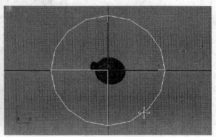

图 9-107　爆炸空间扭曲参数　　　　　　　　　　图 9-108　创建球形大气装置

（5）在"修改"面板的"球体 Gizmo 参数"卷展栏中设置球形大气装置的半径，然后单击"大气和效果"卷展栏中的"添加"按钮，为其添加火效果，如图 9-109 所示。

（6）选中"大气和效果"卷展栏中的"火效果"项，然后单击"设置"按钮，打开"环境和效果"对话框，并在"火效果参数"卷展栏中调整火效果的参数，如图 9-110 所示。

（7）右击手雷模型，从弹出的快捷菜单中选择"对象属性"，打开"对象属性"对话框，然后在"运动模糊"区中参照图 9-111 所示调整运动模糊的参数。

（8）选择"渲染" > "渲染"菜单，打开"渲染场景"对话框，然后参照图 9-112 所示调整场景的渲染参数；最后，设置渲染视口为 Camera01，并单击"渲染"按钮，进行渲染输出即可，效果如图 9-104 所示。

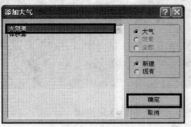

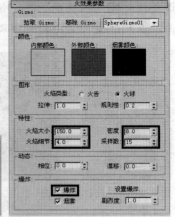

图 9-109　设置球形大气装置的半径并为其添加火效果　　　　　图 9-110　调整火效果参数

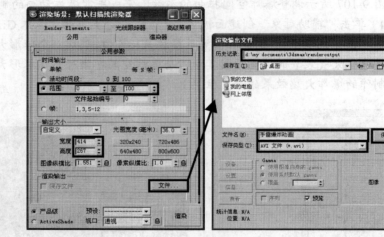

图 9-111　运动模糊参数　　　　　　图 9-112　调整场景的渲染参数

课后总结

　　粒子系统和空间扭曲是三维动画设计中模拟粒子现象常用的工具，通过本章的学习，读者应了解各种常用粒子系统和空间扭曲的具体用途和使用方法，知道如何将空间扭曲绑定到粒子系统和三维对象中，并能够使用本章介绍的粒子系统和空间扭曲模拟一些简单的自然现象。

思考与练习

一、填空题

　　1. 在 3ds Max 9 的粒子系统中，_____和_____属于基本粒子系统，暴风雪、粒子列阵、粒子云和超级喷射属于_____粒子系统，"PF Source"是_____

的缩写，即＿＿＿＿＿＿＿粒子系统。

2．粒子视图是使用＿＿＿＿＿粒子系统时的主要工作区，它分为菜单栏、＿＿＿＿＿、参数面板、＿＿＿＿＿、说明面板和显示工具 6 大功能区。

3．力空间扭曲主要用来模拟现实中各种力的作用效果。其中，＿＿＿＿＿可以为粒子系统和动力学系统提供螺旋状的推力；＿＿＿＿＿和＿＿＿＿＿主要用来模拟现实中重力和风的效果，以表现粒子在重力作用下下落以及在风的吹动下飘飞的效果。

4．导向器主要应用于＿＿＿＿＿系统或＿＿＿＿＿系统，以模拟粒子或物体的＿＿＿＿＿动画。＿＿＿＿＿空间扭曲主要用于使三维对象产生变形效果，以制作变形动画。

二、问答题

1．3ds Max 9 提供的粒子系统可以分类哪三类？简要介绍一下喷射、雪、超级喷射和粒子阵列等粒子系统的特点和用途。

2．3ds Max 9 为用户提供了哪些类型的导向器？简要介绍一下导向板、泛方向导向板、动力学导向板和全导向器的特点。

3．如何将空间扭曲绑定到粒子系统中？简要介绍一下使用超级喷射粒子系统和重力、导向板空间扭曲制作喷泉动画的流程。

三、操作题

利用本章所学知识创建图 9-113 所示礼花动画。

提示 先创建一个超级喷射粒子系统，制作礼花粒子生成动画；然后创建一个重力空间扭曲，并绑定到超级喷射粒子系统中，模拟礼花粒子在重力作用下下落的动画；再为粒子系统分配材质，使礼花粒子的颜色随时间变化（为"漫反射颜色"贴图通道添加"粒子年龄"贴图即可，贴图的参数如图 9-114 所示）；接下来，为场景添加"光晕"镜头效果（参数如图 9-115 所示），并在"对象属性"对话框的"G 缓冲区"中设置粒子系统的对象 ID 为 1，使礼花粒子周围产生光晕；最后，将场景渲染输出为动画。

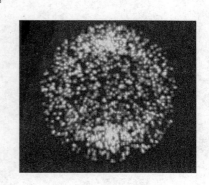

图 9-113　礼花动画效果

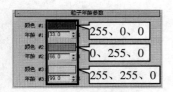

图 9-114　粒子年龄贴图参数

图 9-115　光晕镜头效果参数